铁甲舰与前无畏舰百科图鉴

张恩东　编著

机械工业出版社

进入19世纪后，随着蒸汽机被应用于海军，木质的风帆战舰逐渐被覆盖铁甲的蒸汽战舰取代。1860年法国"光荣"号的服役标志着铁甲舰的诞生。铁甲舰的发展充满了曲折，从和风帆战舰一样的舷侧炮门战舰，到腰房炮室战舰，再到19世纪80年代晚期的中线布置的炮塔式战舰，铁甲舰逐渐向战列舰发展。至19世纪末，铁甲舰已经完美进化为战列舰，由于后来划时代的"无畏"号战列舰的出现，这些早期战列舰也被称为"前无畏舰"。本书将针对这段时间内的铁甲舰与前无畏舰为大家进行介绍。

图书在版编目(CIP)数据

铁甲舰与前无畏舰百科图鉴/张恩东编著．—北京：机械工业出版社，2018.6（2023.3重印）
ISBN 978-7-111-59932-6

Ⅰ.①铁… Ⅱ.①张… Ⅲ.①战舰-世界-图集 Ⅳ.①E925.6-64

中国版本图书馆CIP数据核字（2018）第093058号

机械工业出版社（北京市百万庄大街22号　邮政编码100037）
策划编辑：杨　源　责任编辑：杨　源
责任校对：秦洪喜　责任印制：单爱军
北京虎彩文化传播有限公司印刷
2023年3月第1版第3次印刷
215mm×280mm・21印张・3插页・720千字
标准书号：ISBN 978-7-111-59932-6
定价：198.00元

电话服务	网络服务
客服电话：010-88361066	机　工　官　网：www.cmpbook.com
010-88379833	机　工　官　博：weibo.com/cmp1952
010-68326294	金　书　网：www.golden-book.com
封底无防伪标均为盗版	机工教育服务网：www.cmpedu.com

序 一

把张恩东形容为"小拼命三郎",恐怕再恰当不过了!"拼命三郎"原本是梁山好汉石秀的绰号,比喻其打仗勇敢不怕死和做事竭尽全力。当下延伸开来说,就是形容某个人做事非常认真刻苦,不怕劳累,不惜性命!而小张捎此绰号,则有过之而无不及。早在28岁尚未而立之年的他,就出版了《血与金的无敌舰队——风帆巨舰与海上战争》一书;之后便一发不可收,接连又出版了《郁金香的海上兴衰——荷兰战舰与海上战争》《鸢尾花的海上浮沉——风帆时代的法兰西巨舰》……如今,我也数不清小张到底出版了多少本有关风帆战舰、铁甲舰及前无畏舰方面的专著了。这些书稿,竟能在短短的数年时间之内完成,不付出超人的血汗与时间,是绝对拿不下来的!

前不久,张恩东又给我发来刚刚完成的新书稿件——《铁甲舰与前无畏百科图鉴》。粗略一翻,你就会感到该书的全面性、完整性、系统性,更能体会小张在以往分门别类介绍一些海洋强国的巨舰利炮的基础上,对从1860—1906年这近半世纪中世界重要的铁甲舰与前无畏舰,再次加以全面梳理与归纳,再度按照国别以图文并茂的方式加以介绍与描绘。

毫无疑问,该著作是目前国内有关1860—1906年间铁甲舰与前无畏舰的最完整、最权威的图鉴大全和详尽展示,不失为一本为有志于该领域研究或对铁甲舰与前无畏舰感兴趣人士必读的百科全书。收到书稿后,我曾与张恩东数次电话沟通,初步了解到,小张为了如期完成这本著作,连续加班了很长时间,终于病倒了,而且这一病还很不轻,好得也慢,印证了那句老话:"病来如山倒,病去如抽丝。"好在小张年轻,充满活力,不久即战胜了病魔,继续奋笔疾书。

我们希望张恩东珍惜身体,在新的一年里,为我们创作更多、更好、更脍炙人口、更具价值的舰船著作,以及围绕这些战舰所演绎的小说等。

李杰 著名军事专家
丁酉年二月于北京

序 二

得知张恩东先生在创作一部有关蒸汽铁甲舰、前无畏舰的著作，最初着实有些意外，因为在我的印象中，张恩东先生的研究范围主要集中于风帆时代的西方海军与舰船，其《不列颠的崛起——英国巨舰与海上战争》等一系列介绍风帆时代欧洲海上强国海军与军舰的著作，可谓国内开先河之作。相对于蓝天碧海、白帆鼓浪，充满着英雄主义、浪漫主义情怀的风帆时代，煤烟蔽日，机器轰鸣之声不绝于耳的铁甲舰时代，则显得与之格格不入，可以说是和风帆战舰时代迥异的另一个世界。以我之前的个人所见来看，中国国内关于海军史、舰船史的研究中，从风帆动力到蒸汽动力时代，因为研究对象的特点区别实在是太大，所涉及的知识、史料都有很大的不同，于是就有一道界限分明的门槛，常见的情况是各有自己的范围研究，不易相通。而想到这一层面之后，我似乎明白了张恩东先生创作这部铁甲舰新书的用意和价值。

在世界海军历史长河中，铁甲舰、前无畏舰时代是一个承上启下的关键阶段。在这个时代的最初，作为海上新王者的铁甲舰，乃至蒸汽动力的其他舰船，普遍还带有着风帆战舰的很多特征，无论是舰型、帆装，还是舰材，都和风帆时代的军舰没有什么明显区别，只是军舰主甲板上矗立的大烟囱，才让人感受到了一丝新意。犹如壮丽的生物进化过程，最初仍然残留的风帆时代的舰船特征，随着约半个世纪的技术进化而渐渐褪去，到了这个时代的末期，我们已经能从此时的海上霸主前无畏舰乃至其他舰船身上，看到新时代即将来临的征兆。

短短半个多世纪的铁甲舰时代，实现了海军舰船从古代通向现代的伟大进化和转变，是搭建在古代海军通向现代海军之间的一座重要桥梁。如果无法把握铁甲舰时代的海军及其装备技术的发展，则不会知道风帆时代的舰船将走向何处，也不会清楚无畏舰乃至现代舰船从何处来。

不仅如此，铁甲舰、前无畏舰时代事实上是伴随着人类史上的一次革命性巨变，即工业革命而产生的。在这个时代，西方帝国主义列强凭借着工业革命先发优势，加大全球扩张的脚步，传统的海上强国英国、法国等竞相在新的时代试图继续保持海上优势，德国、俄国等后起的强国，则希望在这一时代超越前者。而在远东，处于落后地位的中国、日本感受到西力东渐的压力，也先后建设西式海军、获取铁甲舰，或希望借此自保，或希望借此实现扩张崛起。

世界海洋上风起云涌，海军战略、战术以及兵器装备的发展、实践丰富多彩。张恩东先生在完成了对风帆时代西方主要强国海军历史、舰船历史的研究、写作后，开始全面研究特殊的铁甲舰时代，正是沿着海军史、舰船史的脉络而行，能把研究的关注目光拓展到这一层面，令人钦佩。

与风帆时代以及后来的无畏舰时代都有所不同的是，铁甲舰、前无畏舰时代的军舰，尤其是其主力舰——铁甲舰、前无畏舰的发展，显现出了一种令人激动的气质。这个时代，旧有的风帆战舰设计秩序已经被颠覆，而新的通行的舰船设计规律尚未形成，加之各种新武器、新装备层出不穷，

序 二

海军界有关海军战略、战术的思想也是因时而变。由此使得铁甲舰的设计、发展没有千人一面的乏味感，设计师们可以百家争鸣，尽情驰骋思想、泼洒才华，出现在世界大洋上的铁甲舰各种各样，既有造型敦厚古板者，亦有奇形怪状恍如天外来客者，林林总总令人目眩。这样的特点，既使得阅读和研究铁甲舰、前无畏舰的历史会非常有趣，也是对研究者功力的极大考验。

张恩东先生的这部新著，以国别为分类，包括了从19世纪中叶法国"光荣"号、英国"勇士"号到无畏舰出现之前的全世界所有主流铁甲舰的资料，精心考证舰史、参数。更为难得的是，本书还十分用心地成功完成了一项极有可能出力不讨好的任务，张恩东先生在记述各铁甲舰舰史、参数的同时，融入了对19世纪铁甲舰发展过程、脉络的清晰梳理，对各种铁甲舰形式也做了准确描述。不难看出，因为对风帆战舰的熟稔，在处理铁甲舰的设计、构型、帆状时，张恩东先生得心应手，这也为风帆战舰的研究者、爱好者提供了一个可以进行延展的重要范例。

在读张恩东先生新书的样稿时，我经常会想到一本古籍，即清末中国驻德公使许景澄编纂的《外国师船图表》。

作为中国第一本世界海军年鉴式的著作，《外国师船图表》努力收集介绍19世纪80年代的各国国情、军舰情况、武备情况，苦心孤诣地想为当时海防有待振作的祖国开启一扇能够看到世界海军的窗户。其中的一些介绍军舰发展源流的文字，和张恩东先生这部著作中的相关内容恰有异曲同工之妙。许景澄当时在《外国师船图表》中介绍的西方最新的军舰，已经成为张恩东先生这部著作中的历史。一百多年前的先行者是为了海军建设的实用而编著、介绍世界的军舰，而张恩东先生的新著则是为普及海洋、海军文化而著，相信本书中所描绘的一艘艘钢铁巨舰纵横往来，海上群雄竞起的时代，能够补充我们关于海军、舰船的知识版图，能够带给我们关于海洋、海权的更多思考。

陈　悦
2018.3.31
于山东威海

目录

序 一 III
序 二 IV
导 语 1

英国篇

英国铁甲舰与前无畏舰综述 3
"勇士"级 3
"防御"级 5
"赫克托"级 6
"阿喀琉斯"号 7
"米诺陶"级 8
"亲王"级 10
"皇家橡树"号 12
"皇家阿尔弗雷德"号 13
"探索"号 14
"企业"号 15
"费沃里特"号 16
"热心"号 17
"退敌"号 18
"克莱德勋爵"级 19
"雅典娜"号 20
"柏勒洛丰"号 21
"珀涅罗珀"号 22
"大力神"号 24
"君主"号 26
"船长"号 28
"大胆"级 30
"迅敏"级 33
"苏丹"号 35

VII

"蹂躏"级 … 37	"马真塔"级 … 116
"亚历山德拉"号 … 39	"普罗旺斯"级 … 117
"鲁莽"号 … 40	"尚武"号 … 119
"壮丽"号 … 41	"海洋"级 … 120
"海王星"号 … 42	"弗里德兰"号 … 122
"无畏"号 … 43	"黎塞留"号 … 123
"不屈"号 … 44	"科尔贝"级 … 124
"阿贾克斯"级 … 46	"可畏"号 … 125
"巨人"级 … 48	"毁灭"级 … 126
"海军上将"级 … 50	"阿尔玛"级 … 127
"维多利亚"级 … 54	"拉加利索尼埃"级 … 129
"特拉法尔加"级 … 56	"贝亚尔"级 … 131
"皇家主权"号 … 57	"沃邦"级 … 132
"阿尔伯特亲王"号 … 58	"海军上将迪佩雷"号 … 133
"天蝎"级 … 59	"海军上将博丹"级 … 134
"地狱犬"级 … 60	"奥什"号 … 136
"阿比西尼亚"号 … 63	"马尔索"级 … 138
"热刺"号 … 64	"布纹"级 … 140
"格拉顿"号 … 65	"亨利四世"号 … 141
"独眼巨人"级 … 66	"布伦努斯"号 … 142
"鲁珀特"号 … 68	"1890年海军计划" … 143
"贝尔岛"级 … 69	"查理曼大帝"级 … 147
"征服者"级 … 70	"耶拿"号 … 149
"皇家主权"级 … 71	"絮弗伦"号 … 150
"百夫长"级 … 78	"共和国"级 … 151
"声望"号 … 80	"自由"级 … 152
"庄严"级 … 81	"丹东"级 … 154
"老人星"级 … 88	
"可畏"级 … 92	
"伦敦"级 … 95	**美国篇**
"女王"级 … 97	
"邓肯"级 … 98	美国铁甲舰与前无畏舰综述 … 158
"英王爱德华七世"级 … 102	"弗吉尼亚"号 … 158
"迅敏"级 … 108	"莫尼特"号 … 160
"纳尔逊勋爵"级 … 110	"德克萨斯"号 … 161
	"缅因"号 … 162
法国篇	"印第安纳"级 … 163
	"依阿华"号 … 165
法国铁甲舰与前无畏舰综述 … 112	"奇尔沙治"级 … 166
"光荣"级 … 112	"伊利诺斯"级 … 167
"花冠"号 … 115	"缅因"级 … 169
	"弗吉尼亚"级 … 171

"康涅狄格"级 ... 174
"密西西比"级 ... 177

俄 国 篇

俄国铁甲舰与前无畏舰综述 ... 178
"佩尔维涅茨"级 ... 178
"诺夫哥罗德"级 ... 180
"彼得大帝"号 ... 181
"叶卡捷琳娜二世"级 ... 182
"亚历山大二世"级 ... 184
"十二使徒"号 ... 185
"甘古特"号 ... 186
"纳瓦林"号 ... 187
"三圣主"号 ... 188
"伟大的西索伊"号 ... 189
"海军上将乌沙科夫"级 ... 190
"彼得罗巴普洛夫斯克"级 ... 192
"罗斯季斯拉夫"号 ... 194
"佩雷斯维特"级 ... 195
"列特维赞"号 ... 197
"波将金"号 ... 199
"皇太子"号 ... 200
"博罗季诺"级 ... 201
"叶夫斯塔菲"级 ... 203
"圣安德烈"级 ... 204

普鲁士 / 德国篇

普鲁士 / 德国铁甲舰与前无畏舰综述 ... 205
"阿米尼乌斯"号 ... 205
"阿德尔伯特亲王"号 ... 206
"腓特烈·卡尔"号 ... 207
"王储"号 ... 208
"威廉国王"号 ... 209
"汉萨"号 ... 210
"普鲁士"级 ... 211
"皇帝"级 ... 213
"萨克森"级 ... 214

"奥尔登堡"号 ... 216
"勃兰登堡"级 ... 217
"腓特烈三世"级 ... 219
"维特尔斯巴赫"级 ... 222
"布伦瑞克"级 ... 224
"德意志"级 ... 227

意大利篇

意大利铁甲舰与前无畏舰综述 ... 230
"强大"级 ... 230
"卡里尼亚诺王子"级 ... 232
"意大利国王"级 ... 233
"玛利亚·皮亚皇后"级 ... 234
"罗马"级 ... 236
"铅锤"号 ... 237
"阿玛迪奥王子"级 ... 238
"卡约·杜里奥"级 ... 239
"意大利"级 ... 241
"劳利亚的鲁杰罗"级 ... 243
"翁贝托国王"级 ... 244
"海军上将圣邦"级 ... 246
"玛格丽特皇后"级 ... 247
"埃琳娜皇后"级 ... 248

奥地利 / 奥匈帝国篇

奥地利铁甲舰与前无畏舰综述 ... 250
"德拉赫"级 ... 250
"马克斯皇帝"级 ... 252
"费迪南·马克斯大公"级 ... 254
"利萨"号 ... 255
"库斯托扎"号 ... 256
"阿尔布莱希特大公"号 ... 257
"马克斯皇帝"级 ... 258
"特格特霍夫"号 ... 260
"斯蒂芬妮大公妃"号 ... 261
"哈布斯堡"级 ... 262
"卡尔大公"级 ... 263
"拉德茨基"级 ... 264

欧洲国家篇

欧洲国家铁甲舰与前无畏舰综述 266
  "努曼西亚"号 266
  "特图安"号 268
  "阿拉皮莱斯"号 269
  "维多利亚"号 270
  "萨拉戈萨"号 271
  "萨贡托"号 272
  "门德斯·努涅斯"号 273
  "佩拉约"号 274
  "丹纳布罗格"号 276
  "罗尔夫·克拉克"号 277
  "丹麦"号 278
  "皮得·斯克拉姆"号 279
  "奥丁"号 280
  "赫尔戈兰"号 281
  "托登肖尔"号 282
  "梅苏迪耶"号 283
  "瓦斯科·达·伽马"号 284
  "荷兰的亨德里克王子"号 285
  "荷兰国王"号 286
  "艾弗森"级 287
  "摄政女王"级 288
  "马尔滕·特罗姆普"级 289
  "七省"号 290
  "乔治国王"号 291
  "奥尔加女王"号 292
  "长蛇座"级 293

亚洲国家篇

亚洲国家铁甲舰与前无畏舰综述 295
  "定远"级 295
  "平远"号 297
  "金瓯"号 298
  "甲铁"号 299
  "龙骧"号 300
  "扶桑"号 301
  "金刚"级 302
  "富士"级 303
  "敷岛"级 304
  "朝日"号 305
  "三笠"号 306
  "香取"级 308
  "萨摩"级 310

拉丁美洲国家篇

拉丁美洲国家铁甲舰与前无畏舰综述 312
  "独立"号 312
  "瓦斯卡尔"号 314
  "海军上将柯克伦"级 315
  "巴西"号 316
  "塔曼达雷"号 317
  "马里斯和巴罗斯"级 318
  "卡布拉尔"级 319
  "利马·巴罗斯"号 320
  "9月7日"号 321
  "里亚舒埃卢"号 322
  "阿基达邦"号 323

后　记 324

导语

人类经历了漫长的风帆时代，至19世纪终于逐渐用蒸汽机驱动的有动力船只替代了以往纯粹凭借风力或人力航行的帆船。由于舰炮的不断改进，传统的木质船体已难以承受新型火炮的攻击，人们开始设想为木质舰船披上"铁衣"，并很快付诸实现。最先建造出铁甲舰的是法国人。尽管在争夺海洋霸权的舞台上他们早已输给了英国人，但在舰船设计上，他们却一直处于领先位置（事实上在风帆时代，法国甚至西班牙的造舰水平也在相当长时间里领先于英国）。

1858年3月4日，世界上第一艘铁甲舰"光荣"号在土伦造船厂铺设了第一根龙骨，两年后的8月，该舰完工入役。至此，风帆时代落幕，铁甲舰在历史舞台上开始了它短暂的光辉之旅。

铁甲舰在诞生之初除了身覆铁甲之外，在外观上与后期的蒸汽混动木质风帆战舰相比几乎没有太大区别。但由于铁甲导致船体重心直线上升，尽管拥有和木质风帆战舰一样的火炮布局，早期铁甲舰却只拥有较少的火炮甲板层数（通常只有一层全炮甲板，双层甲板的较少。没有资料显示有三层甲板铁甲舰的存在），不过由于火炮威力的提升，火炮的数量已经不再是主宰海战胜负的关键，因此这些铁甲舰的作战能力比木质帆船成倍提升。从这一点来看，铁甲舰的诞生无疑是"划时代"的。尽管以现在的眼光来看它是一件"十分原始"的武器。

这种最原始的铁甲舰通常被称为"船旁列炮"铁甲舰（Broadside Ironclad）或装甲巡航舰（Armoured Frigate）。随着科技的迅速发展，并没有存在很长时间，很快便进化为"船腰炮室"铁甲舰（Central-Battery Ironclad）。与最原始的船旁列炮铁甲舰相比，船腰炮室铁甲舰取消了侧舷整齐的炮孔，将重炮集中在船腰区域，部分船只还凸出炮座来获得更好的射界。取消侧舷炮孔对提高船壁整体防御性意义非凡，此外，船腰炮室铁甲舰还普遍采用了铁质龙骨，对提升结构强度很有好处。

美国南北战争时期，北军铁甲舰"莫尼特"号（Monitor）成为首艘参战的具有旋转炮塔的军舰。尽管该舰只是一艘临时改装的"拼凑货"，但其却在弗吉尼亚附近与南军铁甲舰"弗吉尼亚"号进行了铁甲舰时代的第一次交锋，开创了现代海战的新纪元。

炮塔的使用震惊了欧洲，并很快成为欧洲各国仿效的对象。但是令人吃惊的是，并非是英、法等强国，当时已经沦为二流海军国家的丹麦竟最先设计出了第一艘具备炮塔的正规铁甲舰，这就是"罗尔夫·克拉克"号（Rolf Krake）。"罗尔夫·克拉克"号是一艘排水量只有1000多吨的"迷你"铁甲舰，该舰的武装也很简单，仅有4门68磅前装滑膛炮，但是这4门火炮却被放在两个可以完全旋转的圆形炮座里。由于具备了独立可旋转的炮塔，这种新式铁甲舰也被称为"炮塔舰"（Turret Ship）。早期的炮塔舰受限于船上桅杆的布局（当时由于蒸汽机可靠性不佳，仍视风帆为舰船航行的辅助动力），只能将旋转炮塔安置在船腰位置，这使得火炮射界受到很大影响。该设计在19世纪60年代末至70年代普盛极一时，到19世纪80年代开始逐渐被中线布局的炮塔舰所取代。我们所熟知的清政府北洋水师的两艘铁甲舰"定远"与"镇远"号即为船腰布局的炮塔舰，而这两艘也称得上是该型炮塔舰的"绝唱"。由于受桅杆影响不能将炮塔布置在中线上，这些早期炮塔舰也被称为"有桅炮塔舰"（Masted Turret-Ship）。

1871年下水的英国铁甲舰"蹂躏"号（Devastation）是世界上第一艘完全不靠风帆航行的军舰；同时该舰也是第一艘在船体中线上布置两座主炮的铁甲舰。相当一部分资料都把"蹂躏"号归入了"战列舰"（Battleship）的类别，甚至称其为现代战列舰的鼻祖。但事实上该舰仍然属于炮塔舰的范畴。由于没有用于悬挂风帆的桅杆，这种炮塔舰也被称为"无桅炮塔舰"。

我们都知道1906年英国"无畏"号战列舰（Dreadnought）的服役预示着"无畏舰"时期的到来。而在它之前建造的布局相对落后的战列舰被划为"前无畏舰"（Pre-Dreadnought Battleship）。那么"前无畏舰"是从什么时候开始计算的呢？

在"蹂躏"号之后，英国建造了一系列与其外观相近的现代化铁甲舰，但这些船只有个共同的缺点，那就是干舷过低，不适合远航。1889年，英国海军部下令建造一级新的高干舷、航速能够达到17节的远洋型战列舰，"皇家君主"号（Royal Sovereign）就是在这样的背景下诞生的，而该级舰也被认为是前无畏舰的开山之作。后来人们习惯性地把在"皇家君主"号服役之前（1891年之前）的战列舰称为"铁甲舰"，而服役于1891至1906年间的另一部分称为"前无畏舰"（少量前无畏舰是在"无畏"号服役之后才建成的，但因其落后的火炮布局仍然被称为"前无畏舰"）。本书收录的国家及各国建造数量如下所示：

英国58级，法国29级，美国12级，俄国20级，普鲁士/德国15级，意大利14级，奥地利/奥匈帝国12级，西班牙8级，丹麦7级，奥斯曼帝国1级，葡萄牙1级，荷兰4级，希腊3级，清政府3级，日本10级，秘鲁2级，智利1级，巴西8级。

除了罗列这些国家所建造的铁甲舰与前无畏舰的主要参数外，我们还对其技术特点和服役历程进行了简要介绍，使读者朋友们对于这一时期主力舰有个系统的认识。

"勇士"号的3D效果图

英 国 篇

英国铁甲舰与前无畏舰综述

进入蒸汽时代后,英国延续了其在风帆时代中后期的强势。尽管第一艘正统铁甲舰并非为他们所造,但提起当时最著名的铁甲舰,人们在第一时间的反应大多是至今仍停泊在朴茨茅斯港的"勇士"号。这艘堪称铁甲舰时代的开山鼻祖与同样停泊在这里的风帆时代最著名战列舰"胜利"号成为供人瞻仰的活化石。从1860年至1888年,英国一共建造了35级共58艘铁甲舰,同一时间还建造了11级共18艘岸防铁甲舰;而从1892至1906年,他们又建造了9级共52艘前无畏舰(铁甲舰和前无畏舰都可归为战列舰,岸防铁甲舰可归为二等战列舰,二者皆被视为当时各国海军的主力舰)。这样一来,从1860年至1906年,英国在47年里一共建造了128艘各型主力舰,如同其在风帆时代后期那样在舰队数量上傲视群雄。接下来我们将为大家逐一介绍英国这些主力舰的情况。

"勇士"级

舰名	勇士 Warrior,黑王子 Black Prince
排水量	9284 吨
舰长	128 米
舰宽	17.8 米
吃水	8.2 米
航速	14 节
续航力	3900 千米 /11 节
船员	706("黑王子"为707)
武器	26 门 68 磅炮,4 门 40 磅炮
装甲	水线处 114 毫米,船壁 114 毫米

与明轮船并行中的"勇士"号,绘于19世纪60年代

1861年刚建成时的"黑王子"号

"勇士"级铁甲舰是英国海军正式建造服役的第一级铁甲舰。该级舰共建成两艘，分别为"勇士"号与"黑王子"号。"勇士"号大约于1859年8月开工建造，1860年12月29日下水，1861年8月1日服役。"黑王子"号于1859年10月12日开工建造，1861年2月27日下水，1862年9月27日服役。

严格地来说，"勇士"号及其姐妹舰是典型的过渡型战舰，既有高大林立可供悬挂船帆使用的桅杆，又有象征着科技力量的蒸汽机大烟囱，因此兼具风帆和蒸汽时代的特征。该级舰主要武器为68磅前装滑膛炮，尽管其理论射程达到3200码，还装备了4门口径为4.75英寸的阿姆斯特朗40磅加农炮。该炮最大射程可达3800码。舰上所有的火炮都可以发射实心弹或开花弹，68磅炮还可以发射注有熔铁的空心铁弹，这种炮弹经由舰上的锅炉加热制成。为了统一口径，40磅炮在1863年时被替换。紧接着在1864至1867年间，"勇士"号的68磅炮被替换为可以发射空心装药炮弹的8英寸前装线膛炮。该炮可以击穿9.6英寸熟铁装甲，也就是说，换炮后的"勇士"号完全有能力击穿自己的装甲。"勇士"号的装甲由14毫米铁壳船体加200毫米橡木，然后再加一层锻铁装甲铆接而来，与"光荣"号的木质船壳外挂铁甲不同，"勇士"号首次做到了真正的"铁壳铁甲"。

"勇士"号曾计划用新式7英寸阿姆斯特朗炮替换全部旧式68磅炮。7英寸炮射程能达到4000码，但其测试中显露的糟糕穿甲能力最终迫使军方终止了这一换装计划。1863年，7英寸炮在首次实际使用中因装填失误而发生炸膛事故，对炮手造成重大杀伤。后为尽量避免类似悲剧再次发生，该炮在实际使用中减少了推进药，使之在对抗铁甲舰时略显无力。

服役后的"勇士"号于1863年参加了一次对公众开放的环大不列颠巡回航行，并一直活跃在海峡舰队中。1871年，随着更为先进的炮塔铁甲舰"蹂躏"号的服役，"勇士"号显得过时并很快退居二线。1875年，该舰转入预备役并于1883年正式退役。但是这艘英国最早的铁甲舰的故事并未就此结束。退役后，"勇士"号一直作为仓库船和学员船使用。1904年，该舰被调派到鱼雷训练学校，后于1927年被改造成浮动储油码头又使用了五十多年。1979年，已经一百多岁的"勇士"号被捐献给海事信托进行修复作业。修复工程一共进行了8年，在修复期间，很多过去的设施和特征被恢复。完工后，"勇士"号重返朴次茅斯成为一座海上博物馆。如今，作为那个时代唯一留存下来的代表，"勇士"号向游客们无声地诉说着自己的故事。

至于"勇士"号的姐妹舰"黑王子"号可就没有前者这么好的运气了。1896年，该舰被改装成训练舰，后来转移到朴次茅斯港，最终在1923年2月21日被作为废钢铁出售。

"防御"级

舰名	防御 Defence，抗拒 Resistance
排水量	6170 吨
舰长	85.3 米
舰宽	16.5 米
吃水	8 米
航速	11 节
续航力	3090 千米 /10 节
船员	460
武器	4 门 5 英寸炮，8 门 7 英寸炮，10 门 68 磅炮
装甲	水线处 114 毫米，船壁 114 毫米

"防御"级铁甲舰是建造于 1859 至 1862 年间的"装甲巡航舰"，设计理念与"勇士"级相同。该级舰共建成两艘，分别为"防御"号与"抗拒"号。"防御"号于 1859 年 12 月 14 日开工建造，1861 年 4 月 24 日下水，1861 年 12 月 4 日服役。"抗拒"号于 1859 年 12 月 21 日开工建造，1861 年 4 月 11 日下水，1862 年 7 月 2 日服役。

"防御"级铁甲舰与"勇士"级一样是为了应对法国"光荣"号铁甲舰带来的威胁所建造的，其外形相对缩小并减少了一根烟囱。与"勇士"级不同的是，该级舰一开始便混搭了 8 门 7 英寸阿姆斯特朗前装线膛炮，但事实证明这种线膛炮可靠性极低，遂在其服役仅几年后便被替换。"防御"级在建成之初都被分配到海峡舰队，但 2 号舰"抗拒"号在 1864 年时被调至地中海分舰队服役，并借此机会改进了武装（将 7 英寸炮替换为与"勇士"号相同的 8 英寸炮）。但是无论是"防御"号还是"抗拒"号都没有参加任何实战行动。1380 年，已经完全落后的该级舰被改装为训练舰并于 1885 年沦为炮术和鱼雷射击的靶舰。"防御"号最后于 1935 年被当作废钢铁出售，而"抗拒"号则在 1898 年被变卖，随后于翌年 3 月 4 日拆毁。

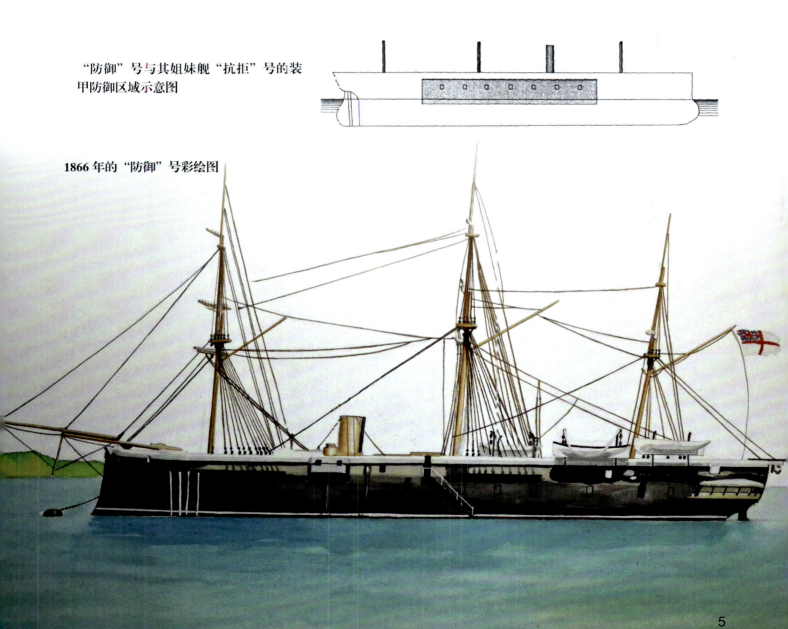

"防御"号与其姐妹舰"抗拒"号的装甲防御区域示意图

1866 年的"防御"号彩绘图

"赫克托"号与其姐妹舰"果敢"号的装甲防御区域示意图

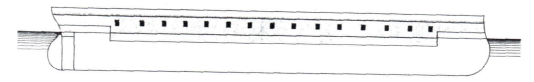

"赫克托"级

舰名	赫克托 Hector，果敢 Valiant
排水量	7100 吨
舰长	85.4 米
舰宽	17.2 米
吃水	8 米
航速	12 节
续航力	1500 千米 /12 节
船员	530
武器	4 门 7 英寸炮，20 门 68 磅炮
装甲	水线处 114 毫米，船壁 114 毫米

"赫克托"级是在设计参数上与"防御"级十分相似的新一级"装甲巡航舰"，可以看成是"防御"级的衍生品。该级舰共建成两艘，分别为"赫克托"号与"果敢"号。"赫克托"号于1861年3月开工建造，1862年9月26日下水，1864年2月22日服役。"果敢"号于1861年2月开工建造，1863年10月14日下水，1868年9月15日服役。

"赫克托"号服役不久，接受了武器升级改造，而其建造中的姐妹舰"果敢"号则因为等待新式武器而拖延了建造时间，这使得其甚至在下水五年之后才得以服役。1877年俄土战争爆发，"赫克托"级两艘铁甲舰被动员参战，但最终并未看到它们有任何实际军事行动。事实上到俄土战争时，船旁列炮式铁甲舰已经完全落后了，因此战争结束后，"赫克托"级再也没能捞到一展身手的机会。1885至1886年，该级两舰相继退役，随后其舰上装备被拆卸下来供岸基防御工事使用。1905年，"赫克托"号被当成废钢铁出售；其姐妹舰"果敢"号幸运一些，在1926年被改装为一座浮动运油设备，直至1956年才被拆毁。

"果敢"号于1863年下水时的情形

"阿喀琉斯"号

舰名	阿喀琉斯 Achilles
排水量	9980 吨
舰长	115.8 米
舰宽	17.8 米
吃水	8.3 米
航速	14 节
续航力	3300 千米 /6.5 节
船员	709
武器	4 门 7 英寸炮，16 门 100 磅炮，6 门 68 磅炮
装甲	水线处 64-114 毫米，船壁 114 毫米

"阿喀琉斯"号的建造计划是在 1861 年"勇士"号服役前夕下达的。该舰在布局上与"勇士"号较为接近，可以看成是后者的改进型。该舰仅建造一艘，于 1861 年 8 月 1 日开工建造，1863 年 12 月 23 日下水，1864 年 11 月 26 日服役。值得一提的是，该舰的开工时间正是其前辈"勇士"号正式服役的日子。

服役之后的"阿喀琉斯"号被分配到海峡舰队。1868 年，该舰按照海军部规定返港更换武器。1869 年重新服役，被指派到波特兰区的后备舰队担任警备舰。1874 年被调至利物浦区。从 1878 年至 1880 年，该舰在地中海服役。1885 年，该舰退役，沦为一艘仓库船，最后在 1923 年被变卖。

一幅描绘"阿喀琉斯"号建造情形的画作

1863 年的"阿喀琉斯"号

"米诺陶"级

舰名	米诺陶 Minotaur，阿金库尔 Agincourt，诺森伯兰 Northumberland
排水量	10798 吨
舰长	125.3 米
舰宽	18.1 米
吃水	8.5 米
航速	14 节
续航力	2800 千米/7.5 节
船员	800
武器	4门9英寸炮，24门7英寸炮
装甲	水线处114-140毫米，船壁140毫米

"米诺陶"级可以看成是"阿喀琉斯"号的扩大加强版，拥有更好的武器、更厚的装甲和更为强大的动力。同时该舰在外观上也极具特色，是仅有的拥有多达五根桅杆的铁甲舰。该级舰共建成三艘，分别为"米诺陶"号、"阿金库尔"号与"诺森伯兰"号。"米诺陶"号于1861年9月12日开工建造，1863年12月12日下水，1867年4月服役。"阿金库尔"号于1861年10月30日开工建造，1865年3月27日下水，1868年6月服役。"诺森伯兰"号于1861年10月10日开工建造，1866年4月17日下水，1868年10月服役。

服役于19世纪60年代后期的"米诺陶"级铁甲舰创造了一个纪录：是世界上最长的单螺旋桨军舰。修长的船身使得"米诺陶"级看上去十分美观，并且醒目的五根桅杆使其成为当时识别度最高的军舰之一。在武备上，"米诺陶"级同时安装了4门最

"米诺陶"号的船艏视角照片。注意后期安装的两门4.7英寸速射炮

作为海峡舰队旗舰的"米诺陶"号，拍摄时间为1875年之后

停泊在锚地的"阿金库尔"号

新锐的 9 英寸前装线膛炮和 24 门被证明已经是失败之作的 7 英寸阿姆斯特朗炮。于是有人戏称"米诺陶"级为"同时配备了最好和最差武器的维多利亚战舰"。该级舰的设计船员数为 800 人,但在实际服役时却远未达到这个数字,人手不足也导致该舰锅炉效率低下。据记载,即便是在张满帆和顺风的情况下,也从未超过 9.5 节的航速。但是该舰适航性较好,被认为是同时期"乘坐最舒适"的英国军舰之一。

"米诺陶"级首舰"米诺陶"号服役生涯的大部分时间里都担任海峡舰队旗舰,甚至出现在 1887 年维多利亚女王的五十周年登基庆典阅舰式上。1893 年,"米诺陶"号退役,成为一艘训练舰,1905 年进一步降为仓库船并最终于 1922 年被拆毁。二号舰"阿金库尔"号在俄土战争中曾被派往君士坦丁堡,以防止俄国军队占领奥斯曼帝国的首都,后与"米诺陶"号同时退出现役成为训练舰。不过该舰退役后的生命要长得多,直到 1960 年才被变卖处理。三号舰"诺森伯兰"号在武备和装甲构成上与前两艘略有不同,最显著的区别在于其以 22 门 8 英寸前装滑膛炮替代了同等数量的 7 英寸阿姆斯特朗炮。不过该舰的服役时间却是 3 艘中最短的,在 1890 年便被退役封存。1898 年,"诺森伯兰"号成为一艘训练舰,1909 年被改装为运煤船,最终在 1927 年被变卖(8 年后拆毁)。

拍摄于 1875 年之前的"诺森伯兰"号

"亲王"级

舰名	亲王 Prince Consort，加勒多尼亚 Caledonia，海洋 Ocean
排水量	6942 吨
舰长	83.2 米
舰宽	17.8 米
吃水	8.4 米
航速	12 节
续航力	3700 千米 /5 节
船员	605
武器	24 门 7 英寸炮
装甲	水线处 76-114 毫米，船壁 76-114 毫米

"亲王"级原本是木质双层甲板战列舰"布尔沃克"级中的一部分，但在建造中临时削减了一层甲板并在木质船身外敷设熟铁装甲而升级成为铁甲舰。"布尔沃克"级是英国建造的最后一级木质主力舰，原本计划建造 12 艘，但最后只有 7 艘完工服役并被改装为铁甲舰。"亲王"级即为其中 3 艘，分别为"亲王"号、"加勒多尼亚"号与"海洋"号。"亲王"号于 1860 年 8 月 13 日开工建造，1862 年 6 月 26 日下水，1864 年 4 月服役。"加勒多尼亚"号于 1860 年 10 月 10 日开工建造，1862 年 10 月 24 日下水，1865 年 4 月服役。"海洋"号于 1860 年 8 月 23 日开工建造，1862 年 3 月 19 日下水，1866 年 7 月服役。

作为从木质帆船直接升级为铁甲舰的版本，"亲王"级可谓是最"简陋"的同类军舰了。其保留有木质船壳和敷设在外层的相对较薄的铁甲，防护能力在理论上要弱于"纯种"铁甲舰。首舰"亲王"号原本名为"凯旋"，不过在其建造时，维多利亚女王的丈夫阿尔伯特亲王病逝，为了纪念亡夫，女王亲自将该舰更名为"亲王"。该舰建成之初在海峡舰队服役，随后于 1867 至 1871 年服役于地中海舰队。

拍摄于 1862 年的"加勒多尼亚"号

英国篇

拍摄于1862年的"海洋"号

1871年之后,"亲王"号被调回本土接受升级改造,但实际上既没有完成改造工作,也再没有出海过。1882年,年久失修的"亲王"号被变卖处理。二号舰"加勒多尼亚"号在建成后直接配给地中海舰队并成为该舰队的第一艘铁甲舰旗舰。1872至1875年,该舰作为警戒船服役于福斯湾,随后回到普利茅斯被解除了武装。1886年,该舰被变卖。三号舰"海洋"号对于当时的清廷来说算是"老熟人",因为它在建成后即被派往香港,是英国远东舰队的旗舰。1872年,"海洋"号奉命返回本土,英国人发现它的船体部分已经腐烂,需要进行维修。但该舰在当时已显落后,考虑之后英国人并未将钱浪费在这样一艘已经没有利用价值的军舰身上。于是"海洋"号被闲置了十年,最终于1882年被变卖。

"皇家橡树"号

舰名	皇家橡树 Royal Oak
排水量	6468 吨
舰长	83.2 米
舰宽	17.8 米
吃水	7.7 米
航速	12 节
续航力	4100 千米 /6.5 节
船员	585
武器	24 门 68 磅炮,11 门 110 磅炮
装甲	水线处 64-114 毫米,船壁 114 毫米

"皇家橡树"号原本是"布尔沃克"级木质战列舰计划中的一部分,在建造时敷设装甲升级为铁甲舰。该舰于1860年5月1日开工建造,1862年9月10日下水,1863年4月服役。

"皇家橡树"号算得上是"亲王"级的"半姐妹舰",但由于动力系统的布置存在明显不同,该舰还是被分离出来单独归类。"皇家橡树"号大部分时间里都在地中海舰队服役,不过在加入地中海舰队之前,它曾短暂服役于海峡舰队。1867年,该舰被解除武装进行改造,主要升级了武备和锅炉(外观也发生了变化,烟囱变为一根)。1868年8月14日晚,航行中的"皇家橡树"号因恶劣气候与"勇士"号相撞导致船体受损,不得不回港维修,之后返回地中海。1871年,"皇家橡树"号回到朴茨茅斯再度进行改造,但由于此时该舰已经落后,为了节约经费,改造工作始终未能完工。在被闲置了14年之后,破败不堪的"皇家橡树"号于1885年9月30日被变卖。

1867 年改装后的"皇家橡树"号

拍摄于 1866 年之前的"皇家橡树"号

"皇家阿尔弗雷德"号

舰名	皇家阿尔弗雷德 Royal Alfred
排水量	6815 吨
舰长	83 米
舰宽	17.83 米
吃水	7.24 米
航速	12.36 节
续航力	不详
船员	605
武器	10 门 9 英寸炮，8 门 7 英寸炮，6 门 20 磅炮
装甲	水线处 100-150 毫米，船腰炮室 150 毫米，船壁 110 毫米

"皇家阿尔弗雷德"号也是"布尔沃克"级计划中的一艘，但是与前文介绍的"亲王"级和"皇家橡树"号均有一定区别，因此单独归类。该舰于 1859 年 12 月 1 日开工建造，1864 年 10 月 15 日下水，1867 年 1 月服役。

"皇家阿尔弗雷德"号是最早在船体中央设置装甲堡的英国铁甲舰之一，因此也被称为是第一批船腰炮室铁甲舰。这类铁甲舰的特征是显著增加位于船腰处的装甲厚度并将重炮大多集中在此，借此提高整舰的防御能力。"皇家阿尔弗雷德"号在服役后立即被委任为北美分舰队旗舰，漂洋过海抵达新斯科舍的哈利法克斯港。该舰在哈利法克斯停留了很多年，直到 1874 年 1 月奉命回国。后来，该舰在经过检查时被发现锅炉腐蚀得很厉害，蒸汽压力下降到每平方英寸只有 10 磅，这使得其最高航速锐减到只有 7.5 节。由于在设计上已经完全落伍，军方进行评估后认为"皇家阿尔弗雷德"号已经没有价值，遂将其闲置。1835 年，该舰被变卖并旋即拆毁。

19 世纪 70 年代拍摄于哈利法克斯港的"皇家阿尔弗雷德"号

1864 年的"皇家阿尔弗雷德"号

"探索"号

舰名	探索 Research
排水量	1743 吨
舰长	59 米
舰宽	11.73 米
吃水	4.98 米
航速	10.3 节
续航力	不详
船员	150
武器	4 门 100 磅炮
装甲	水线处、船腰炮室和船壁均为 114 毫米

"探索"号是一艘小型铁甲舰，与前文提到的几艘相似，该舰也是由木质帆船改造而来。其前身为"飞狮"级纵帆船计划中的"特伦特"号（Trent）。该舰于 1861 年 9 月 3 日开工建造，1863 年 8 月 15 日下水，1864 年 4 月 6 日服役。

受限于体积，"探索"号所搭载的火炮非常少。但是这仅有的 4 门火炮都被安装在位于船腰的坚固装甲舱室中。该舰装备的 100 磅萨默塞特滑膛炮是一种威力十足的武器，可以有效击穿当时主流铁甲舰的装甲。1870 年时，这些火炮被 4 门 7 英寸 6.5 吨前膛炮所取代，很大程度上是因为 100 磅炮对于这样一艘小船来说实在难以操作（后坐力过大），而非威力问题。此外，该舰的装甲分布面积较大、厚度十分均匀，因此防御力并不逊于那些 6000 吨以上的中大型铁甲舰。

"探索"号在 1864 年至 1866 年间为海峡舰队服役，在更换了火炮后，于 1871 年至 1878 年间为地中海舰队服役。在结束了为地中海舰队的服役期后，"探索"号被封存，直至 1884 年被变卖拆毁。

1864 年的"探索"号

英国篇

与炮艇"彗星"号相遇的"企业"号。时间为19世纪70年代

"企业"号

舰名	企业 Enterprise
排水量	1350吨
舰长	54.9米
舰宽	11米
吃水	4.8米
航速	9.9节
续航力	不详
船员	130
武器	2门100磅炮，2门7英寸炮
装甲	水线处、船腰炮室和船壁均为114毫米

"企业"号也是由"飞狮"级纵帆船改进而来的小型铁甲舰。该舰在形体上甚至比"探索"号还要小，而武备也自然更为轻一些。"企业"号于1862年5月5日开工建造，1864年2月9日下水，1864年5月5日服役。

由于船体过小，"企业"号在初始建造时就只安装了2门100磅萨默塞特滑膛炮，后来干脆连这两门重炮也被替换成为7英寸6.5吨前膛炮。同样由于空间不足，该舰仅安装了692马力的轻型蒸汽机，致使其动力不足、最高航速不足10节（船员较少可能也是个制约因素）。

"企业"号在1862年开工建造时的船名为"切尔克斯人"（Circassian），是一艘拥有17门火炮的木质纵帆船，但是在两个月后便被决定改装为"铁甲巡航舰"（Armoured Corvette），同时更改船名为"企业"（Enterprise）。1864年完工后"企业"号被编入海峡舰队，不过后来又转入地中海舰队，直至1871年返回本土接受改造，其2门100磅萨默塞特滑膛炮便是在这时候被替换的。然而更新武备后的"企业"号却没有再出海执行任务。该舰被一直闲置，最后于1885年被变卖，仅变现了2072英镑。

"费沃里特"号

舰名	费沃里特 Favorite
排水量	3284 吨
舰长	69 米
舰宽	14.3 米
吃水	6.93 米
航速	11.8 节
续航力	不详
船员	250
武器	8 门 100 磅炮，8 门 7 英寸炮，2 门 68 磅炮
装甲	水线处、船腰炮室和船壁均为 4.5 英寸（约合 114 毫米）

"费沃里特"号是早期三艘由木质帆船改装而来的较小型船腰炮室铁甲舰之一，另两艘为前文介绍的"探索"号与"企业"号。该舰于 1860 年 8 月 23 日开工建造，1864 年 7 月 5 日下水，1866 年 3 月 17 日服役。

尽管同为小型铁甲舰，但"费沃里特"号吨位却比"探索"号与"企业"号大了一倍之多，武备自然也不在一个级别。该舰配备了 8 门 100 磅萨默塞特滑膛炮，并且其船体宽度足够为这些重炮作业提供空间。"费沃里特"号被认为是一艘优良的海船，但其稳定性不佳，船上的重炮只有在风平浪静时才能得到很好的使用。服役之后，"费沃里特"号被遣至北美和西印度群岛执行任务，直至 1869 年被召回。1872 年至 1876 年间，该舰接替"退敌"号（Repulse）在苏格兰东海岸担任警戒船。在此之后，"费沃里特"号便被闲置，直至 1886 年被变卖拆解。

1866 年的"费沃里特"号

准备张满帆航行的"热心"号

"热心"号

舰名	热心 Zealous
排水量	6194 吨
舰长	76.8 米
舰宽	17.9 米
吃水	7.8 米
航速	11 节
续航力	不详
船员	510
武器	20 门 7 英寸炮
装甲	水线处 64-114 毫米，船腰炮室 114 毫米，船壁 114 毫米

"热心"号与前文介绍过的"皇家阿尔弗雷德"号以及下文将介绍的"退敌"号同为早期三艘由木质帆船改装而来的较大型船腰炮室铁甲舰。该舰于1859年10月24日开工建造，1864年3月7日下水，1866年9月服役。

尽管"热心"号被赋予了一个当时铁甲舰标准的垂直船艏和圆形船艉，但其总体结构和船型与木质帆船的设计相比并无区别。在建造过程中，该舰被加长了船体，但就像同期建造的船旁列炮铁甲舰"亲王"级一样导致了纵向结构的削弱。"热心"号的船腰炮室装甲面积要小于"皇家阿尔弗雷德"号，这可能也与该舰体型较后者小和武装更弱的原因有关。与"皇家阿尔弗雷德"号相比，"热心"号的装甲厚度也全面处于劣势，不过该舰本来就是为了满足遥远海域作战需求而建造的，因此这些缺点也并不那么明显。

建成之初的"热心"号被派往太平洋海域，随后不久被派往加拿大西海岸，在那里，它成为旗舰。大约六年之后，"热心"号于1873年回到本土的朴茨茅斯港，并在4月接受了改装。该舰随后成为南安普顿的警戒舰，不过仅仅两年后便被封存在朴茨茅斯港，此后再也未出海，直至1886年被变卖。

"退敌"号

舰名	退敌 Repulse
排水量	6190 吨
舰长	77 米
舰宽	18 米
吃水	7.9 米
航速	12.5 节
续航力	不详
船员	515
武器	12 门 8 英寸炮，4 具 16 英寸鱼雷发射器，2 门礼炮
装甲	水线处 110-150 毫米，船腰炮室 150 毫米，船壁 110 毫米

"退敌"号是早期三艘由木质帆船改装而来的较大型船腰炮室铁甲舰之一，另两艘为前文介绍的"皇家阿尔弗雷德"号与"热心"号。"退敌"号于 1859 年 4 月 29 日开工建造，1868 年 4 月 25 日下水，1870 年 1 月 31 日服役。

从留存的照片中我们不难看出，"退敌"号采用了与"勇士"号类似的"飞剪型"船艏，因此在外观上与"皇家阿尔弗雷德"号与"热心"号有很大不同。原本英国人并不打算完成"退敌"号的建造工程，但由于对铁甲舰需求的激增，该舰中断的建造于 1866 年 10 月 25 日恢复，堪称迎来了命运的转折点。1870 年 3 月，完工的"退敌"号成为昆斯费里（Queensferry）的警戒船，并在两年后前往太平洋区域接替回国的"热心"号成为那里的新旗舰。"退敌"号的异域之旅持续了五年，直至 1877 年被替换。有趣的是在归国途中，当穿越麦哲伦海峡时，舰长决定不使用蒸汽机而仅凭风帆作为船只行进的动力，经过七周航行，"退敌"号成为唯一一艘凭借风帆动力通过合恩角（Cape Horn）的英国铁甲舰。回国后，"退敌"号于 1877 至 1880 年间接受了改装，随后在多个英国重要港口担任警戒船，直至 1885 年才退出现役。该舰最终在 1889 年被拆毁。

1870 年的"退敌"号

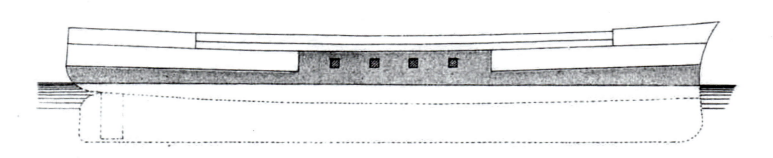

"克莱德勋爵"级

舰名	克莱德勋爵 Lord Clyde，五港总督 Lord Warden
排水量	7870吨（五港总督为7968吨）
舰长	85.3米
舰宽	18米
吃水	8.3米（五港总督为8.5米）
航速	13节
续航力	不详
船员	605
武器	18-24门5-9英寸炮，2门阿姆斯特朗20磅速射炮
装甲	水线处和船腰炮室110-140毫米，指挥塔110毫米

"克莱德勋爵"级是由著名船舶设计师爱德华·里德爵士（Sir Edward James Reed，1830-1906）以木质帆船"柏勒洛丰"级为基础设计的。该级舰共建成两艘，分别为"克莱德勋爵"号与"五港总督"号。"克莱德勋爵"号于1863年9月29日开工建造，1864年10月13日下水，1866年6月服役。"五港总督"号于1863年12月24日开工建造，1865年3月27日下水，1867年7月服役。

由于木质帆船已经过时，"克莱德勋爵"级在建造过程中即被改造为铁甲舰。不过由于船壳和龙骨等基础设施均为木质，这使得改造工程变得颇为复杂。"克莱德勋爵"级的船壳是一个复杂的夹层结构，其内层为24英寸的橡木，然后有1.5英寸的铁皮作为保护；外层为6英寸橡木加5英寸左右熟铁装甲。据称，这样的防御结构可以抵御美国"莫尼特"号铁甲舰上的达尔格伦15英寸舰炮的攻击。

"克莱德勋爵"号在服役之后被配备给海峡舰队，两年后的1868年则加入了地中海舰队。不过在加入不久，"克莱德勋爵"号便遭遇了严重的动力故障并不得不返回船厂大修，直至1871年才返回地中海。然而厄运并未离它而去，1872年，"克莱德勋爵"号因为搁浅受损严重。工程师在修复时发现它的船体已经严重腐烂，于是将其闲置。1875年，该舰被作为废品变卖。"克莱德勋爵"号的姐妹舰"五港总督"号则是英国最后一艘基于木质帆船改装的铁甲舰。服役之初"五港总督"号是加入海峡舰队的，但当年年底就转至地中海舰队。1869年该舰成为地中海一支分舰队的旗舰，直到1875年回国改造。俄土战争爆发时该舰被动员，但并未用于实际行动。1885年，"五港总督"号退役，四年后拆毁。

1867年的"五港总督"号

建造中的"克莱德勋爵"号

"雅典娜"号

舰名	雅典娜 Pallas
排水量	3794 吨
舰长	69 米
舰宽	15 米
吃水	7.39 米
航速	13 节
续航力	不详
船员	253
武器	2 门 110 磅炮,4 门 7 英寸炮
装甲	水线处、船腰炮室和船壁均为 110 毫米

"雅典娜"号是一艘由私人投资赞助建造的木质船身外敷熟铁装甲的铁甲舰。该舰于 1863 年 10 月 19 日开工建造,1865 年 3 月 14 日下水,1866 年 3 月 6 日服役。

"雅典娜"号是一艘典型的船腰炮室铁甲舰,在船腰处拥有非常明显的凸出装甲堡,并将全部火炮放置于此。由于该舰吨位不大,因此只携带了 6 门火炮。值得一提的是,"雅典娜"号是英国海军第一艘配置复式膨胀蒸汽机的军舰,军方声称该舰能达到 14 节的航速,但在试航中"雅典娜"号只能达到 13 节,并且在大部分时间里以不超过 12.5 节的航速航行。完工后的"雅典娜"号被配给海峡舰队,直到 1870 年 9 月返回朴茨茅斯改造。1872 至 1879 年间,该舰在地中海舰队服役。大约在 1879 年底或 1880 年"雅典娜"号退役,在 1886 年 4 月 20 日被变卖。

1866 年的"雅典娜"号

英国篇

1865年时的"柏勒洛丰"号

"柏勒洛丰"号

舰名	柏勒洛丰 Bellerophon
排水量	7672 吨
舰长	91.4 米
舰宽	17.1 米
吃水	8.1 米
航速	14 节
续航力	2800 千米 /8 节
船员	650
武器	10 门 9 英寸炮，5 门 7 英寸炮
装甲	水线处 127-152 毫米，船腰炮室 152 毫米，指挥塔 152-203 毫米，船壁 127 毫米，甲板 13-25 毫米

"柏勒洛丰"号也是爱德华·里德爵士的作品，并且该舰是一艘具备指挥塔和装甲甲板等先进特征的铁甲舰。"柏勒洛丰"号于1863年12月28日开工建造，1865年4月26日下水，1866年3月服役。

具备装甲甲板是"柏勒洛丰"号最大的特点，该舰不仅是英国第一艘、同时也是世界上第一艘完全敷设装甲甲板的主力舰。此外，里德爵士在设计该舰时还刻意缩短了船腰炮室装甲带的长度，但相应地增加了这部分装甲的厚度，在实质上提高了防御质量。相对于其较大的排水量，"柏勒洛丰"号的火炮数量并不算多，但装有10门在当时极具威力的9英寸前装线膛炮，该炮可以有效击穿当时几乎所有铁甲舰的装甲。

"柏勒洛丰"号在服役之后被编入海峡舰队，直到1871年。在此之后转入地中海舰队又服役了一年。1872年底，该舰接受改装，增加了一层艉楼甲板。1873年，"柏勒洛丰"号前往北美接替"皇家阿尔弗雷德"号成为北美驻留舰队旗舰。在境外服役时，"柏勒洛丰"号曾撞沉了一艘商船，自己也受损严重。1892年，该舰在朴茨茅斯港退役，但是随后以警戒船的身份短暂重新服役了一段时间，于1904年被改装为训练舰。1923年12月，"柏勒洛丰"号被变卖并于次年3月拆毁。

"柏勒洛丰"号装甲防御区域示意图

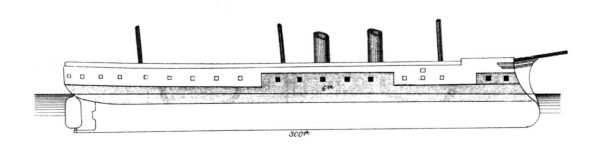

"珀涅罗珀"号

舰名	珀涅罗珀 Penelope
排水量	4540 吨
舰长	79.2 米
舰宽	15.2 米
吃水	5.1 米
航速	12 节
续航力	2540 千米 /10 节
船员	350
武器	8 门 8 英寸炮，3 门 5 英寸炮，2 门 3.75 英寸礼炮
装甲	水线处 127–152 毫米，船腰炮室 152 毫米，船壁 114 毫米

"珀涅罗珀"号也是爱德华·里德爵士的作品。该舰在设计理念上与"柏勒洛丰"号相似，不过形体明显缩小，属于中小型铁甲舰。该舰于 1865 年 9 月 4 日开工建造，1867 年 6 月 18 日下水，1868 年 6 月 27 日完工服役。

由亨利·摩根所绘的"珀涅罗珀"号

英国篇

1867年时的"珀涅罗珀"号

从外观上来看,"珀涅罗珀"号是一艘中小型铁甲舰,不过其武备却没有因为形体缩小而缩水。该舰所装备的8门8英寸前装线膛炮在当时是极具威力的武器,能够击穿当时主流铁甲舰的装甲。"珀涅罗珀"号在完工后的首年服役于海峡舰队。俄土战争期间,该舰是被动员准备参战的军力的一部分。1882年,当英埃战争爆发后,"珀涅罗珀"号由于其浅吃水被派往埃及执行疏散欧洲难民的任务。该舰于7月11日开始对亚历山大港进行炮轰,总共倾泻了231枚炮弹。埃及要塞对其进行反击,致使船上有8人受伤,一门8英寸火炮被损坏。后来该舰作为安东尼·霍金斯少将的旗舰参与了英军占领苏伊士运河的行动。1887年,该舰退役,后派至南非成为一艘监狱船。"珀涅罗珀"号在1912年7月12日被以1650英镑的价格变卖,两年后在意大利热那亚拆毁。

"大力神"号

舰名	大力神 Hercules
排水量	8816 吨
舰长	99 米
舰宽	18 米
吃水	8.08 米
航速	14.69 节
续航力	不详
船员	638
武器	8门10英寸炮，2门9英寸炮，4门7英寸炮，8门礼炮
装甲	水线处 150–230 毫米，船腰炮室 150–200 毫米，船壁 150 毫米

"大力神"号基于"柏勒洛丰"号改进而来，是第一艘安装了新式 10 英寸前装线膛炮的英国铁甲舰。该舰于 1866 年 2 月 1 日开工建造，1868 年 2 月 10 日下水，1868 年 11 月 21 日完工服役。

如上图所示，"大力神"号配备有一个明显凸出的装甲堡，以获得更好的火炮射界，而这个凸出部并未超过船身宽度，是通过削减船壁形成斜面以达到效果的。该舰携带的 8 门 10 英寸前装线膛炮都安置在船腰炮室中，最厚处达到了 200 毫米。9 英寸炮被放置在船艏和船艉中线处，而 7 英寸炮则安装在船艏和船艉的炮眼里用于舷侧射击。

建成之后，"大力神"号在海峡舰队服役。1871 年，它成功在直布罗陀附近拖拽"阿金库尔"号返回本土。1872 年，"大力神"号在暴风中与"诺森伯兰"号相撞，受损严重，不得不于 1874 至 1875 年间接受修复和改造，完工后担任地中海舰队旗舰直到 1877 年。在此之后，"大力神"号曾短暂退役，不过由于俄土战

由亨利·摩根所绘的"大力神"号，可见其典型的维多利亚时代涂装

英国篇

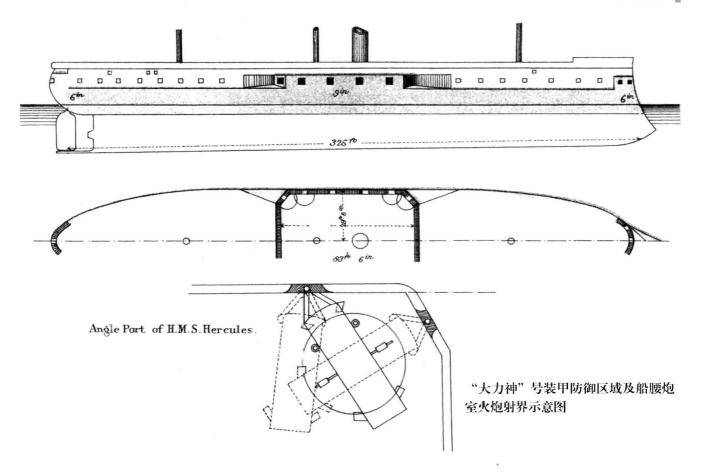

"大力神"号装甲防御区域及船腰炮室火炮射界示意图

争的爆发被动员重新入役，但并未投入行动。1881至1890年间，"大力神"号担任预备舰队的旗舰。1892至1893年，英国舰队面临大规模现代化更替，最早的前无畏舰"皇家君主"级开始服役，先前建造的大批铁甲舰、尤其是无炮塔的船腰炮室铁甲舰已经没有任何作战价值。"大力神"号被改装成海岸警戒船，随后又于1902年被改为补给船，服务于直布罗陀港。在直布罗陀港执行了十余年补给任务后，"大力神"号于1914年被拖拽回国，最后于1932年被拆毁。

由查尔斯·菲茨杰拉德所绘的1871年"大力神"号拖拽"阿金库尔"号的画作

"君主"号

舰名	君主 Monarch
排水量	8456 吨
舰长	100 米
舰宽	17.53 米
吃水	8 米
航速	14.94 节
续航力	不详
船员	605
武器	4 门 12 英寸炮, 2 门 9 英寸炮, 1 门 7 英寸炮
装甲	水线处 114-178 毫米,炮塔 203-254 毫米,船壁 102-114 毫米,船舯装甲隔板 127 毫米,指挥塔 203 毫米

"君主"号是英国第一艘具备旋转炮塔的远洋型铁甲舰(区别于岸防铁甲舰。关于岸防铁甲舰会在下文为读者介绍),为了和日后完全放弃风帆动力的炮塔舰相区别,该类型铁甲舰也被称为"有桅炮塔舰"(Masted Turret-Ship)。"君主"号于 1866 年 6 月 1 日开工建造,1868 年 5 月 25 日下水,1869 年 6 月 12 日完工服役。

"君主"号拥有两座可供旋转的周身敷设装甲的炮塔,里面各装有 2 门 12 英寸(约合 305 毫米)口径 25 吨前装线膛炮。这一口径的主炮也成为铁甲舰至前无畏舰时期各国主力舰的标准武器。不过由于安置在两根桅杆之间,这两座炮塔只能做横向射击。在装甲防御方面,"君主"号新增了"船舯装甲隔板",以防军舰在船舯触礁或与友舰碰撞后迅速进水导致沉没。在那个水密隔舱尚不完善的年代,这项举措对提升军舰生命力显得尤其重要。

由威廉·弗里德里克·米歇尔所绘的"君主"号

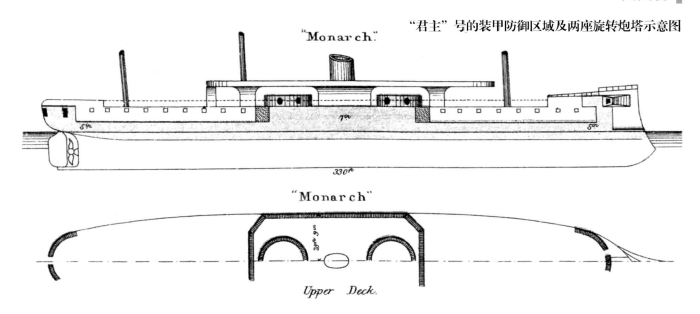

"君主"号的装甲防御区域及两座旋转炮塔示意图

"君主"号在服役之后被配属给海峡舰队,一直服役到1872年。在服役期间,该舰曾执行过将美国著名商人、金融家和慈善家乔治·皮勃蒂(George Peabody,1795–1869)的遗体运送回美国安葬的民事任务。1876年,"君主"号加入地中海舰队,在那里一直服役到1885年,其间参加过炮轰亚历山大港的行动。该舰在行动中一共向埃及要塞倾泻了125枚12英寸炮弹。1885年,在对俄紧张时期,"君主"号被派往马耳他,但在途中因机械故障被拖拽进港,后来被送回本土。从1890年开始,"君主"号接受了为期7年的现代化改造,主要将其动力系统升级为最新的三胀式蒸汽机。完成现代化改造后,"君主"号在一线服役至1902年,后于1905年被变卖。

拍摄于1872年之后的"君主"号

"船长"号

舰名	船长 Captain
排水量	7892 吨
舰长	97.54 米
舰宽	16.23 米
吃水	7.57 米
航速	15.25 节
续航力	不详
船员	约 500
武器	4 门 12 英寸炮，2 门 7 英寸炮
装甲	水线处 100-200 毫米，炮塔 230-250 毫米，船壁 110 毫米

"船长"号是一艘因公众压力而建造的在设计上并不成功的有桅炮塔舰。该舰于1867年1月30日开工建造，1869年3月27日下水，1870年4月服役。该舰在服役不久后即于同年9月6日沉没，成为当时英国海军发生的最大事故。

尽管船艏干舷很高，但由于两座炮塔主炮的位置过低，"船长"号在设计上实际上属于低干舷近海型军舰，这使得外观接近标准型铁甲舰的该舰显得不伦不类。船壁过高导致重心不稳，炮台过低导致易受风浪干扰，两点结合在一起使该舰成为英国历史上设计最失败的铁甲舰之一。

服役后的"船长"号被配属给地中海舰队，9月6日下午，"船长"号参加地中海舰队演习。当时海上有六级风力，"船长"号在使用风帆为动力的情况下以9.5节航速航行。地中海舰队司令亚历山大·米尔恩爵士（Alexander Milne，1806–1896）观看了它的炮击演示。这时候由于海面风力加大，"船长"号的航速已经升到11-13节，这对于一艘低干舷军舰来说是难以承受的，海浪频频打上火炮甲板。随着夜幕降临，情况更加糟糕，"船长"号被迫减少船帆数量，并将剩余船帆调成与风呈直角状以降低船速。午夜时，一名值更的新人误把船体倾斜18度认为是正常的颠簸，当实情被发觉时为时已晚，"船

一幅绘于1870年的"船长"号的油画作品

英国篇

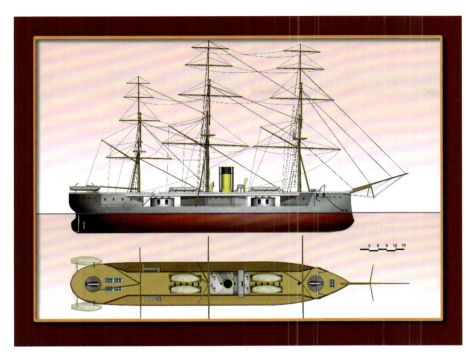

"船长"号的侧视和顶视图

长"号已严重倾斜并不可避免地沉没了。大约有480人因此而丧命，仅有27人获救。后来，英国政府以军事法庭的形式对"船长"号的失事进行调查，原本认为这是由人为失误导致的，但后来两位著名工程师威廉·汤姆森（William Thomson，1824–1907）和威廉·麦考恩（William John Macquorn Rankine，1820–1872）都认为船只本身存在重大缺陷。1870年7月29日，"船长"号曾在朴茨茅斯港接受了倾斜实验以计算船只稳定性，但在实验结果尚未公布之前该舰便出海，并且也成为了它的"最后之旅"。

在风浪中行将沉没的"船长"号

"大胆"级

舰名	大胆 Audacious，无敌 Invincible，铁公爵 Iron Duke，前卫 Vanguard
排水量	6204 吨（"铁公爵"号和"前卫"号为 6131 吨）
舰长	85 米（"铁公爵"号和"前卫"号为 85.3 米）
舰宽	16 米（"铁公爵"号和"前卫"号为 16.5 米）
吃水	6.88 米（"铁公爵"号和"前卫"号为 6.9 米）
航速	13.5 节（"铁公爵"号和"前卫"号为 13 节）
续航力	2330 千米/10 节
船员	450
武器	10 门 9 英寸炮，4 门 64 磅炮（"铁公爵"号和"前卫"号增加 6 门 20 磅速射炮）
装甲	水线处 150-200 毫米，船腰炮室 150-200 毫米（"铁公爵"号和"前卫"号的船腰炮室 100-150 毫米，船壁 100-130 毫米）

"大胆"级是爱德华·里德爵士应海事局要求设计的用于海外服役的船腰炮室铁甲舰。该级舰后来也被划为二等战列舰。该级舰共建成四艘，分别为"大胆"号、"无敌"号、"铁公爵"号与"前卫"号。"大胆"号于 1867 年 6 月 26 日开工建造，1869 年 2 月 27 日下水，1870 年 9 月 10 日服役。"无敌"号于 1867 年 6 月 28 日开工建造，1869 年 5 月 29 日下水，1870 年 10 月 1 日服役。"铁公爵"号于 1868 年 8 月 23 日开工建造，1870 年 3 月 1 日下水，1871 年 4 月 1 日服役。"前卫"号于 1867 年 10 月 21 日开工建造，1870 年 1 月 3 日下水，1870 年 9 月 28 日服役。

在"大胆"级开工建造之前，英国第一艘有桅炮塔舰"君主"号已经开工建造，第二艘"船长"号也已提上日程，看似这样一级设计"落后"的船腰炮室铁甲舰已无建造的必要，然而这种没有炮塔的铁甲舰技术已经成熟，非常适合在远洋执行任务。海军部因此批准了"大胆"级的建造。该级舰在船腰炮室中安放 10 门 9 英寸火炮，其火力已足够应付远洋作战。在装甲方面，"大胆"级在水线处拥有 152-203 毫米的装甲带，这几乎达到了船腰炮室铁甲舰最好的防御能力。美中不足的是"大胆"级的续航力稍逊，这对于一级远洋作战铁甲舰来说或多或少有些影响。

"大胆"号在建成后先是被派驻金斯敦（Kingstown），紧接着于 1874 年前往远东成为驻远东舰队的旗舰，后接替姐妹舰"铁公爵"号进驻新加坡。1879 年，"大胆"号返回英国本土开始接受锅炉和船艉改装。改装工作在 1883 年 3 月完成，后"大胆"号重返远东直到 1889 年再次回国，1894 年退出现役。

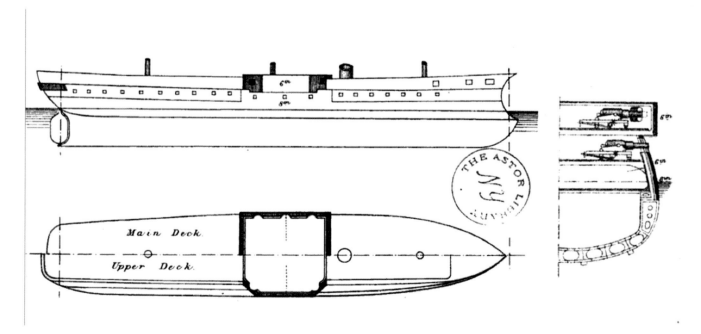

"大胆"级三视图

英国篇

"无敌"号在建成后加入地中海舰队并一直在此服役至1886年，期间它曾参与过干涉西班牙内战（1873年）以及攻击亚历山大港的行动。在结束了地中海服役期后，"无敌"号曾前往远东为姐妹舰"大胆"号输送新船员，归国后在南安普顿成为一艘警戒船，1893年退役。退役后的"无敌"号被改装成训练舰，但在1914年9月17日的一场风暴中沉没。

1870年拍摄于普利茅斯的"无敌"号

"铁公爵"号在建成之后即刻被派往远东，并因此有幸成为第一艘通过苏伊士运河的铁甲舰。该舰先是进驻远东，随后是新加坡，在姐妹舰"大胆"号到来后被替换回国。回国后不久，在1875年爱尔兰海岸附近的夏季巡航中，"铁公爵"号不慎撞上了姐妹舰"前卫"号并致

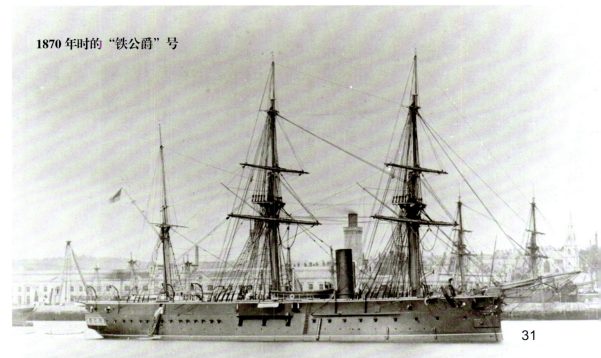

1870年时的"铁公爵"号

停泊在锚地的"前卫"号

使后者沉没。"铁公爵"号不得不接替"前卫"号在金斯敦担任警戒船,随后进行了为期一年的改装。1879年,"铁公爵"号再度来到远东,1885年加入海峡舰队,1887年参加了维多利亚女王的五十周年登基庆典阅舰式。1890年,"铁公爵"号转入预备役,1900年沦为运煤船,最后在1906年被变卖。

"前卫"号在建成后一直驻扎在金斯敦,1875年8月27日,该舰与另外三艘铁甲舰("勇士"号、"赫克托"号和"铁公爵"号)参与在爱尔兰海岸附近的夏季巡航。9月1日,由于大雾导致视线受阻,该舰被姐妹舰"铁公爵"号撞中后因受损严重而沉没。

1875年9月1日,下沉中的"前卫"号。"铁公爵"号位于画面左侧

"迅敏"级

舰名	迅敏、凯旋
排水量	7020 吨
舰长	85 米
舰宽	17 米
吃水	7.95 米
航速	14 节
续航力	不详
船员	450
武器	10 门 9 英寸炮,4 门 6 英寸炮,6 门 20 磅礼炮
装甲	水线处 150–200 毫米,船腰炮室 100–150 毫米,船壁 100–130 毫米

"迅敏"级也是计划用于海外服役的相较于炮塔舰来说"简单耐用"的船腰炮室铁甲舰之一。该级舰共建成两艘,分别为"迅敏"号与"凯旋"号。"迅敏"号于 1868 年 8 月 31 日开工建造,1870 年 6 月 15 日下水,1872 年 6 月 27 日服役。"凯旋"号于 1868 年 8 月 31 日开工建造,1870 年 9 月 27 日下水,1873 年 4 月 8 日服役。

描绘航行中的"迅敏"号的画作

"迅敏"级在外观上与"大胆"级十分相似,而水下的船体结构则与更老的"防御"号接近。该级舰是很好的海上火炮平台,具备优良的稳定性,这一点对于远航作战来说十分重要。在"迅敏"级指定设计方案时,曾有人建议在船体舯部安装旋转炮塔并将较小的武器移至船艉部,然而在当时旋转炮塔的故障率较高,这对于以远洋作战、缺乏维修点的铁甲舰来说并非是好事,因此海军部最终还是采取了相对保守的办法。"迅敏"号在服役之后被派往地中海,后于1882年被派往太平洋担任太平洋舰队旗舰。1893年之后,该舰被解除武装,后来改为一艘训练船,于1908年被变卖。"凯旋"号的服役轨迹与"迅敏"号类似,大部分时间在太平洋海域度过。该舰虽然在1890年开始便不再为一线部队服务,但直到1921年才被变卖,生命周期超过了其姐妹舰"迅敏"号。

1887年的"凯旋"号

"苏丹"号

舰名	苏丹 Sultan
排水量	9439吨
舰长	99米
舰宽	18米
吃水	8.76米
航速	14.13节
续航力	不详
船员	633
武器	8门10英寸炮，4门9英寸炮，7门20磅后装线膛炮
装甲	水线处150-230毫米，主甲板船腰炮室230毫米，上甲板船腰炮室200毫米，船壁110-150毫米

"苏丹"号是一艘以奥斯曼帝国苏丹阿卜杜勒·阿齐兹一世之名命名的船腰炮室铁甲舰，这位苏丹一直致力于与英、法两大欧洲豪强维持良好的外交关系，以抵御沙皇俄国。该舰于1868年2月29日开工建造，1870年3月31日下水，1871年10月10日服役。

最初建成时的"苏丹"号

在"苏丹"号的建造命令被下达之前,第一艘有桅炮塔舰"君主"号已经在建造之中,并且另一艘同类主力舰"船长"号也已投入设计,但由于炮塔可靠性较低,海军部并未放弃对传统船腰炮室铁甲舰的追求。"苏丹"号的船腰炮室被分为两部分,主甲板的装甲厚度为230毫米,用来安置10英寸主炮,而较轻的9英寸炮则被配备在上层甲板,而那里的装甲厚度也相应减少至200毫米。"苏丹"号在建成之后被归入海峡舰队,在那里一直服役到1876年。之后随着俄土战争的爆发,该舰前往达达尼尔海峡支援土军。1882年,"苏丹"号来到地中海参与了对亚历山大港的炮击,此后一直留在地中海至黑海一带。1889年3月,该舰在一次触礁后沉没,但紧接着在8月就被打捞起来并在马耳他修复。1892至1896年间,"苏丹"号接受了现代化改造,并仍然活跃在一线。1906年,该舰被拆除部分上层建筑改成技工训练船,1931年被改成机械维修船。甚至到了二战时期依然有所作为——作为扫雷舰的补给船服役于朴茨茅斯。"苏丹"号最终于1947年被变卖,其服役生涯长达76年,甚至超过了很多人的寿命。

"苏丹"号上的10英寸主炮

"蹂躏"级

舰名	蹂躏 Devastation，雷神 Thunderer
排水量	9183 吨
舰长	94 米
舰宽	18.97 米
吃水	8.13 米
航速	13.84 节（1892 年后 14 节）
续航力	8700 千米 /10 节
船员	410
武器	4 门 12 英寸炮
装甲	水线处 216-305 毫米，甲板 51-76 毫米，炮塔 300-360 毫米，船壁 250-300 毫米

"蹂躏"级铁甲舰是世界上第一艘完全去除风帆的远洋型军舰。由于没有用于悬挂风帆的桅杆，这种具备旋转炮塔的铁甲舰也被称为"无桅炮塔舰"。该级舰共建成两艘，分别为"蹂躏"号与"雷神"号。"蹂躏"号于 1869 年 11 月 12 日开工建造，1871 年 7 月 12 日下水，1873 年 4 月 19 日服役。"雷神"号于 1869 年 6 月 26 日开工建造，1872 年 3 月 25 日下水，1877 年 5 月 26 日服役。

"蹂躏"级的设计师依旧是爱德华·里德爵士。在设计这级划时代的铁甲舰时，他的理念是生产短而灵巧的中等规模大小的船，拥有较快的转弯速度，同时尽可能配备最强的武器。这样在与敌人交战时可以快速摧毁对手而无须冒太大风险。"蹂躏"级拥有两座在船体中线上布置的双联装封闭式炮塔，炮塔保护罩的装甲厚达 360 毫米，足以抵御同等规格火炮的攻击。不过考虑到"船长"号的失败，该级舰名义上具备"跨大西洋"能力，但在实际建造中降低了干舷高度以换来较好的稳定性。在防护能力上，"蹂躏"号也获得了较大的提升。其水线装甲最厚处达到 12 英寸。不仅如此，在装甲

拍摄于现代化改造后的"雷神"号

1896 年时的"蹂躏"号

"蹂躏"级装甲防御区域及炮塔布置示意图

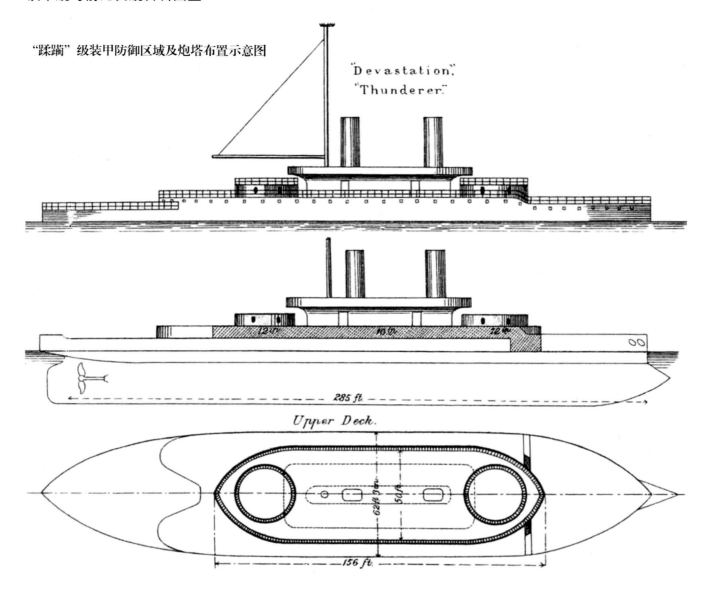

带内侧还衬有 16-18 英寸厚的坚硬橡木，使得该舰很难被敌方炮火击穿要害。"蹂躏"级的设计航速达到 14 节，但由于干舷较低，抗浪性较差，基本上只能以低于 12 节的航速航行。值得一提的是，该级舰由于取消了风帆，特意提升了载煤量，这使得该舰的续航力反而比之前的铁甲舰要大得多。

"蹂躏"号在建成之后被配属给地中海舰队，这里风平浪静更适合这种低干舷军舰活动。1891 年，"蹂躏"号接受了现代化改造，老式 12 英寸前装炮被新式 10 英寸后装炮所取代，同时动力也升级为三胀式蒸汽机。1901 年，老旧的"蹂躏"号成为直布罗陀警戒船，次年 4 月返回本土退役。不过退役之后的"蹂躏"号仍旧参加了当年 8 月 16 日爱德华七世在斯皮特黑德的加冕阅舰式。该舰最终在 1908 年被拆毁。"雷神"号虽然比姐妹舰"蹂躏"号早开工数月，但工期却拖得很长，直到 1877 年才完工入役。该舰在服役后被派往地中海，期间曾于 1891 年回国接受现代化改造，之后返回地中海，不过很快在 1892 年 9 月因锅炉问题再次回国。待修复之后，"雷神"号已经沦为一艘警戒船，到 1900 年退出现役。1902 年，"雷神"号被改装为一艘医疗船又继续服役了几年，最后于 1909 年 9 月 13 日被以 19500 英镑的价格变卖。

"亚历山德拉"号

舰名	亚历山德拉 Alexandra
排水量	9490 吨
舰长	105 米
舰宽	19.41 米
吃水	8.08 米
航速	15.09 节
续航力	不详
船员	674
武器	2 门 11 英寸炮，10 门 10 英寸炮，6 门 13 英寸（Hundredweight）后装线膛炮，4 具鱼雷发射器
装甲	水线处 150-305 毫米，主甲板船腰炮室 300 毫米，上甲板船腰炮室 200 毫米，船壁 130-200 毫米，甲板 25-38 毫米

"亚历山德拉"号是一艘大型船腰炮室铁甲舰，武备十分精良，在大部分时间里都以旗舰身份服役着。该舰于 1873 年 3 月 5 日开工建造，1875 年 4 月 7 日下水，1877 年 1 月 31 日服役。

"亚历山德拉"号原本计划设计成拥有炮塔和去除帆樯的无樯炮塔舰，但海军部里的高级官员对使用风帆的眷恋及设计上的保守使得新舰还是作为一艘传统的船腰炮室铁甲舰去建造。该舰的 2 门 11 英寸和 10 门 10 英寸火炮均被布置在上、下两层船腰炮室中，拥有良好的射界。事实上，后期建造的船腰炮室铁甲舰主炮都有良好的射界，这使其在射界上并不逊于有樯炮塔舰（有樯炮塔舰因为樯杆的原因，通常炮塔也只能进行舷侧射击）。"亚历山德拉"号在尚未服役之时（1877 年 1 月 2 日）便被指派为地中海舰队旗舰，并以此身份一直服役至 1889 年。期间曾作为地中海舰队司令霍恩比上将的座驾参加了俄土战争。在经过达达尼尔海峡时，该舰因恶劣天气而搁浅，后被友舰"苏丹"号拖回。在 1882 年炮轰亚历山大港的行动中，霍恩比上将将他的指挥所由"亚历山德拉"号临时转移到"无敌"号上，这是因为"无敌"号更浅的吃水使其能够在近海活动。1889 年，"亚历山德拉"号返回本土接受现代化改造，其后于 1891 年成为位于朴茨茅斯的海军预备舰队旗舰，并一直担任此职，至 1901 年。"亚历山德拉"号的最后一次出海是在 1900 年，1903 年时，它被降级为训练舰，最后在 1908 年被变卖。

1886 年时的"亚历山德拉"号

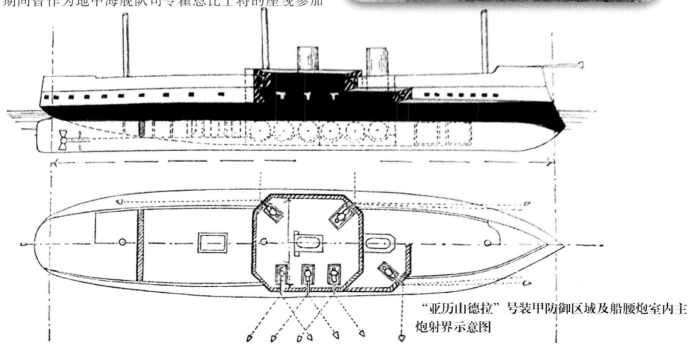

"亚历山德拉"号装甲防御区域及船腰炮室内主炮射界示意图

"鲁莽"号

舰名	鲁莽 Temeraive
排水量	8677 吨
舰长	87 米
舰宽	19 米
吃水	8.38 米
航速	14.65 节
续航力	不详
船员	580
武器	4门11英寸炮，4门10英寸炮，6门20磅后装线膛炮，2具鱼雷发射器
装甲	水线处140-280毫米，前炮座250毫米，后炮座200毫米，船腰炮室200毫米，船壁130-200毫米，甲板25-38毫米

"鲁莽"号是一艘独特的铁甲舰。它兼具了船腰炮室铁甲舰和有桅炮塔舰的部分特征，堪称二者的"混合体"。该舰于1873年8月18日开工建造，1876年5月9日下水，1877年8月31日服役。

"鲁莽"号的主要武器有一部分被安放在传统的船腰炮室装甲堡中，另有两座可供旋转的露天炮座被安置在船艏和船艉甲板，其上各安置一门11英寸主炮。"鲁莽"号在建成之后被派往地中海服役，在那里度过了14年（除了1887至1888年的冬天）。1878年，"鲁莽"号随霍恩比上将的舰队通过达达尼尔海峡，在君士坦丁堡附近驻扎一年声援奥斯曼帝国。之后，该舰还参加了炮轰亚历山大港的行动，在攻击埃及要塞时共倾泻了136枚11英寸和84枚10英寸炮弹。1891年，"鲁莽"号回到本土德文港，在那里被解除了武装。1893年，"鲁莽"号被降级为储备船只并在1901年被宣布从现役海军舰艇列表中除名。不过第一次世界大战中该舰作为一艘补给船被重新启用，只是并未参加战斗。1921年，该舰被变卖。

"鲁莽"号的11英寸主炮炮座

停泊在锚地的"鲁莽"号

"壮丽"号

舰名	壮丽 Superb
排水量	9710 吨
舰长	101.3 米
舰宽	18 米
吃水	8.05 米
航速	13.2 节
续航力	不详
船员	654
武器	16 门 10 英寸炮，6 门 20 磅后装线膛炮，4 具鱼雷发射器
装甲	水线处 180-300 毫米，船腰炮室 300 毫米，船壁 130-250 毫米，指挥塔 200 毫米，甲板 38 毫米

"壮丽"号是由爱德华·里德爵士为奥斯曼帝国海军设计的大型船腰炮室铁甲舰，但是由于俄土战争的爆发，该舰在建造过程中被英国政府强行收购成为一艘皇家海军舰艇。"壮丽"号于 1873 年开工建造，1875 年 11 月 16 日下水，1880 年 10 月 4 日服役。

虽然该舰从未为奥斯曼帝国海军服役过，但其姐妹舰"梅苏迪耶"号却确确实实交付给了奥斯曼帝国海军，这在下文会予以介绍。"壮丽"号配备了 16 门 10 英寸炮，算得上是那个时代最强的船腰炮室铁甲舰了。该舰在建成后被配属给地中海舰队并一直服役到 1887 年，其间参与了炮轰埃及要塞的行动，总共发射了 310 枚 10 英寸炮弹，同时被埃及要塞的火炮命中 10 次，有 7 次未穿透装甲，舰上也没有人员伤亡。1887 至 1891 年，该舰在查塔姆锚地接受了现代化改造，其后担任了一段时间克莱德的警戒船，后于 1894 年被解除武装。在此之后"壮丽"号仅仅在 1900 年的海上演习时出过海，其他时间都被闲置在港内。1904 年时，该舰被改装为海军医院传染病人的隔离船，后于 1906 年被变卖。

画家笔下"壮丽"号作为奥斯曼帝国海军舰艇服役的假想图，实际该舰在尚未建成时便被英国政府强行收购，因此从未悬挂过奥斯曼帝国的旗帜

停泊在港内的"壮丽"号

铁甲舰与前无畏舰百科图鉴

"海王星"号

舰名	海王星 Neptune
排水量	9108 吨
舰长	91.4 米
舰宽	19.2 米
吃水	7.6 米
航速	14 节
续航力	2740 千米 /10 节
船员	541
武器	4 门 12.5 英寸炮，2 门 9 英寸炮，6 门 20 磅后装线膛炮，2 具 14 英寸鱼雷发射器
装甲	水线处 229-305 毫米，装甲堡 254 毫米，炮塔 279-330 毫米，船壁 203 毫米，指挥塔 152-203 毫米，甲板 25-76 毫米

"海王星"号是一艘最初计划为巴西海军建造的有桅炮塔舰，但因俄土战争的爆发，在尚未建成时，便被皇家海军所征用。该舰于 1873 年开工建造，1874 年 9 月 10 日下水，1881 年 9 月 3 日完工，1883 年 3 月 28 日服役。

"海王星"号从开工建造到正式服役历时 10 年，这其中的原因自然是该舰在 1878 年因俄土战争爆发、皇家海军舰艇数量吃紧而被强行征召。"海王星"号在被征召后，按照海军部的要求进行了为期三年的改造，主要更换了锅炉和加装了射速较快的小口径后装线膛炮。该舰在服役后被配属给海峡舰队，两年后被调至地中海，但仅仅一年后又回到本土接受改造。此后，"海王星"号在霍利黑德担任警戒船直至 1893 年。1903 年，当该舰被拖行至拆毁地点时撞上了"胜利"号（即最著名的那艘木质帆船），险些酿成大祸。1904 年，该舰在德国被当成废料处理。

"海王星"号装甲防御区域及炮塔位置示意图

正在炮击的"海王星"号

"无畏"号

舰名	无畏 Dreadnought
排水量	11061 吨
舰长	97.5 米
舰宽	19.5 米
吃水	8.1 米
航速	14 节
续航力	10600 千米/10 节
船员	369
武器	4 门 12.5 英寸炮
装甲	水线处 203-356 毫米，炮塔 356 毫米，船壁 330 毫米，指挥塔 152-356 毫米，甲板 64-76 毫米

"无畏"号是继"蹂躏"级之后建造的第二级无桅炮塔舰。该级舰仅建造了一艘，便是"无畏"号。该舰于 1870 年 9 月 10 日开工建造，1875 年 3 月 8 日下水，1879 年 2 月 15 日完工，1884 年服役。

在这里首先需要声明的是，这里介绍的"无畏"号与日后大名鼎鼎的"无畏舰"并无任何联系，后者仅仅是前者在退役后舰名的继承而已。"无畏"号的建造工作开始于 1870 年，但开工后不久即被叫停，要求重新设计以提升稳定性和浮力。该舰直到 1879 年才完成了建造，但随后又被封存了五年，直至 1884 年才正式服役，过程可谓一波三折。1884 年服役后的"无畏"号被派往地中海，10 年后返回爱尔兰，成为一艘海岸警戒船。1897 年被改装为补给船，后在 1900 年被重新归类为"二等战列舰"。在接下来的两年里，该舰一直被用作训练舰直至 1905 年退出现役。1908 年，该舰被拆毁，走完了黯淡的一生。然而它的舰名在被后辈继承后却大放异彩，成为新一代战列舰的标杆并为后人所熟知。

停泊在码头的"无畏"号

拍摄于 1885 年之前的"无畏"号

"不屈"号

舰名	不屈（旧译：英弗来息白）Inflexible
排水量	11880 吨
舰长	105 米
舰宽	23 米
吃水	8 米
航速	14.73 节
续航力	不详
船员	440-470
武器	4门16英寸炮，6门20磅前装线膛炮，17门机关炮，4具14英寸鱼雷发射器
装甲	水线处610毫米，炮塔508毫米，船壁360毫米，甲板76毫米

对于国人来说，"不屈"号或许是一艘较为熟悉的英国铁甲舰，因为它不仅早在清朝就已经为人们所熟知，并获得了"英弗来息白"的译名，而且大名鼎鼎的清朝北洋水师"顶梁柱"——"定远"级铁甲舰的设计即参考了该舰。该舰于1874年2月24日开工建造，1876年4月27日下水，1881年7月5日服役。

"不屈"号拥有类似船腰炮室铁甲舰那般坚固的中央装甲堡，两座16英寸双联装重炮就安置在此，呈对角线布局。16英寸主炮的实际口径为406.4毫米，为英国在铁甲舰-前无畏舰时期所使用过的最大口径舰炮，是为了与当时意大利铁甲舰上搭载的450毫米巨炮相抗衡的产物。该炮自重81吨，能将重达763.8千克的弹丸推送至7300米之外，但由于射速和命中精度都低得惊人，该炮的恫吓意义大于实际意义。在防御力方面，"不屈"号的水线装甲最厚处达到了惊人的610毫米，对于当时初速较慢的前装火炮来说，这样的装甲几乎没有被击穿的可能性。除了强大的火力和坚实的防护，"不屈"号上还有几项创新值得一提：它是第一艘完全使用电照明的皇家海军舰艇，同时还是首艘使用水下鱼雷发射管的军舰。

"不屈"号在完工之后被派往地中海舰队服役，其参加的第一次军事行动就是炮击亚历山大港。该舰在行动中共发射88枚炮弹，但自己所遭受的打击却是这个数目的两倍。一枚来自埃及要塞的10英寸炮弹杀死了船上的木匠并重伤了一名军官。舰上一座16英寸炮塔甚至发生了爆炸，损坏了上层建筑和一艘救生艇。1885年，"不屈"号返回朴茨茅斯接受改造，原本保留的帆具被全部去除，成为一艘完全依靠蒸汽动力行动的军舰。1890至1893年，"不屈"号再次在地中海服役，回国后担任朴茨茅斯的警戒船直到1897年，退出现役并被发配至后备舰队。1902年，该舰被封存，次年在查塔姆被变卖。

停泊在锚地的"不屈"号

"不屈"号16英寸主炮炮塔特写

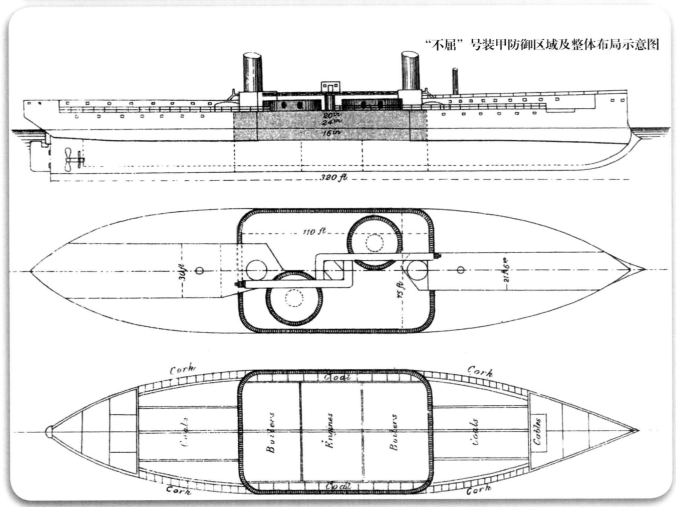

"不屈"号装甲防御区域及整体布局示意图

"阿贾克斯"级

舰名	阿贾克斯 Ajax，阿伽门农 Agamemnon
排水量	8510 吨
舰长	91.67 米
舰宽	20 米
吃水	7.16 米
航速	13 节
续航力	不详
船员	345
武器	4 门 12.5 英寸炮，2 门 6 英寸炮
装甲	装甲堡 460 毫米，炮塔 360-410 毫米，指挥塔 300 毫米，船壁 340-420 毫米，甲板 76 毫米

"阿贾克斯"级是"不屈"号的"缩小版"，无论在船身尺寸、吨位、武备还是装甲防护上均有所缩减。该级舰共建成两艘，分别为"阿贾克斯"号与"阿伽门农"号。"阿贾克斯"号于 1876 年 3 月 21 日开工建造，1880 年 3 月 10 日下水，1883 年 4 月 30 日服役。"阿伽门农"号于 1876 年 5 月 9 日开工建造，1879 年 9 月 17 日下水，1883 年 3 月 29 日服役。

"阿贾克斯"级被作为一个"廉价"铁甲舰方案来设计。由于"不屈"号的造价高昂，海军部要求新舰必须尽可能控制建造成本。这似乎成为一个传统，每当一艘较为成功的舰型诞生后，都会紧接着生产一级"廉价版本"。例如"勇士"号之后的"防御"级，第一次世界大战时著名的"伊丽莎白女王"级后的"复仇"级，但是这些"廉价版本"中鲜有成功者。

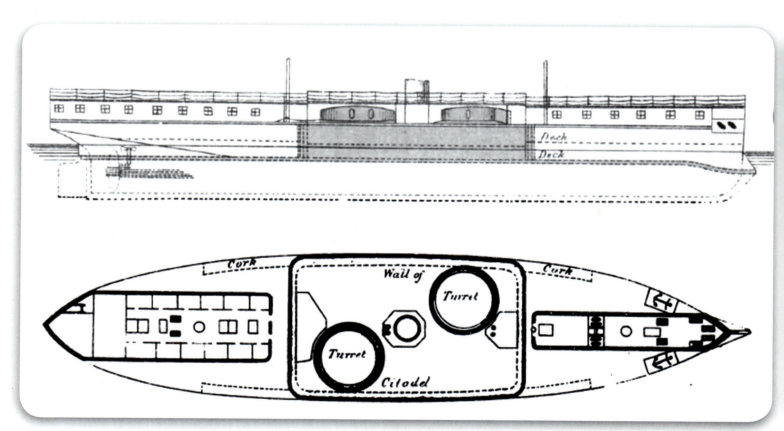

"阿贾克斯"级装甲防御区域及整体布局示意图

"阿贾克斯"号于1883年完工后被闲置在港口达两年之久,直至1885年才初次出航。当年晚些时候该舰被指派为苏格兰海岸警卫队船只,并在那里服役了6年。1891年,该舰被降为预备役,十年后除役,最终在1904年被拆毁。"阿伽门农"号在1884年被派至驻远东海军基地,但在两年后返回了地中海。1889年,"阿伽门农"号加入东印度舰队,在桑给巴尔岛(Zanzibar)附近执行封锁任务。然而天有不测风云,当地爆发了登革热,"阿伽门农"号船上五分之四的船员都感染了这种疾病,不过幸运的是患者大多都康复了。回到地中海后,"阿伽门农"号在1896年降为预备役。该舰在1903年被变卖。

举行下水仪式的"阿伽门农"号

"巨人"级

舰名	巨人 Colossus，爱丁堡 Edinburgh
排水量	9420 吨
舰长	99 米
舰宽	21 米
吃水	7.85 米
航速	16.5 节
续航力	不详
船员	396
武器	4 门 12 英寸炮，5 门 6 英寸炮，4 门 6 磅炮，2 具 14 英寸鱼雷发射器
装甲	装甲堡 356–457 毫米，炮塔 356–406 毫米，船壁 330–406 毫米

"巨人"级是"阿贾克斯"级的改进型，该级舰共建成两艘，分别为"巨人"号与"爱丁堡"号。

"巨人"号于 1879 年 6 月 6 日开工建造，1882 年 3 月 21 日下水，1886 年 10 月 31 日服役。"爱丁堡"号于 1879 年 3 月 20 日开工建造，1882 年 3 月 18 日下水，1887 年 7 月 8 日服役。

与前任相比，"巨人"级拥有更大的吨位、更强的防御力和更好的机动性。更重要的是该级舰使用后装火炮替代了老式的前装火炮，以此获得了更快的射速和更远的射程。此外，该舰的装甲还首次使用了钢，而非之前的熟铁，使得装甲在厚度减少的情况下防御力却反而增强，同时首次引进复合装甲和"皮带式装甲带"的理论。相较于旧式的装甲堡式布局，皮带式装甲带对水线附近的船体进行重点防御，效果更好。尽管"巨人"级皮带式装甲带在设计上尚欠成熟，但为日后的进一步完善指明了道路。

由 C.J. 鲁尔斯顿所绘的"巨人"号，时间是 1891 年

"巨人"号在建成后被配属给地中海舰队,从1886年开始直至1893年服役了7年之久,之后返回本土担任海岸警戒船。从1895年起,该舰成为预备役舰队的一员,在1901年被解除武装并封存,后于1906年被变卖。"爱丁堡"号开工建造和下水时间都早于"巨人"号,但却晚服役将近一年,这是由于其12英寸主炮在试验时发生爆炸事故所致。不过幸运的是,该舰服役时刚好赶上了女王登基纪念的阅舰式。随后"爱丁堡"号被派往地中海,在那里一直服役至1894年。在此之后,该舰返回本土担任警戒船,1902年8月,它参加了位于斯皮特黑德的爱德华七世加冕阅舰式。1908年,"爱丁堡"号被改装为靶舰,配备了现代化装甲来测试英军最新的装满烈性炸药的穿甲弹的能力。经过测试,英军高爆弹的缺陷暴露无遗,这促使项目负责人杰利科(日德兰海战英军总指挥官)对炮弹的设计进行整改。然而这项整改可能并末被真正实施,这也导致了后来日德兰海战中许多英舰发射的穿甲弹无法有效击穿德舰的装甲。"爱丁堡"号最后于1910年被拆毁。

1897年时的"爱丁堡"号

"海军上将"级

舰名	科林伍德 Collingwood，罗德尼 Rodney，豪 Howe，坎珀当 Camperdown，安森 Anson，本鲍 Benbow
排水量	10800 吨
舰长	101 米
舰宽	21 米
吃水	8 米
航速	16 节
续航力	不详
船员	530
武器	4 门 13.5 英寸炮（"科林伍德"号为 4 门 12 英寸炮，"本鲍"号为 2 门 16.25 英寸炮），6 门 6 英寸炮（"本鲍"号为 10 门），12 门 6 磅炮，10 门 3 磅炮（"科林伍德"号为 8 门，"本鲍"号为 7 门），5 具 14 英寸鱼雷发射器（"科林伍德"号为 4 具）
装甲	水线处 203-457 毫米，船壁 178-406 毫米，炮座 254-292 毫米，指挥塔 51-305 毫米，甲板 51-76 毫米

"海军上将"级以英国历史上6位著名海军上将之名命名，由于首舰为"科林伍德"号，因此该级舰有时也被称为"科林伍德"级。"海军上将"级一共建成6艘，分别为"科林伍德"号、"安森"号、"坎珀当"号、"豪"号、"罗德尼"号与"本鲍"号。"科林伍德"号于1880年7月12日开工建造，1882年11月22日下水，1887年7月1日服役。"罗德尼"号于1882年2月6日开工建造，1884年10月8日下水，1888年6月20日服役。"豪"号于1882年6月2日开工建造，1885年4月28日下水，1889年7月18日服役。"坎珀当"号于1882年12月18日开工建造，1885年11月24日下水，1889年7月18日服役。"安森"号于1883年4月24日开工建造，1886年2月17日下水，1889年5月28日服役。"本鲍"号于1882年11月1日开工建造，1885年6月15日下水，1888年6月14日服役。

一幅描绘航行中的"科林伍德"号的油画

英国篇

主炮转向舷侧的"罗德尼"号

"海军上将"级是第一级无枪炮塔舰"蹂躏"级的大为改进型，同时也是英国在铁甲舰时期建造的同级舰数量最多的一级。该级舰的所有主炮均采用后膛装填，已经具备了现代化火炮的雏形。其中"本鲍"号装备的为两座单装16.25英寸重炮，这也是英国在铁甲舰－前无畏舰时期使用过的最大口径舰炮（之后的"维多利亚"级也采用此型主炮）。从"海军上将"级开始，英国所有铁甲舰－前无畏舰都采用主炮炮塔沿中线排列的布局，一直到1906年划时代的"无畏"号诞生为止（"无畏"号的舯部有交错排列的主炮塔，但前后主炮依然为中线排列）。

"科林伍德"号于1887年服役后，立即参加了维多利亚女王的登基周年纪念阅舰式，随后被派驻地中海。有趣的是，其命名者科林伍德将军生前最重要的任职期也是在地中海度过的。1897年3月，"科林伍德"号从地中海返回本土担任警戒船，1903年退出一线，1909年被拆毁。

船艏视角下的"豪"号

铁甲舰与前无畏舰百科图鉴

"罗德尼"号在建成后成为驻留舰队的一员，一年后，该舰加入海峡舰队，并且在这里一直服役到1894年。之后，该舰又被派往地中海服役了3年。1897年，该舰与"科林伍德"号一起被召回本土担任警戒船。1901年，"罗德尼"号退出一线，后于1909年被变卖。

"豪"号在服役之初并未被配属主炮，期间曾参加过一次舰队演习。该舰直到1890年才成为一艘"完全体"，之后被编入海峡舰队，曾被派往西班牙北部的费罗尔执行救援任务。1893年，"豪"号返回本土被解除武装进行修缮。之后前往地中海，直到1896年回国。从1896至1901年，该舰在金斯敦担任警戒船，后于1910年被变卖。

"坎珀当"号在服役之后于12月被派往地中海担任旗舰，不过仅仅半年之后便回到本土担任海峡舰队的旗舰。1892年，该舰进行了改造，随后又返回地中海服役。1893年6月22日，"坎珀当"号在一次舰队演习中撞沉了友军铁甲舰"维多利亚"号，这是英国海军史上的一桩疑案。1899年，该舰被降级为二等战列舰，担任警戒船至1903年，后于1911年被变卖。

"安森"号在服役之后担任海峡舰队中一支分舰队的旗舰。1891年3月17日，该舰在直布罗陀湾与客轮"乌托邦"号（Utopia）相撞致其沉没，有562名乘客和船员在事故中丧生，但该舰并未受到明显损伤。1893年9月，"安森"号被转移至地中海。1901年，该舰返回本土成为警戒船，1904年正式退出一线。"安森"号最后在1909年7月13日被变卖。

"本鲍"号在建成后被分配给地中海舰队，服役期为1888至1891年。之后直至1894年该舰驻在里瑟夫港（Reserve），期间曾参与过两次演习。从1894至1904年，该舰在格里诺克担任警戒船，最后于1909年被变卖。

1897年时的"本鲍"号

1902年之后的"坎珀当"号，采用灰色涂装

英国篇

1897年时的"安森"号

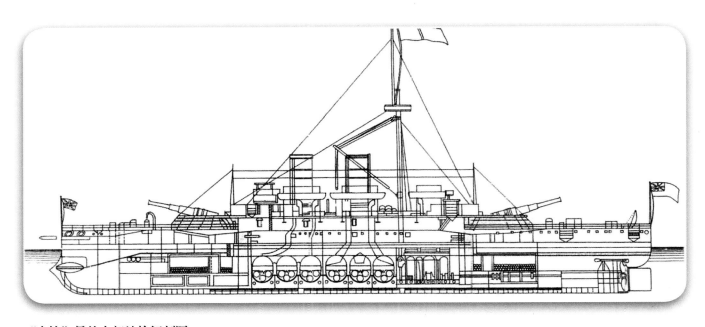

"本鲍"号的内部结构解剖图

"维多利亚"级

舰名	维多利亚 Victoria，圣帕雷尔 Sans Pareil
排水量	11200 吨
舰长	100 米
舰宽	21 米
吃水	8.8 米
航速	16.75 节
续航力	不详
船员	630
武器	2 门 16.25 英寸炮，1 门 10 英寸炮，12 门 6 英寸炮，12 门 6 磅炮，6 具 14 英寸鱼雷发射器
装甲	水线处 457 毫米，船壁 406 毫米，炮塔 432 毫米，装甲堡 457 毫米，装甲堡隔板 76-152 毫米，指挥塔 51-356 毫米，甲板 76 毫米

"维多利亚"级是一艘外观奇特的铁甲舰，该级舰只有一个主炮炮塔，布置在前甲板中线上，同时两根烟囱呈并列排列。因此怪异的布局，"维多利亚"级两艘铁甲舰获得了"一双拖鞋"的昵称。该级舰共建成两艘，分别为"维多利亚"号与"圣帕雷尔"号。"维多利亚"号于 1885 年 6 月 13 日开工建造，1887 年 4 月 9 日下水，1890 年 3 月服役。"圣帕雷尔"号于 1885 年 4 月 21 日开工建造，1887 年 5 月 9 日下水，1891 年 7 月 8 日服役。

别看"维多利亚"级布局怪异，该舰仅有的一座双联装主炮塔装备的是当时英国最强的 16.25 英寸舰炮（与前文介绍的"本鲍"号相同），同时该级舰还是首批安装三胀式蒸汽机的英国铁甲舰。"维多利亚"号在下水时原本被命名为"声望"号（Renown），但因为正好赶上维多利亚女王登基纪念日而改名。该舰在完工后被配属给地中海舰队担任旗舰。1893 年 6 月 22 日在一次舰队编队演练时，由于舰队司令乔治·特莱恩（George Tryon，1832-1893）的一道令人匪夷所思的命令，友舰"坎珀当"号在转向后命中注定地撞中"维多利亚"号导致该舰沉没，成为英国海军史上发生过的最大意外事故之一。据记载，特莱恩在旗舰沉没时选择了随舰下沉，并且留下的最后遗言是："这全是我的错。"

"圣帕雷尔"号在服役之后也被配属给地中海舰队，并在 1893 年 6 月 22 日的舰队编队演练中目睹了姐妹舰沉没的悲剧。1895 年 4 月该舰被解除武装并闲置，后于 1899 至 1900 年接受改装，沦为一艘警戒船，最后于 1907 年被变卖。

由威廉·弗里德里克·米歇尔所绘的"维多利亚"号

1897年时的"圣帕雷尔"号

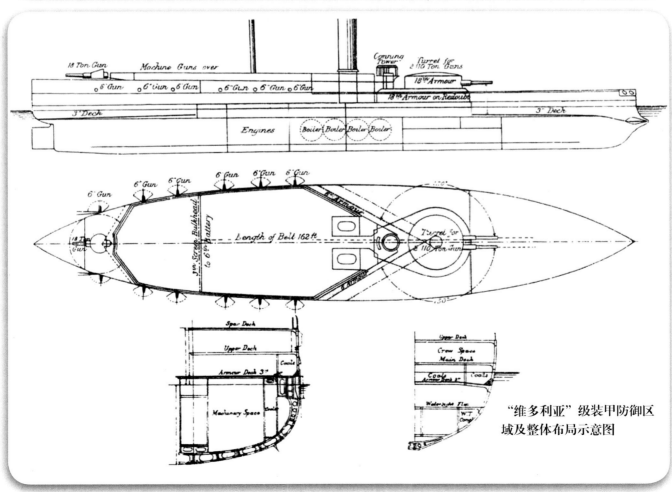

"维多利亚"级装甲防御区域及整体布局示意图

"特拉法尔加"级

舰名	特拉法尔加 Trafalgar，尼罗河 Nile
排水量	12590 吨
舰长	105 米
舰宽	22 米
吃水	8.38 米
航速	16.7 节
续航力	不详
船员	570
武器	4 门 13.5 英寸炮，6 门 4.7 英寸速射炮，8 门 6 磅炮，9 门 3 磅速射炮，5 具鱼雷发射器
装甲	水线处 356-508 毫米，船壁 356-406 毫米，炮塔 457 毫米，装甲堡 406-457 毫米，装甲堡隔板 102-127 毫米，指挥塔 356 毫米，甲板 76 毫米

"特拉法尔加"级是英国建造的最后一级无桅炮塔舰（即铁甲舰），在该舰之后建造的"皇家主权"级即将把英国海军带入"前无畏舰"时期。"特拉法尔加"级共建成两艘，分别为"特拉法尔加"号与"尼罗河"号。"特拉法尔加"号于 1886 年 1 月 18 日开工建造，1887 年 9 月 20 日下水，1890 年 4 月 2 日服役。"尼罗河"号于 1886 年 4 月 8 日开工建造，1888 年 3 月 27 日下水，1891 年 7 月 10 日服役。

"特拉法尔加"号及其姐妹舰"尼罗河"号因烟囱样式的显著差别故而在外观上有较高辨识度。此外，该舰在舰型上算得上是"海军上将"级的显著改进版，其首次在舰上配备大量速射炮，以取代旧式射速缓慢的大口径火炮。后来发生的甲午海战和日俄海战皆证明了速射炮对于提升火力来说有多么重要。"特拉法尔加"号在服役之后即被派往地中海担任第二旗舰，直至 1897 年才被征召回国。回国后该舰被解除武装并赋闲在港口，直至 1902 年的爱德华七世登基阅舰式才再次出海，在此之后又被继续封存。1907 年，"特拉法尔加"号被改造成一艘钻井船前往希尔内斯港（Sheerness）提供服务，后来又被配属给驻留舰队，最后在 1911 年 3 月 9 日被变卖。

"尼罗河"号为纪念 1798 年的尼罗河战役而被命名。该舰在建成后被配属给地中海舰队，在 1893 年 6 月 22 日的撞舰事故中，"尼罗河"号在舰长杰拉德·诺尔的指挥下拒绝执行司令下达的命令，从而避免了灾难降临。1896 年，"尼罗河"号返回本土，后于 1898 年 1 月成为德文港的警戒船。该舰参加了 1902 年的阅舰式，但在次年 2 月便被降级至预备役，最后在 1912 年被拆毁。

1897 年时的"尼罗河"号

1897 年时的"特拉法尔加"号

"皇家主权"号

舰名	皇家主权 Royal Sovereign
排水量	5160 吨
舰长	73.3 米
舰宽	19 米
吃水	7.6 米
航速	11 节
续航力	不详
船员	约 300
武器	5 门 10.5 英寸炮（其中有一座双联装，其余单装）
装甲	水线处 110-140 毫米，炮塔 140-250 毫米，指挥塔 140 毫米，甲板 25 毫米

"皇家主权"号原本作为一艘木贡一级风帆战舰来下达建造命令，但在建造过程中却被改造为具备旋转炮塔的岸防铁甲舰（即后来的二等战列舰）。

该舰于 1849 年 12 月 17 日开工建造，1857 年 4 月 25 日下水，1862 年 2 月 4 日接受改造为铁甲舰的命令，后于 1864 年 8 月 20 日完工。

"皇家主权"号是英国海军第一艘具有旋转炮塔的铁甲舰，不过海军部对其的定义为"岸防铁甲舰"（Coastal service ironclad），因此有些资料并未将其视为英国第一艘炮塔舰。该舰的布局十分奇特，其 5 门 10.5 英寸主炮被分装在 4 座炮塔中，其中一座为双联装，另有 3 座为单装。该舰在完成改造后服役于英吉利海峡的近海舰队，被用于有限的海军行动和进行火炮、炮塔测试和评估。该舰在 1866 年便被解除了武装，后于 1873 年被改装为射击训练舰。"皇家主权"号最终于 1885 年被拆毁，终其一生都扮演着"实验训练船"的角色。

被改造成炮塔舰的"皇家主权"号

"阿尔伯特亲王"号

舰名	Prince Albert
排水量	3746 吨
舰长	73 米
舰宽	14.66 米
吃水	6.25 米
航速	11.26 节
续航力	不详
船员	201
武器	4 门 9 英寸炮
装甲	水线处 86–110 毫米,炮塔 130–250 毫米,甲板 19–30 毫米

"阿尔伯特亲王"号是一艘浅吃水、小吨位的岸防铁甲舰。该舰于 1862 年 4 月 29 日开工建造,1864 年 5 月 23 日下水,1866 年 2 月 23 日完工。

"阿尔伯特亲王"号以维多利亚的亡夫阿尔伯特亲王之名命名,按照女王的意愿,该舰尽管早已失去军事价值,但在英军一线名单中却一直存在至 1899 年。除了具备旋转炮塔,"阿尔伯特亲王"号在火力、防护和航速上并无亮点,可以说是一艘相当平庸的军舰。该舰在 1867 年被配属给德文港海岸警戒部队,从 1878 年起成为预备役舰队的一员。该舰由于其舰名的原因甚至获得了参加 1887 年维多利亚女王登基庆典阅舰式的机会,随后在 1889 年还参加了海军演习,不过这也是该舰最后一次出海。1899 年,这艘没有价值的岸防铁甲舰终于被拆毁回炉。

1867 年时的"阿尔伯特亲王"号

"天蝎"级

舰名	天蝎 Scorpion，飞龙 Wivern
排水量	2795 吨
舰长	68.4 米
舰宽	12.9 米
吃水	5.2 米
航速	10.5 节
续航力	2240 千米 /10 节
船员	153
武器	4 门 9 英寸炮
装甲	水线处 51-114 毫米，炮塔 140-254 毫米

"天蝎"级两艘是美国南部邦联海军向英国政府订购的两艘小型铁甲舰，但由于违反了战时《国外征兵法案》而被强行留在国内使用。该级舰共建成两艘，分别为"天蝎"号与"飞龙"号。"天蝎"号于 1862 年 4 月开工建造，1863 年 7 月 4 日下水，1865 年 10 月 1 日服役。"飞龙"号于 1862 年 4 月开工建造，1863 年 8 月 29 日下水，1865 年 10 月 10 日服役。

"天蝎"级被英国政府强征后被划为岸防铁甲舰，实际上属于小型的有桅炮塔舰。虽然是姐妹舰，但"天蝎"级两艘在外观上有着明显不同。"天蝎"号的干舷较高，炮塔位于高高的干舷之上；而"飞龙"号为了改善船体重心，将两座炮塔的位置明显放低，这种方式类似当时主流的有桅炮塔舰。"天蝎"号及其姐妹舰在1864年初被皇家海军购买，在服役之后被派至海峡舰队服役。1869 年，该舰转至北美的百慕大群岛，在那里负责港口防务。"天蝎"号在那里服役了三年之后，从现役名单中去除，之后被长期封存，直到 1901 年作为靶舰被击沉。"飞龙"号在完工后被派往海峡舰队，在那里呆到了 1868 年。之后该舰曾短暂在赫尔担任警戒船，1880 年，该舰被派往远东。该舰舯部干舷为适应炮塔而降低，导致其并不适合远航，因此该舰在抵达远东后再也没有回国。1904 年，该舰被解除港口警戒船的职务，1922 年被变卖。

1865 年时的"飞龙"号

1863 年时的"天蝎"号

"地狱犬"级

舰名	地狱犬 Cerberus，马格达拉 Magdala
排水量	3398 吨
舰长	69 米
舰宽	14 米
吃水	4.67 米
航速	9.75 节（"马格达拉"号为 10.6 节）
续航力	不详
船员	155
武器	4 门 10 英寸炮
装甲	水线处 150-200 毫米，炮塔 230-254 毫米，装甲胸墙 200-230 毫米，甲板 25-38 毫米

"地狱犬"级是由爱德华·里德爵士所设计建造的只保留超低干舷的岸防铁甲舰。该级舰共建成两艘，分别为"地狱犬"号与"马格达拉"号。"地狱犬"号于 1867 年 9 月 1 日开工建造，1868 年 12 月 2 日下水，1870 年 9 月服役。"马格达拉"号于 1868 年 10 月 6 日开工建造，1870 年 3 月 2 日下水，1870 年 11 月服役。

"地狱犬"级的干舷高度仅为 1.2 米，甚至不足一个成年人的身高，超低的干舷给该级舰带来了良好的稳定性，然而缺点也是十分明显的——稍大的风浪便可使"地狱犬"级的甲板完全浸泡在水中并随时有倾覆的风险。因此该级舰的航速被设置得非常低，仅在 10 节左右。"地狱犬"号在完工后被派往澳大利亚，计划驻扎在墨尔本。经过长达半年的航行，"地狱犬"号于 1871 年 4 月 9 日抵达墨尔本，随后成为当地维多利亚海军的旗舰。该舰一直在澳大利亚服役，大约 19 世纪在 90 年代时，"地狱犬"号降级为一艘军需船。1901 年，随着澳大利亚联邦的成立，驻留在澳大利亚的英国海军舰艇全部自动加入了联邦海军（该组织在 1911 年更名为澳大利亚皇家海军）。第一次世界大战期间，"地狱犬"号被用作警戒船和弹药军需船。1924 年，已经毫无利用价值的"地狱犬"号被卖给墨尔本打捞公司准备接受拆解，但该公司并未将其拆解，而是以 150 英镑的超低价格卖给了桑德林厄姆市政。该市市政将"地狱犬"号凿沉用作黑岩游艇俱乐部（Black Rock Yacht Club）的防洪堤，至今该舰残骸的一部分依然位于凿沉地点，成为一道独特的景观。

航行中的"地狱犬"号的 3D 效果图

英国篇

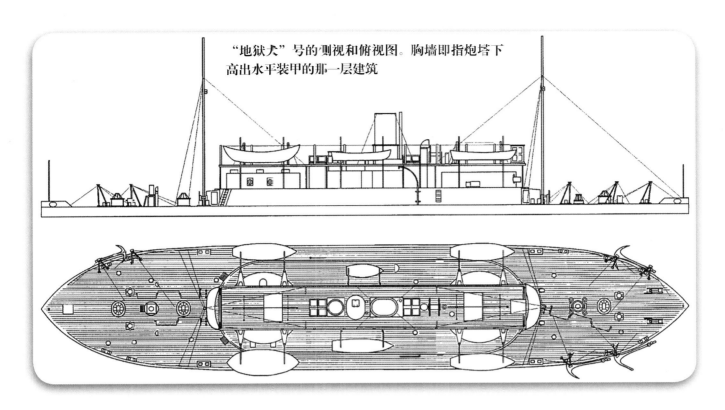

"地狱犬"号的侧视和俯视图。胸墙即指炮塔下高出水平装甲的那一层建筑

航行中的"地狱犬"级。前为"马格达拉"号,后为"地狱犬"号

如今"地狱犬"号仅剩胸墙以上包括炮塔在内的一段残骸供游客瞻仰

"马格达拉"号在服役后被派往遥远的印度服役。为了能够完成这对于岸防铁甲舰来说无比艰巨的远航任务,"马格达拉"号装上了三根临时桅杆,用于悬挂风帆辅助航行。该舰在其服役生涯一直驻扎在孟买,偶尔会去海边进行炮术射击训练,并未参加过任何实际的军事行动。1903年1月,该舰被作为废品变卖。

"阿比西尼亚"号

舰名	阿比西尼亚 Abyssinia
排水量	2301 吨
舰长	69 米
舰宽	13 米
吃水	4.45 米
航速	9.59 节
续航力	不详
船员	100
武器	4 门 10 英寸炮
装甲	水线处 150-180 毫米,胸墙装甲 180-200 毫米,炮塔 200-250 毫米,甲板 25-38 毫米

"阿比西尼亚"号在设计布局上与"地狱犬"级一致,在尺寸和吨位上略有缩小,堪称是后者的"半姐妹舰"。该舰于 1868 年 7 月 23 日开工建造,1870 年 2 月 19 日下水,1870 年 10 月服役。

"阿比西尼亚"号以尽可能低的成本在尽可能小的船体上配备了尽可能强大的火力。该舰的煤仓较小,这导致在其远航至印度的途中,时常因燃料短缺而滞留。尽管以现代的眼光来看该舰是无比简陋的,但对于敌军力量薄弱的远东来说已经够用。"阿比西尼亚"号在建成之后与"马格达拉"号一起被派往印度,其整个生涯都在孟买度过,担任当地的港口警戒船。1903 年,该舰退出现役并被当地船厂拆毁。

1892 年时的"阿比西尼亚"号

"热刺"号

舰名	热刺 Hotspur
排水量	4331 吨
舰长	72 米
舰宽	15 米
吃水	6.3 米
航速	12.65 节
续航力	不详
船员	209
武器	1 门 12 英寸炮（1883 年改为 2 门），2 门 64 磅炮
装甲	水线处 200-280 毫米，胸墙装甲 200 毫米，炮塔 220-250 毫米，指挥塔 150-250 毫米，甲板 25-70 毫米

"热刺"号是一艘带有船艏冲角的岸防铁甲舰。该舰于 1868 年 10 月 2 日开工建造，1870 年 3 月 19 日下水，1871 年 11 月 17 日服役。

"热刺"号是最早具备船艏冲角的英国铁甲舰之一。船艏冲角是一种古老的武器，早在古罗马和罗马时期便被广泛应用。在 1866 年的利萨海战中，奥匈帝国铁甲舰"费迪南·马克斯大公"号利用船艏冲角撞沉了意大利旗舰"意大利"号（实际上这也是冲角战术在近代唯一一次成功），此举引起了欧洲列强的注意，各国均认为船艏冲角是十分必要的武器，甚至研发出专用的冲角战舰。"热刺"号在建成后被配属给德文港担任警戒船，俄土战争爆发后，该舰与"鲁珀特"号一同在马尔马拉海巡航。从 1885 至 1893 年，"热刺"号成为霍利黑德港的警戒船，之后于 1897 年就地被封存。1904 年，该舰被变卖。

1886 年时的"热刺"号

"格拉顿"号

舰名	格拉顿 Glatton
排水量	4991 吨
舰长	74.9 米
舰宽	16 米
吃水	5.92 米
航速	12.11 节
续航力	不详
船员	185
武器	2门12英寸炮，3门6磅速射炮
装甲	水线处250-300毫米，炮塔300-360毫米，指挥塔150-230毫米，甲板76毫米

"格拉顿"号是一艘由爱德华·里德爵士设计的能够搭载12英寸重炮的岸防铁甲舰。该舰于1868年8月10日开工建造，1871年3月8日下水，1872年2月24日服役。

"格拉顿"号是一艘设计和建造完全是"一笔糊涂账"的军舰，按照里德自己的话来说便是："再也没有第二艘按照计划建造的船会像'格拉顿'号这样令我感到陌生了，它被设计成完全凌驾于原本我接受的计划之上，并且我从来没有被告知过这些。"现实中，该舰的干舷高度仅为1.37米，并且由于安装了较重的12英寸主炮，适航性可以说是"糟糕透顶"，甚至在向舷侧开炮时，都有倾覆的风险。"格拉顿"号在1872至1878年服役于海岸特勤分队，1881年被加装了14英寸鱼雷发射器，同时为了提高近身防御能力，增加了3门6磅速射炮和4挺机关炮。1887年，该舰执行了最后一次出海作业，后于1902年除役，1903年被变卖。

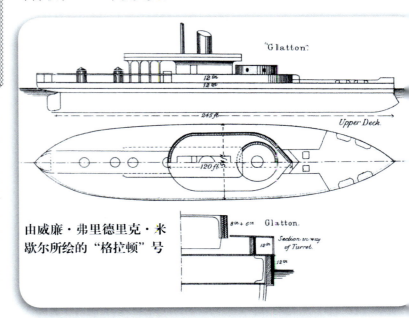

由威廉·弗里德里克·米歇尔所绘的"格拉顿"号

"格拉顿"号整舰布局及装甲防御区域示意图

"独眼巨人"级

舰名	独眼巨人 Cyclops，蛇发女妖 Gorgon，夜之女神 Hecate，九头蛇 Hydra
排水量	3540 吨
舰长	68.6 米
舰宽	13.7 米
吃水	5 米
航速	11 节
续航力	5600 千米/10 节
船员	156
武器	4 门 10 英寸炮
装甲	水线处 152-203 毫米，炮塔 229-254 毫米，上层建筑 203-229 毫米，指挥塔 203-229 毫米，甲板 38 毫米

"独眼巨人"级是英国建造数量最多的一级岸防铁甲舰。该级舰一共建成 4 艘，分别为"独眼巨人"号、"蛇发女妖"号、"夜之女神"号与"九头蛇"号。"独眼巨人"号于 1870 年 9 月 10 日开工建造，1871 年 7 月 18 日下水，1872 年 1 月服役。"蛇发女妖"号于 1870 年 9 月 5 日开工建造，1871 年 10 月 14 日下水，1872 年 4 月服役。"夜之女神"号于 1870 年 9 月 5 日开工建造，1871 年 9 月 30 日下水，1872 年 4 月服役。"九头蛇"号于 1870 年 9 月 5 日开工建造，1871 年 12 月 28 日下水，1872 年 8 月服役。

"独眼巨人"级的交付使用过程较其他岸防铁甲舰来说要长许多。4 艘同级舰都在德文港被建造，完工后被储备在港内直至其武器运送装配完成。尽管"独眼巨人"号是该级首舰，但它却仅仅是第三艘被建成的。完工后的该级全部 4 艘皆在俄土战争中被动员，"独眼巨人"号与该级其他姐妹舰都作为后备舰队的一员参加了 1887、1889 至 1890 以及 1892 年的舰队演习，在此之后"独眼巨人"级被全部解除武装并封存，到 1900 年时已经处于报废的边缘。最终，"独眼巨人"号和"九头蛇"号于 1903 年 7 月 7 日被变卖，"蛇发女妖"号和"夜之女神"号则于同年 5 月 12 日被变卖。

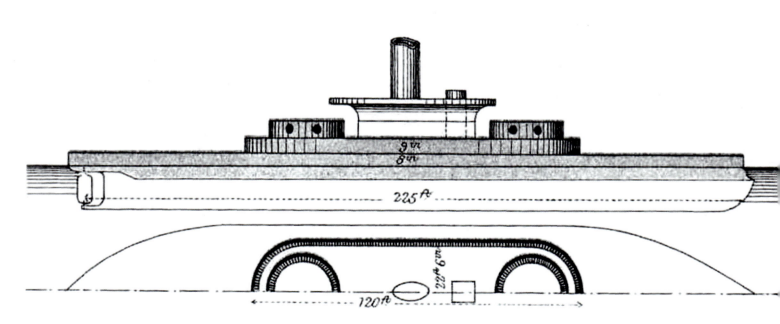

"独眼巨人"级整舰布局及装甲防御区域示意图

英国篇

1871年时的"独眼巨人"号,尚未配备武器

阅舰式上的"蛇发女妖"号

"鲁珀特"号

舰名	鲁珀特 Rupert
排水量	5527 吨
舰长	76 米
舰宽	16 米
吃水	6.86 米
航速	13.59 节
续航力	不详
船员	217
武器	2 门 10 英寸炮，2 门 64 磅炮
装甲	水线处 230–280 毫米，胸墙装甲 300 毫米，炮塔 300–360 毫米，指挥塔 300 毫米，甲板 51–76 毫米

"鲁珀特"号是英国建造过的最大型的岸防铁甲舰之一。该舰于1870年6月6日开工建造，1872年3月12日下水，1874年7月1日服役。

虽然"鲁珀特"号拥有较大的船体和排水量，但该舰仅仅装备了一座拥有两门10英寸火炮和两门64磅炮，可谓火力"羸弱"。该舰在完工后担任德文港的警戒船，后于1876年被派往地中海，参加了俄土战争中英国组织的警戒舰队。1885年返回本土，在赫尔担任警戒船直到1890年。按照海军部的现代化改造命令，"鲁珀特"号也进行了改造，将主炮更换为9.2英寸后装炮并增加了2门6英寸副炮和一些较小口径速射炮等。从1895至1902年，翻新后的"鲁珀特"号担任直布罗陀的警戒船，回国后被解除武装转入预备役，最后于1907年被变卖。

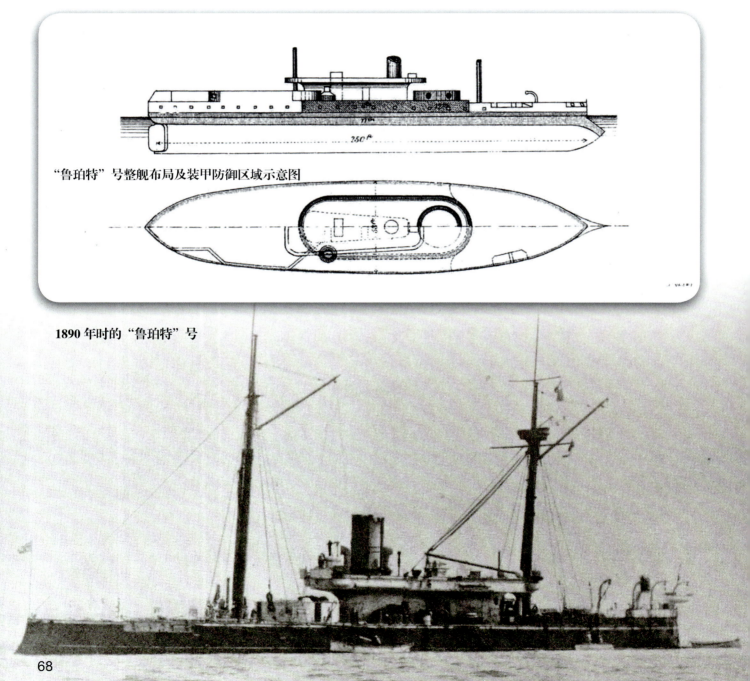

"鲁珀特"号整舰布局及装甲防御区域示意图

1890年时的"鲁珀特"号

英国篇

"贝尔岛"级

舰名	贝尔岛 Belle Isle，猎户座 Orion
排水量	4870 吨
舰长	75 米
舰宽	16 米
吃水	6.4 米
航速	12.1 节
续航力	不详
船员	249
武器	4 门 12 英寸炮，4 门 20 磅炮，2 具鱼雷发射器
装甲	水线处 150-300 毫米，炮塔 200-250 毫米，船壁 130-230 毫米，指挥塔 230 毫米，甲板 25-76 毫米

"贝尔岛"级是英国为奥斯曼帝国所建造的岸防铁甲舰，但由于俄土战争的爆发而于 1878 年被英国政府强行征用。该级舰共建成两艘，分别为"贝尔岛"号与"猎户座"号。"贝尔岛"号于 1874 年开工建造，1876 年 2 月 12 日下水，1878 年 7 月 19 日服役。"猎户座"号于 1875 年开工建造，1879 年 1 月 23 日下水，1882 年 7 月 3 日服役。

1878 年，俄国与奥斯曼帝国正处于战争状态，英国政府认为自己可能会卷入这场冲突（这种观念后来被称为"1878 年俄土战争恐惧症"），于是将正在为他国建造的军舰全部截留以为本国战争动员使用。"贝尔岛"号在 1878 年加入在金斯敦的警戒船队，1887 年，该舰参加了维多利亚女王登基庆典阅舰式，后回到金斯敦。1893 年，该舰被解除武装，次年降为预备役。1900 年，该舰成为了靶舰，接受了新式炮弹和鱼雷的测试，并遭受严重破坏。1903 年，该舰被卖给德国拆毁。"猎户座"号在 1885 年被派往新加坡担任警戒船，直至 1890 年回国。回国后该舰被解除武装并闲置，1902 年起成为一艘鱼雷艇母舰，后又变为军需船，最后在 1913 年被出售。

航行中的"贝尔岛"号

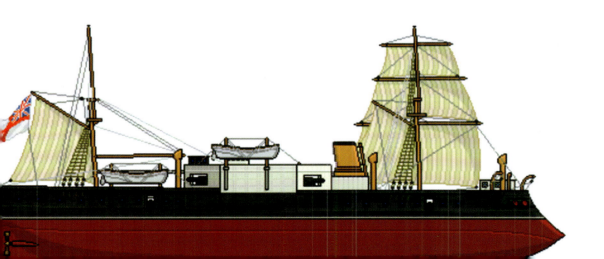

1882 年的"猎户座"号彩色侧视图

"征服者"级

舰名	征服者 Conqueror，英雄 Hero
排水量	6200吨（"英雄"号为6540吨）
舰长	87.8米
舰宽	18米
吃水	7.16米（"英雄"号为7.8米）
航速	14节
续航力	不详
船员	330
武器	2门12英寸炮，4门6英寸炮，7门6磅速射炮，5门3磅速射炮，6具14英寸鱼雷发射器
装甲	水线处203-305毫米，装甲堡267-305毫米，炮塔305-356毫米，船壁280毫米，指挥塔152-305毫米，甲板32-51毫米

"征服者"级是英国建造的最后一级岸防铁甲舰，也是形体最大、火力最强的一级。该级舰共建成两艘，分别为"征服者"号与"英雄"号。"征服者"号于1879年4月28日开工建造，1881年9月8日下水，1886年3月建成。"英雄"号于1884年4月11日开工建造，1885年10月27日下水，1888年5月建成。

受冲角战术的影响，"征服者"级在船艏也设置了锐利的冲角，以实施对敌舰的撞击。该舰装备了2门12英寸后装炮和为数众多的小口径速射炮，显著提升了近战火力。"征服者"号在建成后赶上了维多利亚女王登基庆典阅舰式，之后被派至德文港担任警戒船。1889年，该舰成为海军炮兵训练舰，参加了6次演习。1902年，"征服者"号被解除武装并停泊在罗斯西（Rothesay），后于1907年被变卖。

"英雄"号在1888年服役后直接沦为了一艘炮兵训练舰，并且在朴茨茅斯港一直到1905年，在此期间它参加了在1888至1891年间的多次演习。1907年11月，"英雄"号被改装成一艘靶舰，次年2月18日被击沉。

由威廉·弗里德里克·米歇尔所绘的"英雄"号

1888年时的"征服者"号

"皇家主权"级

舰名	皇家主权 Royal Sovereign，印度女皇 Empress of India，退敌 Repulse，胡德 Hood，拉米雷斯 Ramillies，决心 Resolution，复仇 Revenge，皇家橡树 Royal Oak
排水量	14380吨（"胡德"号为15020吨）
舰长	125.1米
舰宽	22.9米
吃水	8.4米
航速	17.5节
续航力	8740千米/10节
船员	670-692
武器	4门13.5英寸炮，10门6英寸炮，10门6磅炮，12门3磅炮，7具18英寸鱼雷发射器
装甲	水线处356-457毫米，船壁356-406毫米，炮座279-432毫米，主炮炮苍279-432毫米（"胡德"号），副炮炮台152毫米，指挥塔305-356毫米，甲板64-76毫米

"皇家主权"级为英国所建造的第一级被书面称为"战列舰"（Battleship）的主力舰。由于后来的"无畏"号战列舰开启了轰轰烈烈的"无畏舰时代"，这些先于"无畏"号设计建造的早期战列舰也被称为"前无畏舰"。从"皇家主权"级开始，后面为大家介绍的英国主力舰皆为前无畏舰。"皇家主权"级一共建成8艘，分别为"皇家主权"号、"印度女皇"号、"退敌"号、"胡德"号、"拉米雷斯"号、"决心"号、"复仇"号与"皇家橡树"号。"皇家主权"号于1889年9月30日开工建造，1891年2月26日下水，1892年5月31日服役。"印度女皇"号于1889年7月9日开工建造，1891年5月7日下水，1893年9月11日服役。"退敌"号于1890年1月1日开工建造，1892年2月27日下水，1894年4月25日服役。"胡德"号于1889年8月12日开工建造，1891年7月30日下水，1893年6月1日服役。"拉米雷斯"号于1890年8月11日开工建造，1892年3月1日下水，1893年10月17日服役。"决心"号于1890年6月14日开工建造，1892年5月28日下水，1893年12月5日服役。"复仇"号于1891年2月12日开工建造，1892年11月3日下水，1894年3月22日服役。"皇家橡树"号于1890年5月29日开工建造，1892年11月5日下水，1894年6月12日服役。

"皇家主权'级与铁甲舰时期的最后两级主力舰"维多利亚"和"特拉法尔加"级一样都采用两根烟囱并列排列的布局方式，同时该级舰干舷很高、

1897年时的"皇家主权"号

画家笔下的"皇家主权"号　H.M.S. ROYAL SOVEREIGN. 1ST CLASS. BATTLESHIP

1893年时的"印度女皇"号

主炮普遍没有封闭式炮塔（"胡德"号除外）、副炮采用半敞开式炮塔，因此在外观上具有较高的辨识度。"皇家三权"级装备了两部三胀式蒸汽机，输出功率达到11000马力，能够使排水量高达14380吨（"胡德"号达到了15020吨）的该级舰航速达到17.5节，在当时属于佼佼者。"皇家主权"级的主要武器为4门13.5英寸30倍径后装线膛炮，该炮重量为67吨，因此也被称为"67吨火炮"。该炮弹丸重量为570千克，发射穿甲弹时可以在1000码距离上击穿711毫米厚的熟铁装甲。"皇家主权"级自身装甲为钢质，强度较熟铁来说有很大的提升，同时厚度也十分可观，其水线处皮带式装甲带厚达18英寸，足以抵御自身舰炮的攻击。此外，"皇家主权"级还装备了大量速射炮，在与敌舰近距离缠斗时，这些速射炮会给予敌舰上层建筑的非装甲区和人员重大杀伤。从衡量战舰优劣的三大指标：火力、防护和机动来看，"皇家主权"级都是划时代的，足以掀开战列舰作为海军主力的新篇章。

"皇家主权"号为"皇家主权"级首舰，也是这个光荣舰名的第七代传承者。该舰一经建成，立即取代"坎珀当"号成为海峡舰队的旗舰。该舰在位于爱尔兰海岸的演习中担任中坚舰队的旗舰（因为悬挂红旗，也被称为"红色舰队"）。这是皇家海军从风帆时代继承下来的传统），后于1894至1895年又参加了多次演习。1897年6月7日，"皇家主权"号被解除武装进行修缮，期间于6月26日参加了女王登基60周年纪念阅舰式，9月份完工后加入了地中海舰队。1899年，该舰在海军少将杰拉德·诺尔的指挥下访问了意大利，但是在访问的第28天曾在该舰上发生了一起谋杀案，为此行蒙上了阴影。1901年11月9日，停留在希腊的"皇家三权"号的一座6英寸副炮因操作失误发生爆炸，导致一名军官和19名船员受伤，舰长也遭到解职。该舰随后由地中海被调回本土，1902年，该舰参加了爱德华七世加冕阅舰式，之后返回朴茨茅斯，成为港口警戒船。1907年，"皇家主权"号被编入预备役舰队，1909年9月正式退役。1913年，该舰被以40000英镑的价格变卖。

"印度女皇"号的命名实际上是源于维多利亚女王的一个称号（印度当时还算是英国殖民地）。该舰在服役后顶替"安森"号成为海峡舰队的副旗舰，1895年，该舰作为代表皇家海军的一员参加了德国

航行中的"退敌"号

该级舰中唯一拥有封闭式炮塔的"胡德"号

基尔运河的开通仪式。1897年6月7日，该舰被解除武装，次日便接到前往地中海服役的命令，在离别前还参加了女王登基60周年纪念阅舰式。该舰在抵达地中海后参与了干涉克里特岛起义的军事行动，1901年9月至10月驻扎在直布罗陀。1902年3月，该舰回到朴茨茅斯接受现代化改造，之后留在国内担任警戒舰队的旗舰。1905年，"印度女皇"号被再次解除武装，之后曾担任过一些辅助角色，最后于1913年被作为靶舰击沉。

"退敌"号是以此名命名的第10艘皇家海军军舰。该舰在服役之后顶替了"罗德尼"号在海峡舰队中的职务。1895年，该舰作为代表皇家海军的一员，参加了德国基尔运河的开通仪式。1896年12月23日，"退敌"号的一个煤仓发生爆炸导致9人受伤。1897年，该舰参加了女王登基60周年纪念阅舰式，后继续在海峡舰队服役。1902年，该舰被派往地中海，不过仅仅一年多后便返回本土。1904年2月5日，该舰在查塔姆接受改造，一年后参加了预备役舰队的演习。1907年，"退敌"号来到德文港，被改装成特殊用途船只。1911年2月，该舰正式退役，同年7月被变卖。

"胡德"号是"皇家主权"级中唯一具备封闭式炮塔的一员。同时为了降低重心，该舰采取了低干舷设计，因此在外观上与其他几艘姐妹舰有着显著不同。"胡德"号在建成后被派往地中海接替"巨人"号。1896至1898年，该舰参加了由多国舰艇组成的干涉克里特岛起义的军事行动。1900年，"胡德"号返回国内被解除武装，后担任彭布罗克港警戒船。1901年底，该舰回到地中海，但不久后在演习中损坏了舵，不得不再次回国。从1905年1月至1907年2月，该舰被闲置在德文港，后来曾被用作高级军官的私人座舰。1911年底，老旧不堪的"胡德"号被拖至朴茨茅斯用作反鱼雷实验。1914年11月4日，由于担心德国潜艇的入侵，该舰被作为封锁船凿沉于波特兰。其部分残骸至今可见。

"拉米雷斯"号在建成后被派往地中海作为那里的旗舰，之后顶替"圣帕雷尔"号的职务驻扎在马耳他。该舰在1899年曾短暂成为一艘私人军舰，但在1900年1月重新成为地中海舰队旗舰。1902年10月，该舰被顶替了职务，而后于次年8月回国。1905年4月，"拉米雷斯"号被编入预备役。1907年，该舰被改装成特殊用途船只，1913年被卖给一家意

英国篇

1893年时的"拉米雷斯"号

1895年时的"决心"号

75

1897年时的"复仇"号

1897年时的"皇家橡树"号

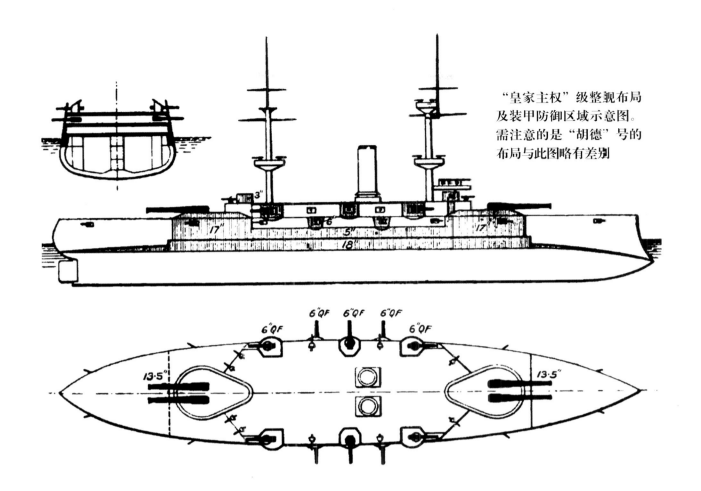

"皇家主权"级整舰布局及装甲防御区域示意图。需注意的是"胡德"号的布局与此图略有差别

大利公司，最后于11月被拖至意大利拆毁。

"决心"号在建成后被编入海峡舰队，在1894年8月舰队演习中隶属于中坚舰队。1896年7月，该舰与姐妹舰"退敌"号发生碰撞导致龙骨损坏，尽管如此，它还是参加了当月的年度演习。1897年，该舰参加了女王登基60周年纪念阅舰式，1901年10月被编入预备役，随后与"巨人"号一起成为霍利黑德的警戒船。1902年，"决心"号参加了爱德华七世加冕阅舰式，1904年转至查塔姆后备舰队。1906年夏，"决心"号参加了演习，这也是该舰最后一次出海。1911年该舰被废弃，三年后被卖给荷兰拆毁。

"复仇"号在建成后驻留在朴茨茅斯，1895年作为代表皇家海军的一员参加了德国基尔运河的开通仪式。之后该舰前往地中海接替"特拉法尔加"号成为舰队的副旗舰。1896至1898年，"复仇"号参加了由多国舰艇组成的干涉克里特岛起义的军事行动。1899年，"复仇"号因6英寸副炮弹药库爆炸而受到轻伤，次年4月该舰被替换回国编入后备舰队。在这期间舰上安装了无线电系统。1904年4月，"复仇"号及其姐妹舰"皇家橡树"号同时因触雷导致船底受损，被迫进行维修。1905年，"复仇"号参加了预备役舰队演习，后多停泊在朴茨茅斯。1912年，风暴导致该舰漂移锚地与无畏舰"猎户座"号相撞使其受损严重。由于一战的爆发，原本等待拆毁的该舰获得海军部的重新启用，在更换了主炮（将老13.5英寸炮换为12英寸）后，"复仇"号执行了弗兰德斯海岸附近的炮轰任务。1915年，该舰还参加了炮轰德国海岸壁垒的行动。当年年底，"复仇"号终于卸下戎装，被改造成一艘水兵住宿船泊在朴茨茅斯直至1919年一战结束。1919年11月，"复仇"号被拆毁。

"皇家橡树"号是"皇家主权"级中最后服役的一艘。建成时在朴茨茅斯服役，1897年3月被派至地中海接替了"科林伍德"号的职务。该舰在地中海服役了5年，于1902年5月回国。1903年，"皇家橡树"号参加了大西洋联合演习。1905年3月，该舰被解除武装，7月参加了预备役舰队的演习，成为殿后舰队的一员。1911年，"皇家橡树"号退役，后于1914年1月被拆毁。

"百夫长"级

舰名	百夫长 Centurion，巴芙勒尔 Barfleur
排水量	10805 吨
舰长	119.1 米
舰宽	21.3 米
吃水	7.82 米
航速	17 节
续航力	9690 千米 /10 节
船员	606-620
武器	4 门 10 英寸炮，10 门 4.7 英寸炮，8 门 6 磅速射炮，12 门 3 磅速射炮，7 具 18 英寸鱼雷发射器
装甲	水线处 229-305 毫米，主炮塔 127-229 毫米，副炮塔 51-102 毫米，舷侧炮室 152 毫米，船壁 203 毫米，指挥塔 305 毫米，甲板 51-64 毫米

"百夫长"级是英国建造的一级使用小口径主炮的前无畏舰。该级舰共建成两艘，分别为"百夫长"号与"巴芙勒尔"号。"百夫长"号于1890年3月30日开工建造，1892年8月3日下水，1894年2月14日建成。"巴芙勒尔"号于1890年10月12日开工建造，1892年8月10日下水，1894年6月22日建成。

"百夫长"级从外观上来看就像是"皇家主权"级的缩小版，除此之外，"皇家主权"级的造价超过了90万英镑，而"百夫长"级的造价则仅为54万英镑左右，这样一来"百夫长"级就成为了"皇家主权"级不折不扣的"廉价版本"。前文提到过，皇家海军有建造廉价版本的传统，而这些"廉价版本"中却鲜有成功者，"百夫长"级也未能逃脱其中。

1904年时的"百夫长"号

1895年时的"巴芙勒尔"号

该级舰装备的32倍径10英寸主炮对同期战列舰难以构成威胁，同时在航速和装甲上也不及更大的"皇家主权"级，完全是次一档的产品。

"百夫长"号在完工后被派往远东，担任驻远东舰队旗舰。一年之后该舰回到欧洲加入地中海舰队，参加了干涉克里特岛起义的军事行动。后来又回到远东，义和团运动期间，该舰及其姐妹舰"巴芙勒尔"号曾参与过炮击大沽炮台和天津的入侵行动。1901年，两艘姐妹舰一齐回到本土接受改造，"巴芙勒尔"号在建成后被封存，而"百夫长"号则再次来到远东，负责将在远东服役的船员替换回国。1905年，"百夫长"级两艘均被封存，后于1909年被变卖。

"声望"号

舰名	声望 Renown
排水量	13071 吨
舰长	125.7 米
舰宽	22 米
吃水	8.3 米
航速	19 节
续航力	15700 千米/15 节
船员	651-674
武器	4门10英寸炮，10门6英寸炮，12门12磅炮，12门3磅炮，5具18英寸鱼雷发射器
装甲	水线处152-203毫米，炮座254毫米，炮塔76-152毫米，指挥塔76-229毫米，甲板51-76毫米，船壁152-254毫米

"声望"号也是一级以10英寸炮为主炮的前无畏舰，由于其在较大的船体上仅配置了10英寸炮，因此而获得了"战列舰快艇"的昵称（The Battleship Yacht）。该舰于1893年2月1日开工建造，1895年5月8日下水，1897年1月建成。

"声望"号在技术参数上更像是一艘大型装甲巡洋舰，其拥有较高的航速、弱于其他战列舰的火力与防护，以及远超过同类战列舰的续航能力。这些均意味着该舰更适合在远洋殖民地活动。"声望"号在完工后参加了维多利亚女王登基60周年纪念的阅舰式，之后加入海峡舰队，参加了位于爱尔兰南部海岸的演习。1899年该舰接受了改装，在此之前曾前往西印度群岛服役过。1900年，该舰被派往地中海，1902年返回本土，1909年被改装为训练舰，后于1914年被拍卖并拆毁。

1897年时的"声望"号

"庄严"级

舰名	庄严 Majestic，凯撒 Caesar，汉尼拔 Hannibal，卓越 Illustrious，朱庇特 Jupiter，壮丽 Magnificent，马尔斯 Mars，乔治王子 Prince George，胜利 Victorious
排水量	15810 吨
舰长	128 米
舰宽	23 米
吃水	8.2 米
航速	16 节
续航力	不详
船员	672
武器	4门12英寸炮，12门6英寸炮，16门5磅炮，12门12磅炮，12门3磅炮，5具18英寸鱼雷发射器
装甲	水线处230毫米，炮座360毫米，指挥塔356毫米，甲板64-114毫米

"庄严"级是英国乃至世界上建造过的同级数量最多的一级战列舰。该级舰一共建成9艘，分别为"庄严"号、"凯撒"号、"汉尼拔"号、"卓越"号、"朱庇特"号、"壮丽"号、"马尔斯"号、"乔治王子"号和"胜利"号。"庄严"号于1894年2月开工建造，1895年1月31日下水，1895年12月服役。"凯撒"号于1895年3月25日开工建造，1896年9月2日下水，1898年1月服役。"汉尼拔"号于1894年5月1日开工建造，1896年4月28日下水，1898年4月服役。"卓越"号于1895年3月11日开工建造，1896年9月17日下水，1898年4月服役。"朱庇特"号于1894年4月24日开工建造，1895年11月18日下水，1897年5月服役。"壮丽"号于1893年12月18日开工建造，1894年12月19日下水，1895年12月服役。"马尔斯"号于1894年6月2日开工建造，1896年3月30日下水，1897年6月服役。"乔治王子"号于1894年9月10日开工建造，1895年8月22日下水，1896年11月服役。"胜利"号于1894年5月28日开工建造，1895年10月19日下水，1896年11月服役。

"庄严"级是海军部首席大臣斯宾塞在1890年中期所制订的"斯宾塞计划"中的重要部分。此举在于与日益强大的法国和俄国海军对抗。该级舰在设计

拍摄于1915年之前的"庄严"号

1898年时的"凯撒"号

1900年左右的"汉尼拔"号

1905年时的"卓越"号

1897年时的"朱庇特"号

上有多项改进，首先是统一了主炮规格，其主炮为35倍径12英寸后装线膛炮，是皇家海军首个能发射无烟火药的火炮。该炮也成为当时前无畏舰的标准武器（各国在此基础上改进为本国主力舰的主炮）。此外，该舰还是第一艘采用哈氏钢板作为装甲的英国主力舰，哈氏钢在大大缩减装甲厚度的情况下却能提供比普通钢装甲更强的防护，立刻成为各国仿效的对象，其中包括了日本订购的"敷岛"级（Shikishima）。

"庄严"号是"庄严"级的首舰，从建成后便一直在海峡舰队服役，直至1904年。在此之后，"庄严"号转至大西洋舰队服役。从1907年开始，该舰先后成为诺尔和德文港的警戒船，后于1912年被编入第七战列舰分队。第一次世界大战爆发时，"庄严"号随分队加入海峡舰队，而后被派往加拿大护送运输船队。1915年初，该舰被派往地中海执行对奥斯曼帝国要塞炮轰的任务，但在5月27日，该舰被德国潜艇以鱼雷击沉，共有49名船员丧生。

"凯撒"号以古罗马著名军事家尤里乌斯·凯撒之名命名。该舰在建成后先是短暂在海峡舰队服役，紧接着就被转至地中海。在那里一直呆至1905年。1907年，该舰转入预备役，但随着第一次世界大战的爆发而重新被启用。"凯撒"号被派至北美和西印度群岛，后又回到海峡舰队。1918至1919年，该舰以仓库船的身份参加了反对布尔什维克的海军行动。该舰是英国在海外使用的最后一艘前无畏舰，于1920年返回国内，后于1921年被变卖。

"汉尼拔"号以古迦太基著名军事家汉尼拔·巴

保留着维多利亚风格涂装的"壮丽"号

停泊在锚地的"马尔斯"号

卡之名命名。该舰在建成后加入海峡舰队,1906年接受改装,使燃料由煤变更为油。1907至1914年,"汉尼拔"号处于封存状态,随着第一次世界大战的爆发,该舰被用作斯卡帕湾的警戒船,一年后,该舰被拆除主要武器后用作运兵船。从1915年11月到战争结束,该舰在亚历山大港担任补给舰。1920年,该舰被除籍,当年晚些时候被拆毁。

"卓越"号在建成后被派往地中海,并且在那里一直到1904年。之后回国接收改装,在1906年初重新服役,被编入本土舰队。一战爆发时,该舰是英国舰队中最老的军舰之一,主要担负的任务是本土海岸警戒。1915年底,"卓越"号被去除了主要武器用作仓库船。1919年,该舰被废弃。

"朱庇特"号意为"木星",是"庄严"级战列舰的5号舰。该舰在建成后直至1905年都在海峡舰队服役,1908年,随着无畏舰的服役,该舰被降级为海岸警戒船。1912年,该舰被改装为射击训练舰。一战爆发时,"朱庇特"号被派往俄国当成一艘破冰船使用。从1916年开始,该舰驻扎在德文港,后于1920年被废弃。

"壮丽"号在1895年底被划归海峡舰队服役,后来加入了重组的大西洋舰队。1905年,该舰发生爆炸事件导致18人遇难。1906年,该舰接受了改装,当一战爆发时,该舰是亨伯(Humber)的警戒船,1915年底被去除武器成为一座海上军营。1917年,"壮丽"号又被改成弹药储藏船,最后于1921年被变卖。

"马尔斯"号意为"火星",在1897年建成后被派往海峡舰队服役。1902年,该舰的前主炮发生事故,造成11人死亡。当年晚些时候,它出席了爱德华七世的加冕阅舰式。1906年3月,"马尔斯"

由威廉·弗里德里克·米歇尔所绘的"乔治王子"号

号被编入预备役,一战爆发时,该舰被编入第九分队,担任亨伯的警戒船。1915年2月,"马尔斯"号在贝尔法斯特退役,随即改装为仓库船一直使用到1920年。1921年,该舰被变卖。

"乔治王子"号以未来的英国国王乔治五世之名命名,是第四个也是最后一个以此命名的军舰。该舰在建成后被分配至海峡舰队,一直服役到1904年,后因与姐妹舰"汉尼拔"号发生相撞而维修。修复后被编入大西洋舰队。1912年,该舰被分配至第七战列舰分队。一战爆发时,该舰被派往地中海舰队参加了对奥斯曼帝国要塞的攻势,并担任运兵船输送士兵。1915年晚些时候,该舰回到国内被改装成住宿船,于1920年退役,被卖给德国。

"胜利"号在建成后主要在国内水域服役。1897年参加了女王登基纪念阅舰式,后来曾短暂前往地中海,紧接着在1898年之前又前往远东。"胜利"号在远东一直到1900年,返回地中海。1904年,"胜利"号返回本土,担任海峡舰队的副旗舰直到1908年。之后该舰降入预备役,一战爆发时,该舰与3艘姐妹舰一齐加入第九舰队,但到1915年1月时,又被从前线除役。9月,该舰主炮被拆除改装为修理船。最后于1923年被变卖。

1903年时的"胜利"号

"老人星"级

舰名	阿尔比恩 Albion, 老人星 Canopus, 光荣 Glory, 歌利亚 Goliath, 海洋 Ocean, 复仇 Vengeance
排水量	14300 吨
舰长	130 米
舰宽	23 米
吃水	7.9 米
航速	18 节
续航力	7200 千米/10 节
船员	750
武器	4 门 12 英寸炮, 12 门 6 英寸炮, 10 门 12 磅炮, 6 门 3 磅炮, 4 具 18 英寸鱼雷发射器
装甲	水线处 152 毫米, 船壁 150–250 毫米, 炮座 305 毫米, 炮廊 200 毫米, 副炮炮塔 152 毫米, 指挥塔 305 毫米, 甲板 25–51 毫米

"老人星"级是英国海军部专为在远东使用而建造的一级战列舰。该级舰共建成 6 艘, 分别为"阿尔比恩"号、"老人星"号、"光荣"号、"歌利亚"号、"海洋"号与"复仇"号。"阿尔比恩"号于 1896 年 12 月 3 日开工建造, 1898 年 6 月 21 日下水, 1901 年 6 月 25 日服役。"老人星"号于 1897 年 1 月 4 日开工建造, 1897 年 10 月 12 日下水, 1899 年 12 月 5 日服役。"光荣"号于 1897 年 12 月 1 日开工建造, 1899 年 3 月 11 日下水, 1900 年 11 月 1 日服役。"歌利亚"号于 1897 年 1 月 4 日开工建造, 1898 年 3 月 23 日下水, 1900 年 3 月 27 日服役。"海洋"号于 1897 年 2 月 15 日开工建造, 1898 年 7 月 5 日下水, 1900 年 2 月 20 日服役。"复仇"号于 1898 年 8 月 23 日开工建造, 1899 年 7 月 25 日下水, 1902 年 4 月 8 日服役。

"老人星"级是为了满足英国在远东地区与日益膨胀的日本海军相抗衡的战略需求而建造的。由于先前建造的"声望"号的不成功性, "老人星"级针对武备和装甲防护等因素进行了改进。该级舰配备了与标准战列舰相同的 12 英寸主炮, 同时为了能够通过苏伊士运河, 该级舰在吃水深度上受到严格控制, 并且适度减少装甲厚度来获得更高的航速。

1901 年时的"阿尔比恩"号。"阿尔比恩"是诗歌里对不列颠的美称

英国篇

由弗雷德·简所绘的"老人星"号

1910至1915年间的"光荣"号

1915年拍摄于达达尼尔海峡的"歌利亚"号

保留着维多利亚风格涂装的"海洋"号

英国篇

拍摄于1903年时的"复仇"号

"老人星"级6艘战列舰在建成后被派往世界各地，我们可以在远东、地中海、大西洋、非洲甚至俄罗斯北部沿海看到它们活跃的身影。

"阿尔比恩"号在建成后前往远东，在那里从1901年一直服役至1905年。1905年，该舰回国后参加了海峡舰队，紧接着被调至大西洋舰队。一战爆发时，该舰曾在非洲沿海和地中海地区服役，参加了达达尼尔海峡战役。1916至1918年，"阿尔比恩"号在爱尔兰执行警戒任务，随着一战结束，该舰被降级为辅助船只，于1920年被废弃。

"老人星"号是该级中唯一一艘抢在19世纪结束前完工的。该舰最初在地中海服役4年，后加入太平洋舰队，辗转几年后于1907年回到本土，再次在地中海舰队和本土舰队服役。一战爆发后，该舰被派往大西洋舰队在南美的据点马尔维纳斯群岛担任警戒，1914年12月8日，途径马尔维纳斯群岛的德国施佩伯爵舰队被英军全歼。之后"老人星"号还参与了达达尼尔海峡战役，后于1916年退役，1920年被废弃。

"光荣"号在建成后被派往英国在远东的据点服役至1905年，回国后先后在海峡舰队、本土舰队和地中海舰队服役。一战爆发后，"光荣"号被派往北美的西印度群岛据点，之后于1915年5月回到地中海，之后随同级姐妹舰一起参加了达达尼尔海峡战役。1916至1919年，"光荣"号在俄罗斯北部海岸服役，返回英国后被降为预备役，后于1922年被当成废品变卖。

"歌利亚"号在建成后被派往中国，后于1903年回到本土，在1906年加入地中海舰队，之后多次辗转地中海与本土之间。一战爆发时，"歌利亚"号正在海峡舰队服役，随后接到命令前往非洲东部的德国殖民地对抗德国轻型巡洋舰"柯尼斯堡"号。1915年，"歌利亚"号参加了达达尼尔海峡战役。5月13日，该舰在行动中被鱼雷命中沉没。

"海洋"号在建成后服役于地中海舰队，不过仅一年后便被派至远东。1905年，该舰回国加入海峡舰队，之后辗转于地中海和本土。一战爆发后，"海洋"号在爱尔兰执行护航任务，后随姐妹舰们一同前往达达尼尔海峡。1915年3月18日，该舰因触雷和在奥斯曼帝国岸防炮火打击下而沉没。

"复仇"号是"老人星"级战列舰中最后建成的一员。该舰最初在地中海舰队服役，一年后转入远东的据点。1905年，该舰回国修整并加入海峡舰队，之后从1908至一战爆发前，该舰一直在本土舰队服役。一战爆发后，"复仇"号在埃及海岸服役，之后参加了达达尼尔海峡战役。1916至1917年，该舰在东非负责监视的英国殖民地，之后返回国内担任警戒船。1922年，该舰被废弃。

"可畏"级

舰名	可畏 Formidable，无敌 Irresistible，仇恨 Implacable
排水量	15800 吨
舰长	131.4 米
舰宽	22.9 米
吃水	7.9 米
航速	18.2 节
续航力	不详
船员	780
武器	4 门 12 英寸炮，12 门 6 英寸炮，16 门 12 磅炮，6 门 3 磅炮，4 具 18 英寸鱼雷发射器
装甲	水线处 229 毫米，船壁 229-305 毫米，炮座 305 毫米，炮廓 203-254 毫米，副炮炮塔 152 毫米，指挥塔 356 毫米，甲板 25-76 毫米

"可畏"级是由威廉·怀特爵士设计的 8 艘前无畏舰的总称。但由于从 4 号舰"伦敦"号和 7 号舰"女王"号开始均产生了变化，外界通常将"可畏"级划分为 3 个子级，而本文则将这 3 个子级分别单独介绍。按照这样的分法，"可畏"级共建成 3 艘，分别为"可畏"号、"无敌"号和"仇恨"号。"可畏"号于 1898 年 3 月 21 日开工建造，1898 年 11 月 17 日下水，1904 年 10 月 10 日服役。"无敌"号于 1898 年 4 月 11 日开工建造，1898 年 12 月 15 日下水，1902 年 2 月 4 日服役。"仇恨"号于 1898 年 7 月 13 日开工建造，1899 年 3 月 11 日下水，1901 年 9 月 10 日服役。

标准的"可畏"级建造了 3 艘，可以将其看成是"庄严"级的改进型。该级舰使用防护能力更好的克氏钢作为装甲，因而可以将节省的吨位用来获得更高的航速。"可畏"级使用了最新式的 40 倍径 12 英寸主炮，

在达达尼尔海峡触雷下沉的"无敌"号

停泊在港中的"可畏"号

该炮在射程和穿透力上均胜过早先的 35 倍径同口径炮。

"可畏"号作为"可畏"级的首舰，却是最后服役的。事实上该舰早在 1901 年便被建成，但却直到 1904 年才服役。该舰最初服役于地中海舰队，1908 年转至海峡舰队，一年后又成为本土舰队的一员。随后直至一战爆发，"可畏"号都在大西洋舰队服役。从一战爆发至 1915 年，该舰在海峡舰队担任警戒任务，1915 年 1 月 1 日，该舰被德国 U-24 号潜艇发射的鱼雷击沉于波特兰半岛，舰上 750 人中有 547 人不幸遇难。

"无敌"号建成后于 1902 至 1908 年在地中海舰队服役，后转至海峡舰队，在一战爆发前服役于本土舰队。一战爆发后该舰被派往达达尼尔海峡参加对奥斯曼帝国的攻击。1915 年 3 月 18 日，"无敌"号在攻击土军要塞时不幸触雷丧失了机动力，这使得该舰成为要塞大炮的活靶子，在 3 小时内被击沉。

"仇恨"号在建成后被派往地中海舰队服役，直到 1909 年才被召回国内。从 1909 至 1912 年，该舰在大西洋舰队服役。随后从 1912 至 1914 年又转至本土舰队。一战爆发后，该舰转至海峡舰队，随后随姐妹舰"无敌"号一起开赴地中海参加达达尼尔海峡战役。此役后，"仇恨"号继续在地中海东部的亚得里亚海、爱琴海一带活动。1919 年，该舰退出现役，最后于 1921 年被变卖。

1909 年时的"仇恨"号

"伦敦"级

舰名	伦敦 London，布尔沃克 Bulwark，庄重 Venerable
排水量	15700 吨
舰长	131.4 米
舰宽	22.9 米
吃水	7.92 米
航速	18 节
续航力	不详
船员	714
武器	4门12英寸炮，12门6英寸炮，16门12磅炮，6门3磅炮，4具18英寸鱼雷发射器
装甲	水线处229毫米，船壁229-305毫米，炮座305毫米，炮廓203-254毫米，副炮炮塔152毫米，指挥塔356毫米，甲板25-64毫米

"伦敦"级是"可畏"级的子级之一。该级舰共建成3艘，分别为"伦敦"号、"布尔沃克"号和"庄重"号。"伦敦"号于1898年12月8日开工建造，1899年9月21日下水，1902年6月7日服役。"布尔沃克"号于1899年3月20日开工建造，1899年10月18日下水，1902年3月11日服役。"庄重"号于1899年1月2日开工建造，1899年11月2日下水，1902年11月12日服役。

"伦敦"级原本是"可畏"级的4号舰，但由于在建造过程中与首舰相比出现较明显的差别，后来也常常被单独归级。"伦敦"号在1902年服役后被编入地中海舰队，1907年回到国内编入本土舰队，紧接着又前往海峡舰队、大西洋舰队和第二本土舰队。一战爆发后，该舰参加了达达尼尔海峡战役和英军在亚得里亚海的军事行动。1918年，该舰被改为布雷舰，后于1920年被报废出售。

1915年在达达尼尔海峡的"伦敦"号

1918年被改装成扫雷舰的"伦敦"号

1902年时的"布尔沃克"号

"布尔沃克"号与姐妹舰"伦敦"号在建成后一同被派往地中海,之后又一同被调回国在本土舰队和海峡舰队服役。在一战爆发之前,该舰服役于本土舰队。战争爆发后该舰加入海峡舰队,驻扎在希尔内斯。然而11月26日的一次船体内的意外爆炸却导致该舰被彻底摧毁,当时全舰750人仅12人得以幸免。

"庄重"号在服役后加入地中海舰队,但其比前两艘姐妹舰在这里要多停了一年,于1908年才回到国内被编入海峡舰队。该舰随后辗转大西洋舰队和第二本土舰队,在一战爆发后加入海峡舰队,参加了达达尼尔海峡战役和英军在亚得里亚海的军事行动。1916年,该舰被调回国内担任警戒船,后于1920年被变卖。

"女王"级

舰名	女王 Queen，威尔士亲王 Prince of Wales
排水量	15400 吨
舰长	131.4 米
舰宽	22.9 米
吃水	7.92 米
航速	18 节
续航力	不详
船员	714
武器	4门12英寸炮，12门6英寸炮，16门12磅炮，6门3磅炮，4具18英寸鱼雷发射器
装甲	水线处 229 毫米，船壁 229-305 毫米，炮座 305 毫米，炮廓 203-254 毫米，副炮炮塔 152 毫米，指挥塔 356 毫米，甲板 25-76 毫米

"女王"级是"可畏"级的子级之一。该级舰共建成 2 艘，分别为"女王"号和"威尔士亲王"号。"女王"号于 1901 年 3 月 12 日开工建造，1902 年 3 月 8 日下水，1904 年 4 月 7 日服役。"威尔士亲王"号于 1901 年 3 月 20 日开工建造，1902 年 3 月 25 日下水，1904 年 5 月 18 日服役。

"女王"号原本是"可畏"级的 7 号舰，同"伦敦"号一样，该舰由于在建造过程中与首舰甚至"伦敦"号相比均出现差异，因而被单独归级。值得一提的是，该级舰的建造完全处于 20 世纪，与前两级相比年代较为靠后。"女王"号在建成后被派至地中海舰队服役，4 年后又被调至大西洋舰队。1912 年，该舰返回国内加入本土舰队，直至一战爆发。战争爆发后，"女王"号与姐妹舰"威尔士亲王"号一同前往地中海参加了达达尼尔海峡战役，之后又一同参加了英军在亚得里亚海的军事行动。"威尔士亲王"号的服役轨迹与首舰基本一致，只是该舰在地中海待到 1909 年才回到国内，两舰最后都在 1920 年被变卖。

1912 年时的"威尔士亲王"号

停泊在斯皮特黑德的"女王"号

"邓肯"级

舰名	邓肯 Duncan，阿尔博马尔 Albemarle，康沃利斯 Cornwallis，埃克斯茅斯 Exmouth，蒙塔古 Montagu，拉塞尔 Russell
排水量	14000 吨
舰长	132 米
舰宽	23.01 米
吃水	7.85 米
航速	19 节
续航力	13000 千米/10 节
船员	720
武器	4 门 12 英寸炮，12 门 6 英寸炮，10 门 12 磅炮，6 门 3 磅炮，2 门机关炮，4 具 18 英寸鱼雷发射器
装甲	水线处 178 毫米，船壁 178-279 毫米，炮座 102-279 毫米，炮廓 203-254 毫米，副炮炮塔 152 毫米，指挥塔 305 毫米，甲板 25-51 毫米

"邓肯"级是英国建造的又一批次全部以海军上将之名命名的主力舰。该级舰共建成 6 艘，分别为"邓肯"号、"阿尔博马尔"号、"康沃利斯"号、"埃克斯茅斯"号、"蒙塔古"号与"拉塞尔"号。"邓肯"号于 1899 年 7 月 10 日开工建造，1901 年 3 月 21 日下水，1903 年 10 月 8 日服役。"阿尔博马尔"号于 1900 年 1 月 1 日开工建造，1901 年 3 月 5 日下水，1903 年 11 月 12 日服役。"康沃利斯"号于 1899 年 7 月 19 日开工建造，1901 年 7 月 17 日下水，1904 年 2 月 9 日服役。"埃克斯茅斯"号于 1899 年 8 月 10 日开工建造，1901 年 8 月 31 日下水，1903 年 6 月 2 日服役。"蒙塔古"号于 1899 年 11 月 23 日开工建造，1901 年 3 月 5 日下水，1903 年 7 月 28 日服役。"拉塞尔"号于 1899 年 3 月 11 日开工建造，1901 年 2 月 19 日下水，1903 年 2 月 19 日服役。

"邓肯"级战列舰是英国为应对法、俄带来威胁而制定的建造计划，着重对抗目标为俄国的快速战列舰（"佩雷斯维特"级），因此该级舰在"可畏"级的基础上被设计为轻装甲和拥有更高航速的版本。但由于俄国的"佩雷斯维特"级并未采取全面防御的装甲设计，"邓肯"级与之相比时具备显著优势。该舰的装甲布局与"可畏"级的子级"伦敦"级最为相似，但减少了炮座和皮带式装甲带的装甲厚度。在试航时，"邓肯"级战列舰普遍都能以 19 节的高航速航行，这使得其成为当时最快的战列舰之一。

作为新的一级以海军上将之名命名的首舰，"邓肯"号以亚当·邓肯（Adam Duncan，1731-1804）之名命名。其在建成之后被派往地中海服役，随后

1908 年时的"邓肯"号

停泊在锚地的"阿尔博马尔"号

拍摄于1915年,正在对岸炮击的"康沃利斯"号

1905年被调至海峡舰队，1907至1908年短暂服役于大西洋舰队，1908年回到地中海。"邓肯"号在地中海又度过4年时间，在一战爆发前夕转至本土舰队。一战爆发时，"邓肯"号被编入"大舰队"以应对德国的威胁。但不久便被转至海峡舰队，负责芬尼斯特雷－亚速尔－马德拉海军基地的警戒任务。1915年，该舰被派往地中海参加了英军在亚得里亚海的军事行动，后担任爱琴海－亚德里亚海海军基地的警戒船。1917年，该舰转入预备役，后于1920年被拆毁。

"阿尔博马尔"号以阿尔博马尔公爵乔治·蒙克（George Monck, 1st Duke of Albemarle, 1608-1670）的头衔命名。该舰在建成之后前往地中海舰队服役，两年后被调至海峡舰队。1907年，该舰又被转至大西洋舰队，随后是本土舰队。一战爆发时，该舰被编入大舰队，很快转至海峡舰队，接着又在1915年回到大舰队。1915年11月，由于恶劣的海上天气，"阿尔博马尔"号在彭特兰湾受损严重。修复后被改成破冰船，前往俄罗斯北部的摩尔曼斯克执行破冰作业。1916至1919年，该舰被转入预备役，后于1919年被废弃。

"康沃利斯"号以威廉·康沃利斯（William Cornwallis, 1744-1819）之名命名。该舰在建成之后先是短暂在地中海服役，紧接着被调回本土，在海峡以及大西洋舰队服役至1909年，后回到地中海直至1912年，在一战爆发前为本土舰队服役。一战爆发后，"康沃利斯"号被派往地中海参加了达达尼尔海峡战役，此役中，该舰打响了战斗开始的第一炮，同时也是最后一艘离开苏弗拉湾的皇家海军大型军舰。从1915至1917年，"康沃利斯"号服役于苏伊士运河巡逻分队以及东印度海军基地。1917年1月9日，该舰在马耳他附近被德国U-32艇击沉。

"埃克斯茅斯"号以埃克斯茅斯子爵爱德华·珀柳（Edward Pellew, 1st Viscount Exmouth, 1757-1833）的头衔命名。该舰在建成后至一战爆发之前，先后在地中海舰队、本土舰队、海峡舰队、大西洋舰队、地中海舰队以及本土舰队服役。一战爆发后"埃克斯茅斯"号参与了炮轰泽布勒赫（Zeebrugge）的行动，后转入地中海参加了达达尼尔海峡战役以及担当爱琴海的警戒任务。1917年，"埃克斯茅斯"号被短暂派往印度洋，不过当年就被降入预备役，1920年被拆毁。

"蒙塔古"号以爱德华·蒙塔古（Edward Montagu, 1st Earl of Sandwich, 1625-1672）之名命名。该舰在建成后被派往地中海服役，1905年回到本土加入海峡舰队，但在1906年5月30日在伦迪岛附近因事故触礁沉没。该舰沉没后的残骸被打捞上来于

1906年时的"埃克斯茅斯"号

1907至1922年陆续被变卖拆解。

"拉塞尔"号以爱德华·拉塞尔（Edward Russell, 1st Earl of Orford, 1653–1727）之名命名。该舰在建成后先后在地中海舰队、本土舰队、海峡舰队、大西洋舰队、地中海舰队和本土舰队服役。一战爆发后，"拉塞尔"号参与了炮轰泽布勒赫的行动，后转入地中海参加了达达尼尔海峡战役以及疏散加里波利的协约国部队。1916年，该舰在马耳他附近海域不幸触雷导致沉没，有125人丧生。

1901年下水后的"蒙塔古"号

1904年拍摄于地中海的"拉塞尔"号

"英王爱德华七世"级

舰名	英王爱德华七世 King Edward VII，联邦 Commonwealth，领土 Dominion，印度斯坦 Hindustan，新西兰 New Zealand，非洲 Africa，不列颠尼亚 Britannia，海伯尼亚 Hibernia
排水量	16350 吨
舰长	138.23 米
舰宽	23.8 米
吃水	8.15 米
航速	18.5 节
续航力	9760 千米/10 节
船员	777
武器	4门12英寸炮，4门9.2英寸炮，10门6英寸炮，14门12磅炮，14门3磅炮，2门机关炮，5具18英寸鱼雷发射器
装甲	水线处203-229毫米，船壁203-305毫米，炮座305毫米，炮廓（6英寸）178毫米，副炮炮塔（9.2英寸）127-229毫米，指挥塔305毫米，甲板25.4-63.5毫米

"英王爱德华七世"级也是由威廉·怀特爵士所设计建造的战列舰之一。该级舰一共建成8艘，分别为"英王爱德华七世"号、"联邦"号、"领土"号、"印度斯坦"号、"新西兰"号、"非洲"号、"不列颠尼亚"号和"海伯尼亚"号。"英王爱德华七世"号于1902年3月8日开工建造，1903年7月23日下水，1905年2月7日服役。"联邦"号于1902年6月17日开工建造，1903年5月13日下水，1905年5月9日服役。"领土"号于1902年5月23日开工建造，1903年8月25日下水，1905年8月15日服役。"印度斯坦"号于1902年10月25日开工建造，1903年12月19日下水，1905年8月22日服役。"新西兰"号于1903年2月9日开工建造，1904年2月4日下水，1905年7月11日服役。"非洲"号于1904年1月27日开工建造，1905年5月20日下水，1906年11月8日服役。"不列颠尼亚"号于1904年2月4日开工建造，1904年12月10日下水，1906年9月8日服役。"海伯尼亚"号于1904年1月6日开工建造，1905年6月17日下水，1907年1月2日服役。

在"英王爱德华七世"级之前，著名造船师威廉·怀特已经为英国海军设计了29艘前无畏舰，这其中包括了"庄严"级、"老人星"级、"可畏"

航行中的"英王爱德华七世"号

英国篇

拍摄于 1912 年的"联邦"号

级（含"伦敦"级和"女王"级这两个子级）和"邓肯"级。这些舰级都采用6英寸炮作为战列舰的副炮，但由于国外的前无畏舰如美国、意大利都开始采用8英寸炮作为副炮，怀特之前设计的这些战列舰在火力上已略显不足。鉴于此，"英王爱德华七世"级首次采用了9.2英寸炮作为副炮，同时保留了6英寸炮用于对付轻装甲目标，我们有时也将这些大口径副炮称为"二级主炮"。二级主炮是后期型前无畏舰的显著特征。除此之外，最后建造的3艘"英王爱德华七世"级战列舰（"非洲"号、"不列颠尼亚"号与"海伯尼亚"号）装备了最新式的45倍径12英寸主炮，该炮的炮口初速度由790米/秒提升至820米/秒，射程和穿甲能力得到提升。除此之外，原本安置在甲板上层炮台内的6英寸副炮被移位至船壁，外侧增加了178毫米的护甲。这种布局在后面的无畏舰上得到广泛应用。

"英王爱德华七世"号以时任英国国王的爱德华七世之名命名，足见该舰在当时英国海军中的地位。事实上"英王爱德华七世"号在其整个服役生涯内几乎都以旗舰身份而存在。刚服役时，该舰担任大西洋舰队旗舰，后于1907年调至海峡舰队担任旗舰。从1909年开始成为本土舰队旗舰直至一战爆发。期间该舰曾短暂加入地中海舰队参与了第一次巴尔干战争。一战爆发后，"英王爱德华七世"号在大舰队服役。1916年1月6日，该舰在愤怒角附近触雷，轮机舱被迅速淹没导致无法自救，最终于9小时候后沉没。所幸的是，该舰沉没时没有造成人员损失。

"联邦"号在建成之后，先后服役于大西洋舰队、海峡舰队和本土舰队。在发生于1912至1913年间的第一次巴尔干战争中也能见到该舰的身影。一战爆发后，"联邦"号被编入大舰队（曾短暂进入海峡舰队），1916年之后，在诺尔担任警戒船，1918年被改装为海上射击训练船，最后在1921年被变卖。

"领土"号与"印度斯坦"号在建成之后的服役轨迹与"联邦"号完全一致。只是在1918年时，这两舰均降为附属警戒船，而不再独当一面。1921年，"领土"号与"印度斯坦"号均被变卖。

"新西兰"号在一战之前的服役轨迹与前三艘姐妹舰相同，一战爆发后，该舰曾作为预备力量被派往达达尼尔海峡，不过并未参战。1916至1917年，

停泊在锚地的"领土"号

接受检阅的"印度斯坦"号

拍摄于1911年之前的"新西兰"号

"新西兰"号成为诺尔的警戒船，从1917年开始，该舰被封存，1919年被除役，最后于1921年被变卖。

"非洲"号是"英王爱德华七世"级中第一艘设计安装新式主炮的成员，不过因为其工期稍有耽误，而使得其正式服役时间较后一艘"不列颠尼亚"号要晚些。该舰建成后，先后服役于大西洋舰队、海峡舰队和本土舰队。值得一提的是，1912年该舰有幸成为了第一艘从甲板上起飞飞机的英国大型军舰。一战爆发后，"非洲"号在大舰队服役至1916年（期间曾短暂被调至海峡舰队），之后于1917至1918年再次在其服役生涯的起点——大西洋舰队服役，而这也成为该舰服役的最后一站。1918年，"非洲"号被封存，两年后被变卖。

"不列颠尼亚"号是装备最新式主炮的英国主力舰中最早服役的一艘。该舰建成后，先后服役于大西洋舰队、海峡舰队和本土舰队。在第一次巴尔干战争时，"不列颠尼亚"号曾短暂加入地中海舰队服役。一战爆发后，该舰辗转海峡舰队、大舰队、地中海舰队以及大西洋舰队，1918年11月9日即一战停战前2天，"不列颠尼亚"号在特拉法尔加角附近被德国UB-50潜艇击沉，总共有50人阵亡、80人受伤。该舰也是在一战中英国损失的最后一艘军舰。

"海伯尼亚"在拉丁文中意即"爱尔兰"，因此该舰有时也被翻译为"爱尔兰"号。该舰建成后，先后服役于大西洋舰队、海峡舰队和本土舰队。继"非洲"号之后，"海伯尼亚"号也圆满完成了飞机在军舰上起飞的实验。一战爆发后，该舰曾被列入参加达达尼尔海峡战役的舰队名单，但作为预备队并未实际参战。1916至1917年，"海伯尼亚"号成为诺尔的警戒船，之后被封存，直至1921年被变卖。

拍摄于1912年的飞机从"海伯尼亚"号上起飞瞬间的照片。该舰是第二艘执行飞机起飞的英国军舰，第一艘是其姐妹舰"非洲"号

1905年时的"非洲"号

英国篇

1907年时的"不列颠尼亚"号

1905年时的"海伯尼亚"号

"迅敏"级

舰名	迅敏 Swiftsure，凯旋 Triumph
排水量	12370 吨
舰长	144.9 米
舰宽	21.7 米
吃水	8.3 米
航速	19.6 节
续航力	11500 千米 /10 节
船员	803
武器	4 门 10 英寸炮，14 门 7.5 英寸炮，14 门 14 磅炮，4 门 6 磅炮，2 具 18 英寸鱼雷发射器
装甲	水线处 76-178 毫米，船壁 51-152 毫米，炮座 51-254 毫米，主炮炮塔 203-254 毫米，炮廓 178 毫米，指挥塔 279 毫米，甲板 25-76 毫米

"迅敏"级是英国建造的最后一级采用 10 英寸小口径主炮的主力舰。该级舰共建成 2 艘，分别为"迅敏"号和"凯旋"号。"迅敏"号于 1902 年 2 月 26 日开工建造，1903 年 1 月 12 日下水，1904 年 6 月 21 日服役。"凯旋"号于 1902 年 2 月 26 日开工建造，1903 年 1 月 15 日下水，1904 年 6 月 21 日服役。

"迅敏"级原本是智利向英国订购的快速战列舰，其建造目的是为了压倒当时与智利处于敌对状态的阿根廷的装甲巡洋舰。但鉴于智利政府因财政短缺可能无力购买，再加上担心对此二舰产生兴趣的俄国可能会抛出橄榄枝，英国政府于 1903 年 12 月 3 日紧急将其揽至英国海军账下。由于以装甲巡洋舰作为敌手，"迅敏"级配备了弱于标准战列舰的主炮和较薄的装甲，换来的是高航速和灵活的操纵性。从技术性能来看，该舰更像是一艘大型装甲巡洋舰而非战列舰。

1908 年停泊在锚地的"迅敏"号

1904 年 1 月接近完工时的"凯旋"号

"迅敏"级两艘在服役后皆加入了本土舰队，1905 年 6 月 3 日，两舰很不走运地发生了碰撞事故，因而不得不回到船坞维修。1908 至 1909 年，"迅敏"号被派至地中海，随后在 1912 年回到本土舰队接受修葺，1913 年 3 月 26 日，该舰抵达东印度海军基地并成为了那里的旗舰。一战爆发后，"迅敏"号在 11 月参与了追捕并摧毁德国巡洋舰"埃姆登"号（Emden）的行动。1915 年初，该舰被替换回国参加了达达尼尔海峡战役。1916 年，它被编入巡洋舰分队执行在大西洋上的巡航和护航任务。1917 年返回国内被改装为宿舍船，最后于 1920 年被变卖。

"凯旋"号在建成初期的轨迹与其姐妹舰"迅敏"号基本一致，1913 年 8 月，该舰被派至远东担任旗舰，一战爆发后，该舰奉命北上执行拦截德国商船的任务。1915 年早些时候，"凯旋"号在返回本土的路上加入地中海舰队，准备攻击达达尼尔海峡的舰队，但在 5 月 25 日被德国 U-21 潜艇发射的鱼雷命中，随后沉没，有 78 人随舰遇难。

"纳尔逊勋爵"级

舰名	纳尔逊勋爵 Lord Nelson，阿伽门农 Agamemnon
排水量	17820 吨（"阿伽门农"号为 17683 吨）
舰长	135.18 米
舰宽	24.23 米
吃水	8 米
航速	18 节
续航力	17000 千米 /10 节
船员	750-800
武器	4 门 12 英寸炮，10 门 9.2 英寸炮，24 门 12 磅炮，2 门 3 磅炮，5 具 18 英寸鱼雷发射器
装甲	水线处 203-305 毫米，船壁 203 毫米，炮座 305 毫米，主炮炮塔 305 毫米，副炮炮塔 178-203 毫米，炮廓 203 毫米，指挥塔 305 毫米，甲板 25.4-102 毫米

"纳尔逊勋爵"级是英国建造的最后一级，同时也是最强大的前无畏舰。该级舰共建成 2 艘，分别为"纳尔逊勋爵"号和"阿伽门农"号。"纳尔逊勋爵"号于 1905 年 5 月 18 日开工建造，1906 年 9 月 4 日下水，1908 年 12 月 1 日服役。"阿伽门农"号于 1905 年 5 月 15 日开工建造，1906 年 6 月 23 日下水，1908 年 6 月 25 日服役。

"纳尔逊勋爵"号采用了当时最新式的 45 倍径 12 英寸主炮，同时布置了多达 10 门 9.2 英寸副炮（其中 4 座双联装，2 座单装），这使得其火力胜过当时英国已列装的任意一级前无畏舰，然而在该舰正式服役之前，划时代的"无畏"号战列舰已经于 1906 年 12 月 2 日服役，这使得号称"英国最强前无畏舰"的"纳尔逊勋爵"级在尚未服役之前便已过时，也使得该级舰有一种"生不逢时"的意味。

"纳尔逊勋爵"号在服役后于 1909 年被配给本土舰队，并在此直至一战爆发。一战爆发后，该舰被编入海峡舰队，紧接着被派往地中海参加了达达尼尔海峡战役。之后"纳尔逊勋爵"号加入东地中海分舰队负责爱琴海警戒。在一战结束后，该舰返回本土，于 1919 年开始被封存，后于 1920 年被变卖。

"阿伽门农"号在服役后早于"纳尔逊勋爵"号一年被配给本土舰队。一战爆发后，"阿伽门农"号与姐妹舰参与和执行了完全相同的任务，不过该舰在 1919 年被封存后，曾于 1921 年被改装为由无线电操纵的靶舰，并一直为皇家海军服务至 1926 年。"阿伽门农"号是英国最后一艘完成使命的前无畏舰，在 1927 年被变卖。至此，前无畏舰从英国海军序列中完全消失，一个时代落下帷幕。

试航时的"纳尔逊勋爵"号

拍摄于1908年的"阿伽门农"号的标准照

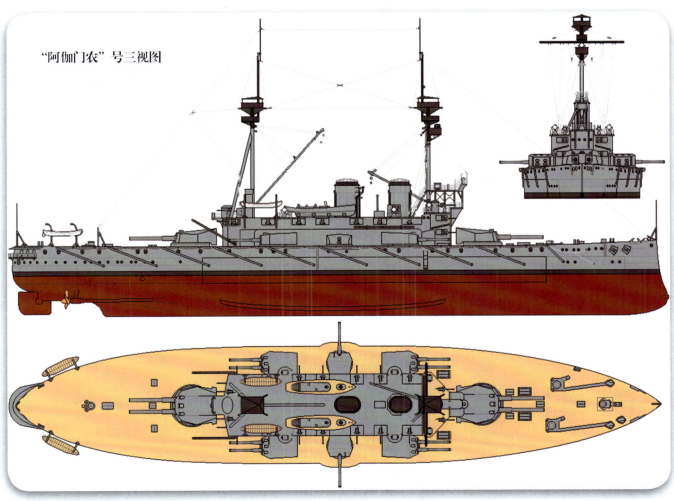

"阿伽门农"号三视图

法国篇

法国铁甲舰与前无畏舰综述

早在风帆时代,法国便在很长时间里是唯一能与英国抗衡的海洋国家,尽管他们很少能够真正击败后者。在拿破仑战争结束后,法国并没有像昔日的伙伴西班牙那样迅速衰败,尽管其海军实力已经难以与英国抗衡,但仍旧保持着一支不错的舰队并且一直走在欧洲的前列。1859年11月24日,"光荣"号的下水甚至使法国拥有了世界上第一艘铁甲舰。不得不说,尽管就海军而言,法国从未超越过英国,但是其革新和造舰能力却丝毫不逊于后者。进入铁甲舰时代后,法国走上了一条曲折而异于常人的道路。一方面,他们的军舰在设计上充满了新意和亮点,另一方面却一直无法完全摆脱风帆战舰的遗风,这或多或少限制了其海军的发展和影响力。接下来我们将为大家逐一介绍法国在无畏舰出现之前建造的这些铁甲舰或前无畏舰的情况。

"光荣"级

舰名	光荣 Gloire,无敌 Invincible,诺曼底 Normandie
排水量	5529吨("无敌"号和"诺曼底"号为5560吨)
舰长	78.22米("无敌"号和"诺曼底"号为77.25米)
舰宽	17米
吃水	8.48米
航速	11.75–13节
续航力	4100千米/8节
船员	570
武器	36门164毫米炮
装甲	水线处120毫米,炮台120毫米,指挥塔100毫米

"光荣"级是法国建造的第一级也是全世界最早的一级铁甲舰。该级舰共建成3艘,分别为"光荣"号、"无敌"号和"诺曼底"号。"光荣"号于1858年3月4日开工建造,1859年11月24日下水,1860

一幅关于航行中的"光荣"号的画作

法国篇

1860年的"光荣"号

1862年之后的"无敌"号

木质船壳外尚未敷设铁甲的"诺曼底"号，照片拍摄于1862年之前

年8月服役。"无敌"号于1858年3月4日开工建造，1861年4月4日下水，1862年3月服役。"诺曼底"号于1858年9月14日开工建造，1860年3月10日下水，1862年5月13日服役。

贵为世界上第一艘铁甲舰的"光荣"号以今天的眼光来看无疑是无比简陋的。该舰仅仅在木质船壳外敷设了一层铁甲，其外观和整体布局与一艘木质的风帆－蒸汽混合动力军舰并无本质区别。其铁甲也只是简单地钉在木质船壳上，在遭到敌方炮击后，甚至有装甲脱落的风险。"光荣"号原本作为大型护卫舰来建造，该舰的单层火炮甲板上一共安置36门164毫米前装线膛炮，火力尚可。其装甲是厚度为120毫米的熟铁板，理论上能够抵御实心炮弹的攻击，但由于木质船壳外挂铁甲的防御效果较差，该舰实际防御能力远不及稍后出现的"勇士"号。该舰搭载的8座锅炉能够提供2500马力的动力，理论航速达到13节。不过实际试航时，该舰最高只能达到11.75节的航速，更多时间只能维持在11节左右，因此与纸面数据不如自己的英国"勇士"级基本相当。总的来说，"光荣"号在性能上与"勇士"号存在差距，但考虑到二者在吨位上相差3000多吨，这样的差距并非无法接受。

然而与风帆时代相同，性能优异的法舰在履历上黯然失色。"光荣"号在服役之后除了参加一些测试外，根本没有参加任何海军行动。该舰在1879年退役，后于1883年报废。

"无敌"号在1862年服役后，参加了法国的铁甲舰海上战术实验，之后在地中海服役。1865年，该舰前往布雷斯特作为接待舰迎接了到访的英国海峡舰队。几天后，该舰又随法国舰队回访了英国朴茨茅斯。1870至1871年的普法战争期间，"无敌"号被派去保卫圣皮埃尔（Saint Pierre）和密克隆岛（Miquelon）。1872年8月12日，由于采用了未干透的木料作为建材，"无敌"号的木质船壳过早腐蚀，导致了其不得不提前退役。该舰最后于1876年拆毁于瑟堡（Cherbourg）。

"诺曼底"号在服役之后于1862年7月成为第一艘横跨大西洋的铁甲舰。1863年4月，该舰返回欧洲加入地中海舰队，后随姐妹舰"无敌"号一起参与了与英国舰队的友好互动活动。普法战争中，该舰被动员，但并未实际参战。1871年6月17日，"诺曼底"号也由于木质船壳腐蚀问题提前退役，紧接着便在8月被拆毁。

法国篇

"花冠"号

舰名	花冠 Couronne
排水量	6326 吨
舰长	80.85 米
舰宽	16.7 米
吃水	9.7 米
航速	12.5 节
续航力	4460 千米/10 节
船员	570
武器	30 门 164 毫米炮
装甲	水线处 120 毫米，指挥塔 100 毫米，甲板 12.7 毫米

"花冠"号是法国建造的第一艘拥有铁质船壳的铁甲舰。该舰于 1859 年 2 月 14 日开工建造，1861 年 3 月 28 日下水，1862 年 2 月 2 日服役。

尽管保留着木质战舰的外观，"花冠"号却比其前辈"光荣"级有了较大进步——第一次采用了铁质船壳（从时间上来说，比"勇士"号晚了几个月）。除此之外，该舰还是世界上第一艘在敷设了装甲甲板的军舰，尽管这层装甲非常之薄，仅有 12.7 毫米，几乎可以用薄铁板来形容。在武备上，"花冠"号与"光荣"级相同，装备了 164 毫米炮，不过数量减少了 6 门。船体装甲厚度保持一致。

"花冠"号在建成后被部署在瑟堡。1864 年，该舰负责监视在瑟堡附近海域的两艘美国军舰（美国当时处于内战时期，这两艘军舰分属北军和南军）的战斗。1865 年，该舰参与了与英国舰队的友好互动活动。普法战争期间，"花冠"号被用于封锁赫尔戈兰湾，由于缺乏燃料，该舰后来不得不撤回。1876 年，"花冠"号被重新划归地中海舰队，从 1881 至 1885 年被改为射击训练舰。1908 至 1909 年，该舰被改装为海上兵营又使用了一段时间，可谓"物尽其用"。"花冠"号最后于 1934 年被废弃，其寿命长达 72 年之久。

1862 年的"花冠"号。该舰的外观与涂装皆与木质战舰一致

"马真塔"级

舰名	马真塔 Magenta，索尔费里诺 Solférino
排水量	7129 吨
舰长	85.98 米
舰宽	17.27 米
吃水	8.69 米
航速	13 节
续航力	3410 千米 /8 节
船员	674-706
武器	16 门 194 毫米炮，34 门 164 毫米炮，2 门 225 毫米炮
装甲	水线处 120 毫米，炮台 109-120 毫米

"马真塔"级是仅有的拥有双层火炮甲板，同时也是第一艘具备船艏冲角的铁甲舰。该级舰共建成2艘，分别为"马真塔"号和"索尔费里诺"号。"马真塔"号于1859年6月22日开工建造，1861年5月22日下水，1862年1月2日服役。"索尔费里诺"号于1859年6月24日开工建造，1861年6月24日下水，1862年服役（具体时间不详）。

由于具备双层火炮甲板，"马真塔"级从外观来看显得异常高大。事实证明，木质帆船时代的双层甲板设计早已过时，铁甲舰时代的主力舰火力强调射界和穿透力，因此在"马真塔"级之后，再也没有出现多层火炮甲板的铁甲舰（包括在早期的船旁列炮铁甲舰中）。"马真塔"号建成之后，在地中海服役。1875年7月，该舰在科西嘉岛东岸的铁甲舰演习中不慎与友舰"福尔费"号（Forfait，一艘无装甲巡航舰）相撞，导致后者在14分钟后沉没。紧接着在10月31日晚，"马真塔"号上厨房里的一场火灾使该舰发生爆炸并沉没。"马真塔"级2号舰"索尔费里诺"号在建成后没有服役记录。该舰可能一直驻留在地中海，最后于1882年被拆毁。

1861年时的"索尔费里诺"号

停泊在布雷斯特的"马真塔"号。位于其后的是木质战列舰"拿破仑"号

"普罗旺斯"级

舰名	普罗旺斯 Provence，女英雄 Héroïne，弗兰德斯 Flandre，高卢人 Gauloise，吉耶纳 Guyenne，高尚 Magnanime，复仇 Revanche，萨瓦 Savoie，警戒者 Surveillante，勇猛 Valeureuse
排水量	5900–6000 吨
舰长	80.72 米
舰宽	17 米
吃水	7.7–8.4 米
航速	13–14.5 节
续航力	4460 千米/10 节
船员	579–594
武器	30 门 164 毫米炮
装甲	水线处 150 毫米，炮台 110 毫米，指挥塔 102 毫米

"普罗旺斯"级是法国以最早的铁甲舰"光荣"级为模板建造的一级船旁列炮铁甲舰。该级舰共建成 10 艘，分别为"普罗旺斯"号、"女英雄"号、"弗兰德斯"号、"高卢人"号、"吉耶纳"号、"高尚"号、"复仇"号、"萨瓦"号、"警戒者"号和"勇猛"号。"普罗旺斯"号于 1861 年 3 月开工建造，1863 年 10 月 29 日下水，1865 年 2 月 1 日服役。其余各舰的下水时间为 1863 至 1865 年，具体时间不详。

"普罗旺斯"级有时也被分为两个子级，前三艘("普罗旺斯"号、"女英雄"号和"弗兰德斯"号)为"普罗旺斯"级，而后七艘("高卢人"号、"吉耶纳"号"高尚"号、"复仇"号、"萨瓦"号、"警戒者"号和"勇猛"号)则被称为"高卢人"级。这两个子级仅在船身尺寸和动力上略有区别，整体设计、武器配备和装甲结构均无差别。"普罗旺斯"级可以看成是"光荣"级的改进型，其仍采用木质船身敷设铁甲的设计，但增加了装甲厚度，因此防护性能有所提升。在武备上，"普罗旺斯"级采用了和"光荣"级相同的 164 毫米前装线膛炮，但数量减少为 30 门。不过在进入铁甲舰时代后，火炮数量的适当减少并不会实质性影响该舰的火力。全部 10 艘"普罗旺斯"级均在 19 世纪 60 至 80 年代为法国海军服务，其具体服役历程没有记载。该级舰在 1882 至 1894 年间陆续报废拆解。

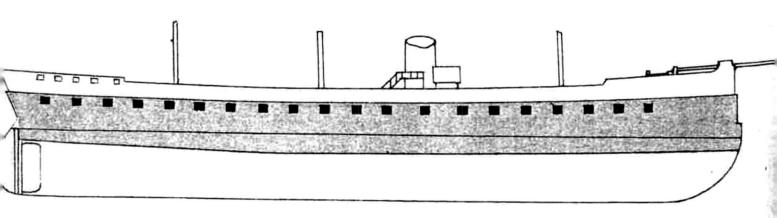

"普罗旺斯"级装甲防御区域示意图

保存在博物馆中的"弗兰德斯"号模型

1865年的"高卢人"号

"尚武"号

舰名	尚武 Belliqueuse
排水量	3717 吨
舰长	70 米
舰宽	14.01 米
吃水	6.97 米
航速	11 节
续航力	2610 千米/10 节
船员	300
武器	4门194毫米炮，6门164毫米炮
装甲	水线处150毫米，炮台120毫米

"尚武"号是法国所建造的第一艘小型铁甲舰，同时也是第二艘配备船艏冲角的铁甲舰。该舰于1863年2月14日开工建造，1865年9月6日下水，1866年10月30日服役。

"尚武"号是一艘木质船身外敷铁甲的"廉价"小型铁甲舰，值得一提的是，该舰是首艘完成环球航行的法国铁甲舰。"尚武"号配备的火炮数量相对较少，但这些火炮都被安放在船体中央部位，类似船腰炮室铁甲舰的布局，然而该舰在船体中央部位并未设置"装甲堡"或加厚装甲（较弱的结构强度导致其开炮时容易损伤船壁），因此其尚不能称为船腰炮室铁甲舰。"尚武"号的船艏水下部分装有一个包裹了铜皮的金属撞角，该舰将撞击敌舰视为自己的主要攻击手段之一。

"尚武"号建成后被派往法国在太平洋的海军基地，因而踏上了环游世界的旅途。1869年5月26日，该舰成功完成环球航行的壮举返回布雷斯特。1870年，"尚武"号被派往西太平洋海军基地担任那里的旗舰。1872年，该舰航行到远东，后于1874年5月3日回到土伦。1877年，已明显落伍的"尚武"号被封存，后于1886年被除籍并当成靶舰击沉。

"海洋"级

舰名	海洋 Océan，马伦戈 Marengo，絮弗伦 Suffren
排水量	7749 吨
舰长	86.2 米
舰宽	17.52 米
吃水	9.09 米
航速	13 节
续航力	5600 千米 /10 节
船员	750–778
武器	4门240毫米炮，4门194毫米炮，4门164毫米炮（"马伦戈"号为4门274毫米炮，4门240毫米，7门138毫米炮；"絮弗伦"号将其中一门138毫米炮替换为120毫米炮）
装甲	水线处178–203毫米，炮台160毫米，炮座150毫米

"海洋"级也是法国所建造的木质船身外敷铁甲式铁甲舰之一。该级舰共建成3艘，分别为"海洋"号、"马伦戈"号和"絮弗伦"号。"海洋"号于1865年4月18日开工建造，1868年10月15日下水，1870年7月15日服役。"马伦戈"号于1865年7月开工建造，1869年12月4日下水，1872年服役。"诺曼底"号于1866年7月开工建造，1870年12月26日下水，1873年8月5日完工（直至1876年3月1日才服役）。

"海洋"级在船肩上设置了4个高度明显超过甲板的圆形炮座，其上配备可有限旋转的较轻火炮。然而此时英国早已建造出具备完全旋转封闭式炮塔的有桅炮塔舰，因此"海洋"级在设计上可以说是明显落后于英国的。更要命的是该级舰建造速度十分缓慢，待其服役时已是19世纪70年代，此时英国已率先建造出完全摈弃帆具的无桅炮塔舰"蹂躏"级，因此毫不夸张地说，仍旧采用木质船身和全套帆具的"海洋"级在刚服役时便已完全过时了。

"海洋"号虽然早在1869年12月3日便完成了试航，却拖至普法战争爆发才投入使用。战争期间，该舰曾前往波罗的海执行封锁普鲁士港口的任务。1875年，"海洋"号被编入预备役，大约在1884至1885年间，该舰进行了一次规模较大的改装，完成后被派至地中海舰队服役。1891年，该舰被封存，同年改装为海上炮兵学校，后于1894年报废。

保存在博物馆中的"海洋"号模型

"马伦戈"号在普法战争时被编入预备役，尽管此时该舰还未正式服役。战争结束后，该舰于1872年加入地中海舰队，正式开始其服役历程。1876年，"马伦戈"号被再次编入预备役，1880至1881年，该舰参与了法国攻占突尼斯的行动，后于1886年转入北方分舰队，1888年成为旗舰。1891年，"马伦戈"号曾带领北方分舰队访问了奥斯本湾、斯皮特黑德和喀琅施塔得，随后退役，于1896年被变卖。

"絮弗伦"号的建造周期是3艘姐妹舰中最长的，虽然它在1873年便完工，却被封存至1876年才正式服役。服役后该舰立即担任瑟堡分舰队旗舰。在"絮弗伦"号的服役生涯中经常被作为旗舰是因为其拥有宽敞的将军舱室。1880年9月1日，"絮弗伦"号参加了在拉古萨的演习。从1881至1884年，该舰在北方分舰队服役，1888年被转至地中海，在那里一直服役至1895年被解除武装为止。1897年，"絮弗伦"号被拆解。

从船艏角度拍摄的"海洋"号

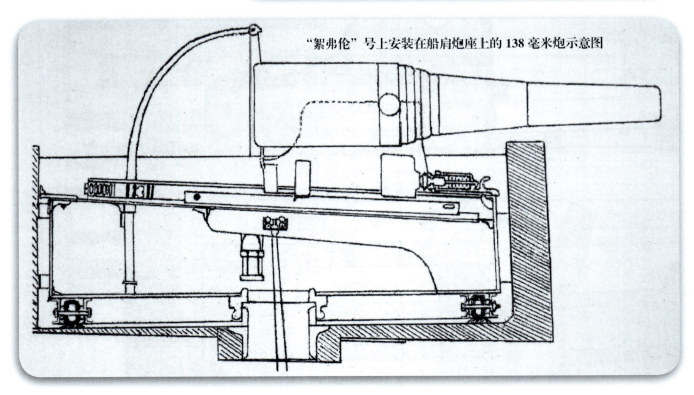

"絮弗伦"号上安装在船肩炮座上的138毫米炮示意图

"弗里德兰"号

舰名	弗里德兰 Friedland
排水量	8540 吨
舰长	101.1 米
舰宽	17.7 米
吃水	8.6 米
航速	13 节
续航力	4930 千米 /10 节
船员	688
武器	8 门 274 毫米炮，8 门 138 毫米炮
装甲	水线处 220 毫米，炮台 160 毫米，船壁 100 毫米

"弗里德兰"号是法国海军第二艘铁质船壳的铁甲舰。该舰于1865年1月开工建造，1873年10月25日下水，1877年6月20日服役。

"弗里德兰"号是一艘具备船艏冲角的船腰炮室铁甲舰。该舰具备这一时期法国铁甲舰的显著特征，那就是带有十分夸张的犁形船艏和极高的干舷。同时该舰的吃水也相对较深，这就意味着它是一艘典型的远洋型铁甲舰。

"弗里德兰"号的工期相当漫长，从开工建造到下水竟长达8年之久，这期间拖延工程的原因并未被记载。1875年5月1日，该舰进行了第一次海试，但还是迟至1877年6月才最终服役。服役后"弗里德兰"号加入了地中海舰队，参加了法军攻占突尼斯的行动。1887年该舰被封存，后于1893年重新入役。1898年，该舰被解除武装并闲置，最后于1902年拆毁。

1877年的"弗里德兰"号

"黎塞留"号

舰名	黎塞留 Richelieu
排水量	8984 吨
舰长	101.7 米
舰宽	17.4 米
吃水	8.5 米
航速	13 节
续航力	6100 千米 /10 节
船员	750
武器	6 门 274 毫米炮,5 门 240 毫米炮,10 门 120 毫米炮
装甲	水线处 220 毫米,炮台 160 毫米,船壁 100 毫米,甲板 10 毫米

"黎塞留"号以法国历史上著名的红衣主教黎塞留之名命名。该舰具备和"弗里德兰"号相同的铁质船壳和装甲厚度,同时也是第二艘在甲板敷设装甲的法国铁甲舰。"黎塞留"号于 1869 年 12 月 1 日开工建造,1873 年 12 月 3 日下水,1875 年 4 月 12 日完工。

"黎塞留"号具有一个与众不同的船艏,其在船艏甲板处被明显加高,从留存的照片中可以看出,有点类似今天的远洋货轮。该舰在木质甲板上敷设有一层薄铁板,能够防御炮弹破片的伤害。"黎塞留"号在设计和尺寸上都与"弗里德兰"号相似,因此有时该舰也被归入"弗里德兰"级。

"黎塞留"号在服役之后担任地中海舰队旗舰,不过在 1879 年 12 月被转入预备役。1880 年 12 月 29 日,停留在土伦港的"黎塞留"号突发大火,为了避免火势过大导致弹药库爆炸,该舰紧急打开舰底阀门自沉。1881 年,"黎塞留"号被修复,重新担任地中海旗舰直至 1886 年。此后被下放至预备役。1892 年,该舰成为新成立的预备役舰队旗舰,指挥舰队参加了一系列演习。1900 年,该舰退出现役,最后在 1911 年被变卖。

拍摄于 1880 年之后的"黎塞留"号

"科尔贝"级

舰名	科尔贝 Colbert，三叉戟 Trident
排水量	8617 吨（"三叉戟"号为 8814 吨）
舰长	101.1 米（"三叉戟"号为 102.1 米）
舰宽	17.4 米（"三叉戟"号为 17.7 米）
吃水	8.5 米（"三叉戟"号为 8.58 米）
航速	14 节
续航力	6100 千米/10 节
船员	750-774
武器	8 门 274 毫米炮，1 门 240 毫米炮，6 门 138 毫米炮，4 具 356 毫米鱼雷发射器
装甲	水线处 180-220 毫米，炮台 160 毫米，船壁 120 毫米，甲板 15 毫米

"科尔贝"级是法国建造的第一级配备了鱼雷发射器的铁甲舰。该级舰共建成 2 艘，分别为"科尔贝"号和"三叉戟"号。"科尔贝"号于 1869 年 5 月 7 日开工建造，1875 年 9 月 15 日下水，1877 年完工。"三叉戟"号于 1870 年 4 月开工建造，1876 年 11 月 9 日下水，1878 年 11 月 1 日完工。

"科尔贝"级的鱼雷发射器并非在水下，不过尽管如此该舰仍旧是第一艘配备了此类武器的法国铁甲舰。除此之外，该级 2 号舰"三叉戟"号还是第一艘配备了防鱼雷网的法国军舰。众所周知，这一设施在 19 世纪末至一战结束前，几乎是各国主力舰的标配。

"科尔贝"级铁甲舰以法国路易十四时期著名的财政大臣让·巴普蒂斯特·科尔贝之名命名。该舰在完工后被配属给后备舰队，不过在 1879 年 10 月成为地中海舰队的旗舰，1881 年，该舰参与了法军攻占突尼斯的军事行动。1892 年，"科尔贝"号再次转入后备舰队，1895 年，该舰被解除武装，后于 1909 年被拆毁。

"三叉戟"号在服役后随姐妹舰参加了法军攻占突尼斯的军事行动，之后在 1886 年被封存。1894 年，该舰成为一艘射击训练舰，后于 1904 年被作为废品变卖。

1878 年的"科尔贝"号

保存在博物馆的"三叉戟"号模型。注意该舰呈放射状的防鱼雷网

法国篇

"可畏"号

舰名	可畏 Redoutable
排水量	9430 吨
舰长	100.7 米
舰宽	19.76 米
吃水	7.8 米
航速	14.5 节
续航力	5260 千米 /10 节
船员	709
武器	7 门 274 毫米炮，6 门 140 毫米炮，1 门 47 毫米炮，12 门 37 毫米速射炮，4 具鱼雷发射器
装甲	水线处 350 毫米，装甲堡 240-300 毫米，甲板 45-60 毫米

"可畏"号是世界上第一艘以钢作为主要建筑材料的军舰。该舰于 1872 年 12 月（也有人说是 1873 年 7 月 18 日）开工建造，1876 年 9 月 18 日下水，1878 年 12 月 31 日开始为法军服务（正式服役是 1879 年 2 月 8 日）。

"可畏"号是一艘船体明显内倾的船腰炮室铁甲舰，并且拥有一个舯部凸出明显的船腰炮室。该船首次使用钢作为船体及上层建筑的原材料。与铁相比，钢的重量更大、结构强度更高，因此具备更好的防御效果。值得一提的是，法国是当时世界上第一个使用西门子炼钢法大量生产钢材的国家。不过由于早期钢板存在缺陷，该舰的船体外底仍是由铁来建造的。"可畏"号在建成后成为法国地中海舰队的一员，后来被派往远东。当 1901 年《辛丑条约》签署时，该舰是驻扎在远东的列强军舰之一。"可畏"号在 1910 年退出现役，一年后被以 100000 法郎的价格出售，最后于 1912 年在土伦被拆毁。

停泊在干船坞中的"可畏"号。该舰的船艏冲角显得非常夸张

1889 年时停泊在港中的"可畏"号

"毁灭"级

舰名	毁灭 Dévastation，库尔贝 Courbet
排水量	10090 吨
舰长	100.25 米
舰宽	21.25 米
吃水	8.1 米
航速	15 节
续航力	5700 千米 /8 节
船员	689
武器	4 门 340 毫米炮，4 门 274 毫米炮，6 门 140 毫米炮，18 门 37 毫米速射炮，4 具 356 毫米鱼雷发射器
装甲	水线处 380 毫米，装甲堡 240 毫米，甲板 60 毫米

"毁灭"级是法国建造的一级高干舷用于远洋作战的船腰炮室铁甲舰。该级舰共建成2艘，分别为"毁灭"号和"库尔贝"号。"毁灭"号于1875年12月20日开工建造，1879年8月19日下水，1882年7月15日完工。"库尔贝"号于1875年7月19日开工建造，1882年4月27日下水，1886年10月20日完工。

"毁灭"级是法国海军部在1872年制定的造舰计划的一部分，是典型的高干舷船腰炮室铁甲舰。然而由于建造周期过长，该级舰在建成时早已落伍。"库尔贝"号在船艉增设了一座安装138毫米火炮的旋转炮塔，有点类似当时北洋水师"定远"级铁甲舰的设计。"毁灭"级是法国建成服役的最后一级船腰炮室铁甲舰。

"毁灭"号建成后，主要在大西洋海岸服役。由于在设计上的过时，该舰在大多数时间里都仅以训练舰身份出现。1922年，"毁灭"号在洛里昂沉没，后于1923年被打捞拆解。相较之下，"库尔贝"号的运气则要好一些。该舰在服役后被作为外事军舰依次访问了突尼斯、阿尔及利亚等国。1902年，在完成最后一次外事访问任务后，"库尔贝"号回到布雷斯特，在那里被解除武装，后于1910年被变卖。

"库尔贝"号的版刻画作品。其船艉的旋转炮塔清晰可见

1882年时的"毁灭"号

"阿尔玛"级

舰名	阿尔玛 Alma，阿尔米德 Armide，亚特兰大 Atalante，圣女贞德 Jeanne d'Arc，蒙特卡姆 Montcalm，布兰奇王后 Reine Blanche，忒提斯 Thétis
排水量	3569–3889 吨
舰长	68.75–69.03 米
舰宽	13.94–14.13 米
吃水	6.26–6.66 米
航速	11 节
续航力	2430–3000 千米/10 节
船员	316
武器	6 门 194 毫米炮，4 门 120 毫米炮
装甲	水线处 150 毫米，炮台 110 毫米，炮座 100 毫米，船壁 120 毫米

"阿尔玛"级是法国建造的一级木质船身小型铁甲舰。该级舰一共建成 7 艘，分别为"阿尔玛"号、"阿尔米德"号、"亚特兰大"号、"圣女贞德"号、"蒙特卡姆"号、"布兰奇王后"号和"忒提斯"号。"阿尔玛"号于 1865 年 10 月 1 日开工建造，1867 年 11 月 26 日下水，1870 年服役。"阿尔米德"号于 1865 年开工建造，1867 年 4 月 12 日下水，1868 年服役。"亚特兰大"号于 1865 年 6 月开工建造，1868 年 4 月 9 日下水，1869 年服役。"圣女贞德"号于 1865 年开工建造，1867 年 9 月 28 日下水，1869 年服役。"蒙特卡姆"号于 1865 年 10 月 26 日开工建造，1868 年 10 月 16 日下水，1869 年服役。"布兰奇王后"号于 1865 年开工建造，1868 年 3 月 10 日下水，1869 年服役。"忒提斯"号于 1865 年开工建造，1867 年 8 月 22 日下水，1868 年服役。

"阿尔玛"级采用木质船壳外敷铁甲，这是一种最为廉价的建造方式，也符合法军对这级铁甲舰的定位——廉价的"装甲巡航舰"。该级舰在船肩的炮台上安装有可供旋转的 120 毫米火炮，另有 6 门更大口径的 194 毫米炮安置在中央装甲堡中。这些武器对付无装甲的其他国家的巡航舰已经足够（虽然相较于各国标准铁甲舰来说明显偏弱）。"阿尔玛"级因此被派至大西洋、北海甚至日本执行各种任务。

普法战争期间，"圣女贞德"号与"阿尔米德"号被分配至北方舰队试图封锁普鲁士位于波罗的海的港口，后于 1870 年 9 月 16 日返回瑟堡。"蒙特卡姆"号、"亚特兰大"号与"布兰奇王后"号被派往北海，后来"蒙特卡姆"号曾在葡萄牙领海拦截了一艘普鲁士巡航舰。"阿尔玛"号则在战争开始后被派往日

停泊在干船坞中的"亚特兰大"号。该舰的烟囱与其他姐妹舰有所不同

铁甲舰与前无畏舰百科图鉴

本封锁在那里的普鲁士巡航舰。普法战争结束后,"阿尔玛"级被派往海外基地担任旗舰。在第三次卡洛斯战争(拥护卡洛斯成为西班牙国王的战争)期间,"忒提斯"号、"布兰奇王后"号和"圣女贞德"号被派往西班牙海域保护法国公民。1875年,"忒提斯"号与"布兰奇王后"号发生相撞,好在及时搁浅避免了沉没。1881年,"布兰奇王后"号与"阿尔玛"号参加了法军攻占突尼斯的军事行动。1884至1885年,"亚特兰大"号来到远东参与了法军在越南的军事行动,随后又介入了中法战争,驻扎在基隆。该级舰最后的结局为:"阿尔玛"号在1893年被变卖;"阿尔米德"号在1886年被作为靶舰击沉;"亚特兰大"号在1886年被废弃,在1887年沉入淤泥中;"圣女贞德"号在1883年退出现役,但随后命运不得而知。"蒙特卡姆"号和"布兰奇王后"号与之命运相似,分别在1891年和1884年退役并失去记载;"忒提斯"号在1885年沦为仓库船,后被拆毁。

保存在博物馆中的"圣女贞德"号模型

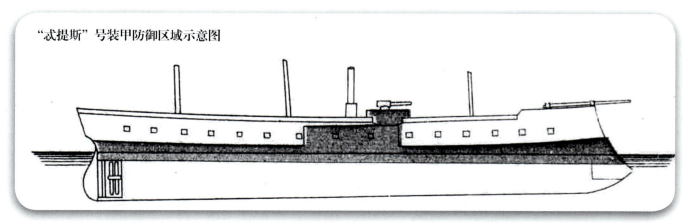

"忒提斯"号装甲防御区域示意图

法国篇

"拉加利索尼埃"级

舰名	拉加利索尼埃 La Galissonnière，凯旋 Triomphante，胜利 Victorieuse
排水量	4654 吨
舰长	76.62 米
舰宽	14.84 米
吃水	6.55 米
航速	12 节
续航力	5410 千米 /10 节
船员	352-382
武器	6 门 240 毫米炮，4 门 120 毫米炮
装甲	水线处 120 毫米，炮台 120 毫米，炮座 120 毫米

"拉加利索尼埃"级与"阿尔玛"级一样是木质船壳外敷铁甲的"装甲巡航舰"。该级舰共建成了 3 艘，分别为"拉加利索尼埃"号、"凯旋"号和"胜利"号。"拉加利索尼埃"号于 1868 年 6 月 22 日开工建造，1872 年 5 月 7 日下水，1874 年 7 月 18 日服役。"凯旋"号于 1869 年 8 月 5 日开工建造，1877 年 3 月 28 日下水，1380 年 10 月 17 日服役。"胜利"号于 1869 年 8 月 5 日开工建造，1875 年 11 月 18 日下水，1878 年 8 月 11 日服役。

"拉加利索尼埃"级可以看成是"阿尔玛"级的改进型，其拥有更大的吨位、更强的火力和更高的航速。不过由于仍旧采用木质船壳，该级舰在其所处的年代属于较为过时的产品。

"拉加利索尼埃"号在建成后最初计划配属给太平洋和加勒比海地区的海军基地，但却被莱万特分舰队得到，参加了法军攻占突尼斯的军事行动。1884 年，"拉加利索尼埃"号与"凯旋"号一同被分配至远东舰队，参加了中法战争，负责掩护部队登陆，

1882 年的"拉加利索尼埃"号

铁甲舰与前无畏舰百科图鉴

但以失败而告终。"拉加利索尼埃"号于1894年退役,"凯旋"号在1896年退役,后于1903年被变卖。"胜利"号在完工后被配属给地中海舰队,后顶替前往远东的"拉加利索尼埃"号成为莱万特分舰队旗舰。1897年,"胜利"号退役,但随后又被启用,于1900年再次退役。

停泊在锚地的"凯旋"号

1886年时的"胜利"号

"贝亚尔"级

舰名	贝亚尔 Bayard，蒂雷纳 Turenne
排水量	5915 吨
舰长	81 米
舰宽	17.45 米
吃水	7.62 米
航速	14 节
续航力	不详
船员	451
武器	4 门 240 毫米炮，2 门 194 毫米炮，6 门 140 毫米炮，4 门 47 毫米炮
装甲	水线处 180-250 毫米，炮座 150 毫米，甲板 50 毫米

"贝亚尔"级是法国建造的一级廉价的木质船壳远洋型铁甲舰。该级舰共建成 2 艘，分别为"贝亚尔"号和"蒂雷纳"号。"贝亚尔"号于 1876 年 10 月 1 日开工建造，1880 年 3 月 27 日下水，1882 年 1 月服役。"蒂雷纳"号于 1876 年 1 月开工建造，1879 年 10 月下水，1882 年 1 月服役。

"贝亚尔"级是专为海外殖民地设计的廉价铁甲舰。其中"贝亚尔"号曾在中法战争中担任法国舰队司令库尔贝（旧时常译为孤拔）的旗舰。库尔贝战死后，"贝亚尔"号负责将其遗体运回法国安葬。回国后"贝亚尔"号被解除武装并退出现役，1899 年被改装为仓库船，最后在 1910 年被拆毁。其姐妹舰"蒂雷纳"号的服役没有被记载。

停泊在苏伊士运河塞得港的"贝亚尔"号

"沃邦"级

舰名	沃邦 Vauban，杜·盖克兰 Du Guesclin
排水量	6112 吨
舰长	81 米
舰宽	17.45 米
吃水	7.62 米
航速	14 节
续航力	不详
船员	451
武器	4门240毫米炮，1门194毫米炮，6门140毫米炮，2具356毫米鱼雷发射器
装甲	水线处254毫米，炮座200毫米

"沃邦"级是"亚贝尔"级的改进型，也是法国建造的最后的木质船壳铁甲舰。该级舰共建成了2艘，分别为"沃邦"号和"杜·盖克兰"号。"沃邦"号于1878年12月1日开工建造，1883年1月1日下水，1886年8月1日服役。"杜·盖克兰"号于1879年2月1日开工建造，1882年7月1日下水，1885年1月1日服役。

"沃邦"级既是法国建造的最后一级木质船壳，同时也是最后采用固定炮座设计的铁甲舰。这种落后的设计在英国海军中早已被淘汰多年，但由于"沃邦"级包括前文提到的"贝亚尔"级是以敌对势力较弱的海外殖民地为服役目的的军舰，故结构简单、造价低廉被放在了首位。关于该级舰的服役历程没有被记载，"沃邦"号与姐妹舰"杜·盖克兰"号皆在1904至1905年间退役和拆解。

一幅反映"沃邦"号主炮细节的画作，其球形炮罩结构清晰可见

"海军上将迪佩雷"号

舰名	海军上将迪佩雷 Amiral Duperré
排水量	11030 吨
舰长	97.48 米
舰宽	20.4 米
吃水	8.43 米
航速	14 节
续航力	5280 千米 /10 节
船员	664
武器	4 门 340 毫米炮，1 门 160 毫米炮，14 门 140 毫米炮，4 具 356 毫米鱼雷发射器
装甲	水线处 250 毫米，炮座 317 毫米，甲板 51 毫米，装甲堡 240 毫米

"海军上将迪佩雷"号为法国炮塔铁甲舰的先驱。该舰于 1876 年 12 月 7 日开工建造，1879 年 9 月 11 日下水，1883 年 4 月 21 日服役。

"海军上将迪佩雷"号拥有 4 座安装有 340 毫米火炮的可供旋转的露天炮座（类似英国"皇家主权"级），而这些火炮也可以被安装上炮罩来保护火炮，在设计上已经很接近全封闭式的炮塔，为后面的法国新式铁甲舰指明了道路。很快，以该舰为基础设计的"海军上将博丹"级被建造出来。

"海军上将迪佩雷"号在建成后被编入地中海舰队服役。1888 年 12 月 13 日，在一次海军演习中，该舰的一门火炮突然爆炸造成 6 人死亡的事故。1898 年，"海军上将迪佩雷"号被调至北方舰队。1906 年 12 月，该舰被改装为靶舰，不过并未在设计实验中沉没，最后在 1909 年时被拆毁。

保存在博物馆中的"海军上将迪佩雷"号

1888 年时的"海军上将迪佩雷"号

"海军上将博丹"级

舰名	海军上将博丹 Amiral Baudin，可惧 Formidable
排水量	11720 吨
舰长	101.04 米
舰宽	21.34 米
吃水	8.46 米
航速	14-16 节
续航力	不详
船员	650
武器	3门370毫米炮，4门163毫米炮，10门140毫米炮，4门47毫米炮，6具450毫米鱼雷发射器
装甲	水线处560毫米，炮座400毫米，指挥塔120毫米，弹药库100-560毫米，甲板76-100毫米

"海军上将博丹"级是法国建造的第一级纯粹使用蒸汽机作为动力的铁甲舰。该级舰共建成2艘，分别为"海军上将博丹"号和"可惧"号。"海军上将博丹"号于1879年10月1日开工建造，1883年6月5日下水，1888年12月1日服役。"可惧"号于1879年9月1日开工建造，1885年4月16日下水，1889年2月1日服役。

"海军上将博丹"级实质上为"海军上将迪佩雷"号的改进型。该舰摈弃了可能导致稳定性事故的船肩炮座式布局，将3座主炮炮座沿中线排列，可以使火力得到更好发挥。"海军上将博丹"级最大的进步是取消了帆装（但英国早在15年前便已在"蹂躏"级上实现），重新设计的桅杆更粗壮和坚固，并且别具一格地在带有装甲的瞭望台上安装了47毫米小型火炮，但这一举措对实战的影响甚微，因此他国并未予以仿效。

"海军上将博丹"号的服役历程没有被记载，该舰可能从未被用于军事行动，最后在1910年被拆毁。"可惧"号在建成后服役于地中海舰队。该舰在1890年被用于进行军用热气球的测试，1891年5月成为地中海舰队旗舰。1898年，"可惧"号被调至位于布雷斯特的大西洋分舰队，后逐渐被废弃，最后于1911年被拆毁。

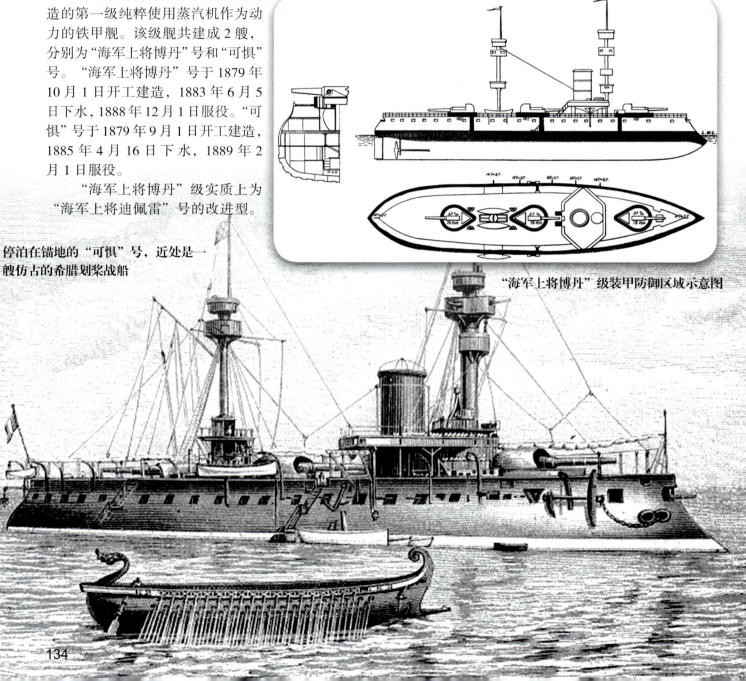

停泊在锚地的"可惧"号，近处是一艘仿古的希腊划桨战船

"海军上将博丹"级装甲防御区域示意图

法国篇

在桅杆顶部拖曳着热气球的"可惧"号

"奥什"号

舰名	奥什 Hoche
排水量	10820 吨
舰长	102.59 米
舰宽	20.22 米
吃水	8.31 米
航速	16.5 节
续航力	8300 千米/10 节
船员	611
武器	2门340毫米炮，2门274毫米炮，12门138毫米炮，5具450毫米鱼雷发射器
装甲	水线处460毫米，炮座400毫米，甲板80毫米，舰桥60毫米

"奥什"号是法国建造的第一艘拥有封闭式旋转炮塔的铁甲舰。该舰于1880年8月3日开工建造，1886年9月29日下水，1890年完工入役。

"奥什"号由于异常夸张的高大上层建筑物而获得了"大酒店"（Le Grand Hôtel）的绰号。很显然这是一艘头重脚轻的战舰，该舰在试航后也发现了类似的问题，因此在之后的改造中减轻了上层建筑的重量。"奥什"号在船艏、船艉中线上各有一座单装340毫米主炮炮塔，2门位于船腰炮座上的274毫米次主炮也安置在全封闭炮塔中。次主炮理念在前无畏舰晚期风靡一时，而"奥什"号算是早期"先行者"之一。此外，该舰由于上层建筑过高的缘故首次采用了低干舷，从而导致远洋性能不佳。从各方面来看，该舰只能算是个过渡产品，为后续法国炮塔式铁甲舰奠定了基础。

"奥什"号在建成后被编入地中海舰队。1892年，在马赛港，该舰撞上了一艘蒸汽船，导致其沉没的同时造成了107人死亡。1894至1895年，"奥什"号接受了改造，其重点为更换了武器，同时船艉较粗的外敷装甲的桅杆被替换成普通桅杆。1899至1902年，该舰再次接受改造，更换锅炉并去除了上层建筑的大部分。1908年，"奥什"号被解除武装并封存，1913年被作为靶舰击沉。

在干船坞里正在建造的"奥什"号

法国篇

准备下水的"奥什"号

由威廉·弗里德里克·米歇尔所绘的"奥什"号

"马尔索"级

舰名	马尔索 Marceau，马真塔 Magenta，尼普顿 Neptune
排水量	10558 吨
舰长	98.6 米
舰宽	20.06 米
吃水	8.23 米
航速	16 节
续航力	不详
船员	643-651
武器	4 门 340 毫米炮，4 门 65 毫米炮，14 门 47 毫米炮，5 具 450 毫米鱼雷发射器
装甲	水线处 460 毫米，炮座 400 毫米，指挥塔 150 毫米，弹药库 460 毫米，甲板 80 毫米

"马尔索"级是法国建造的最后一批露天炮座铁甲舰。该级舰共建成 3 艘，分别为"马尔索"号、"马真塔"号和"尼普顿"号。"马尔索"号于 1882 年 11 月 28 日开工建造，1887 年 5 月 24 日下水，1891 年 3 月 14 日服役。"马真塔"号于 1880 年 10 月 7 日开工建造，1890 年 4 月 19 日下水，1893 年 2 月服役。"尼普顿"号于 1882 年 4 月 17 日开工建造，1887 年 5 月 7 日下水，1892 年 12 月 23 日服役。

"马尔索"级是法国露天炮座铁甲舰的绝唱。该舰拥有 4 门 340 毫米火炮，分别安置在 4 个露天炮座中，其中两座位于船舷、船艉，另有两座位于舯部。布置方式与"奥什"号类似，不同的是该舰的主炮口径是一致的，这为弹药配给带来了便利。此外，该舰还大量配备了速射炮，以提高近战能力。

"马尔索"号在建成后加入大西洋舰队，访问了喀琅施塔得并接受了沙皇亚历山大三世的检阅，回国途中该舰在斯皮特黑德又接受了维多利亚女王的登舰参观。这也是该舰在大西洋的唯一一次行动，随后便被调至地中海，并在那里服役至生涯结束。1906 年，"马尔索"号被改装成鱼雷操作员的训练舰，一战爆发后，该舰被改装为鱼雷艇和潜艇的补给舰，后于 1920 年除役，次年被变卖。

"马真塔"号在其漫长的建造过程中经历了显著变化，包括三座不完全相同的主炮和船体尺寸。该舰在建成后主要为地中海舰队服务，后于 1910 年退役拆解。"尼普顿"号自从建成后一直在地中海服役至 1898 年，之后被改装为训练舰。1908 年 2 月起，该舰又被改装为仓库船，最后在 1913 年于瑟堡被作为靶舰击沉。

拍摄于 1902 年之后的"马尔索"号

1893年时的"马真塔"号

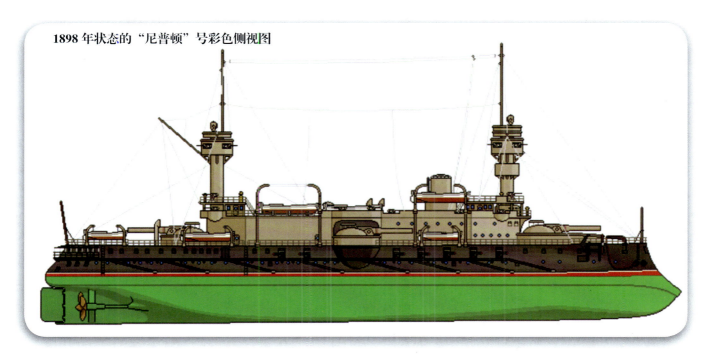

1898年状态的"尼普顿"号彩色侧视图

"布纹"级

舰名	布纹 Bouvines，海军上将特雷瓦 Amiral-Tréhouart
排水量	6798 吨
舰长	89.65 米
舰宽	17.86 米
吃水	6.38 米
航速	16 节
续航力	7200 千米 /8 节
船员	371
武器	2 门 305 毫米炮，8 门 100 毫米炮，4 门 47 毫米炮，10 门 37 毫米炮，2 具 450 毫米鱼雷发射器
装甲	水线处 250-434 毫米，炮塔 320 毫米，指挥塔 80 毫米，甲板 92 毫米

"布纹"级是法国在 1890 年建造的一级岸防铁甲舰。该级舰共建成 2 艘，分别为"布纹"号和"海军上将特雷瓦"号。该级舰的建造时间大致为 1890 至 1896 年，具体日期不详。

"布纹"级是一级威力十足的岸防铁甲舰，其装备的两门最新式的 45 倍口径 305 毫米炮分别安置在位于中线上的两座炮塔内，能够对弱小敌舰实施毁灭性打击；同时其自身装甲厚实，能够防御大部分巡洋舰级别以下舰艇的攻击。无论从外观还是技术参数来看，"布纹"级都与标准铁甲舰十分接近。

"布纹"号曾在比斯开湾、英吉利海峡和地中海服役过。1913 年 7 月 1 日，该舰参加了位于瑟堡的阅舰式，后于 1918 年退役，1920 年被拆毁。"海军上将特雷瓦"号的服役历程几乎没有被记载，仅知道该舰在一战时曾担任潜艇补给船，最后在 1922 年被拆毁。

1890 年时的"布纹"号

"亨利四世"号

舰名	亨利四世 Henri IV
排水量	8807 吨
舰长	108 米
舰宽	22.2 米
吃水	7.5 米
航速	17 节
续航力	14350 千米/10 节
船员	464
武器	2 门 274 毫米炮, 7 门 138 毫米炮, 12 门 47 毫米炮, 2 具 450 毫米鱼雷发射器
装甲	水线处 180-280 毫米, 炮塔 110-270 毫米, 甲板 60 毫米, 弹药库 240 毫米

"亨利四世"号是法国建造的一艘具备实验性质的岸防战列舰,但有时也被归为前无畏舰一类。该舰于 1897 年 7 月 15 日开工建造, 1899 年 8 月 23 日下水, 1903 年 9 月完工入役。

"亨利四世"号由法国著名船舶设计师路易·埃米尔·贝尔坦设计,在外观上几乎异于当时所有的主力舰。贝尔坦的设计初衷是尽可能缩小"亨利四世"号的投影面积,以减小被敌舰击中的概率。因此其具备较低矮的上层建筑和几乎与水面平齐的艉部干舷。在贝尔坦看来,船艉部的高干舷对于维持船只的适航能力并非必要,与此相反,缩减这部分高度还可以使整舰侧面投影进一步缩小。因此尽管"亨利四世"号舯部和船艏的干舷高度与其他战列舰相同,但船艉处的高度却如断层般陡减为 1.2 米。然而这一天真的想法很快便被证明是失败的,"亨利四世"号超低的艉部干舷导致该舰的稳定性非常差,在大风浪中几乎举步维艰。

"亨利四世"号在一战爆发后被分配至叙利亚海岸攻击在那里的奥斯曼帝国航线。1915 年 3 月,该舰顶替被击沉的"布韦"号炮击土军要塞。1916 年起,"亨利四世"号被分配到后备舰队,后又送至塔兰托成为一艘仓库船。1920 年,该舰退役,于次年拆解。

1903 年时的"亨利四世"号彩色侧视图

"布伦努斯"号

舰名	布伦努斯 Brennus
排水量	11190 吨
舰长	110.29 米
舰宽	20.4 米
吃水	8.28 米
航速	18 节
续航力	不详
船员	673
武器	3 门 340 毫米炮，10 门 164 毫米炮，14 门 47 毫米炮，8 门 37 毫米炮，4 具 450 毫米鱼雷发射器
装甲	水线处 460 毫米，炮塔 460 毫米，甲板 60 毫米，指挥塔 150 毫米

"布伦努斯"号是法国建造的第一艘正规的炮塔型铁甲舰，也有人将其称之为法国前无畏舰的鼻祖。该舰于 1889 年 1 月 12 日开工建造，1891 年 10 月 17 日下水，1896 年 12 月 16 日完工入役。

"布伦努斯"号是法国第一艘安置全封闭炮塔式主炮的铁甲舰。该舰的设计相对于早期法国铁甲舰来说是独一无二的。首先是火力，其前后主炮均布置在中线的封闭式炮塔中，前主炮为双联装；后主炮为单装。3 门威力强大的 340 毫米主炮的倍径比竟达到 42，这也是无畏舰出现之前各国使用过的身管最长的火炮，威力在当时是"鹤立鸡群"。其次在动力上，该船首次采用了两台由 32 部贝尔维尔型水管锅炉（Belleville Water-tube boiler）提供动力的三胀式蒸汽机，其提供的 13900 匹马力使该舰可以获得 18 节的航速，这在当时已经是相当高的水准了。最后在防御力上，"布伦努斯"号采用铁甲外敷钢甲的"复合式"装甲作为防御系统，其水线处的装甲由下至上从 460 毫米递减为 250 毫米，能够有效防御大多数铁甲舰主炮在正常战斗距离上的攻击。但值得注意的是该舰指挥塔装甲较薄，仅为 150 毫米，难以抵御同级别主力舰甚至是装甲巡洋舰主炮的攻击。总的来说，"布伦努斯"号是一艘设计十分优异的主力舰，在其诞生的年代技术属于顶尖水平。

"布伦努斯"号原本是"查理·马特尔"级（Charles Martel）铁甲舰计划中的 2 号舰，当该计划在 1886 年取消后，该舰被设计成更为现代化的战列舰。"布伦努斯"号在服役之后参加了一系列炮术实验，其主炮系统在 3000 至 4000 米的距离上命中率为 26%，令海军部颇为满意，遂从 1898 年 2 月起成为舰队演习的标准。1900 年 7 月，法国各舰队在英吉利海峡进行演习，当时"布伦努斯"号是参加演习的法国地中海舰队旗舰。8 月 10 日，该舰在演习结束返回地中海的航途中于圣文森特角附近撞沉了驱逐舰"弗拉米"号（Framée），导致后者 50 名船员中有 36 人丧生。1903 年，"布伦努斯"号被调至后备舰队担任旗舰。一战爆发后，"布伦努斯"号没有被动员，因此未见其参与任何海军行动。1919 年，该舰退出现役，后于 1922 年被变卖。

拍摄于 1900 年左右且全速前进的"布伦努斯"号

1896 年状态的"布伦努斯"号彩色侧视图

"1890年海军计划"

舰名	查理·马特尔 Charles Martel，卡诺 Carnot，若雷基贝里 Jauréguiberry，马塞纳 Masséna，布韦 Bouvet
排水量	11637-12007 吨
舰长	111.9-117.81 米
舰宽	20.27-23 米
吃水	8.36-8.84 米
航速	17-18 节
续航力	不详
船员	597-667
武器	2门305毫米炮，2门274毫米炮，4-8门138毫米炮，8门100毫米炮（"马塞纳"号和"布韦"号装备），2-6具450毫米鱼雷发射器
装甲	水线处460毫米，主炮炮塔380毫米，副炮炮塔101毫米，指挥塔230-305毫米，甲板69毫米

在1890年时，法国海军部提出了一个全新造舰计划，由于在此计划下建造的5艘铁甲舰在设计思路上基本一致，因而归在一类为读者们介绍。这5艘铁甲舰分别为"查理·马特尔"号、"卡诺"号、"若雷基贝里"号、"马塞纳"号和"布韦"号。"查理·马特尔"号于1891年4月开工建造，1893年8月下水，1897年6月服役。"卡诺"号于1891年7月开工建造，1894年7月下水，1897年7月服役。"若雷基贝里"号于1891年11月开工建造，1893年10月27日下水，1897年2月16日服役。"马塞纳"号于1892年9月开工建造，1895年7月下水，1898年5月服役。"布韦"号于1893年1月16日开工建造，1896年4月27日下水，1898年6月服役。

"查理·马特尔"号等5艘铁甲舰是法国建造的最后一批炮塔型铁甲舰，之后将正式步入前无畏舰

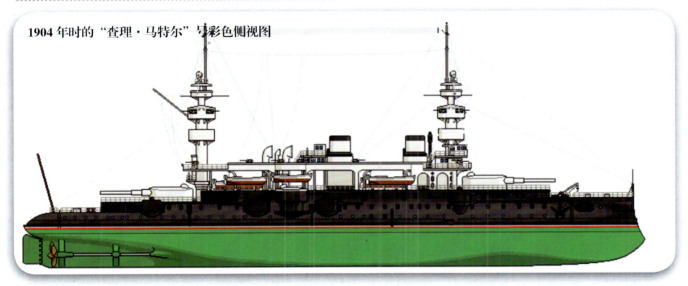

1904年时的"查理·马特尔"号彩色侧视图

全速试航中的"卡诺"号

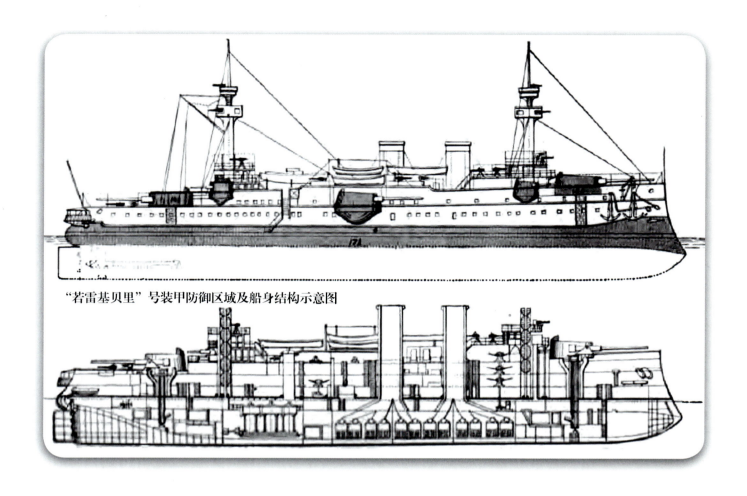

"若雷基贝里"号装甲防御区域及船身结构示意图

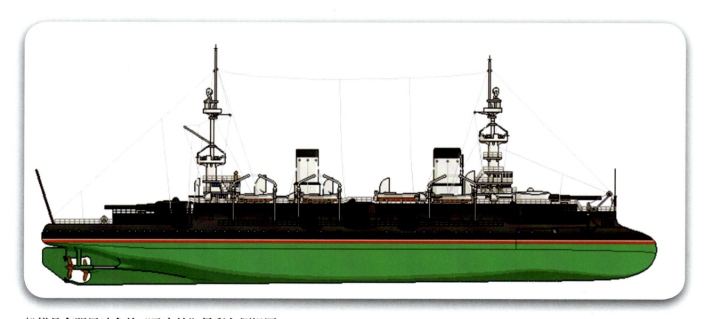

船艏具有明显冲角的"马塞纳"号彩色侧视图

之列。当然，由于在性能上已经和同时期他国前无畏舰相差无几，将它们归为前无畏舰也并非不可（资料中仍称它们为"炮塔型铁甲舰"主要是因为其只采用单装主炮而非标准前无畏舰的双联装主炮）。在船身参数上略有区别的这5艘铁甲舰都配备了相同的主要武器，那就是前后两座单装45倍口径305毫米主炮以及位于船腰部位的两座单装45倍口径274毫米次主炮。值得一提的是，当时前无畏舰的主要武器普遍为35至40倍口径305毫米主炮，因此"查理·马特尔"号等5艘铁甲舰在单门主炮威力上占据了一定优势。此外，这5艘铁甲舰均采用了表面镀镍的钢装甲，其硬度超过普通钢甲。相对于"布伦努斯"号的明显改进之处是该5舰的指挥塔装甲厚度被增加为230至305毫米，大大提高了抗弹能力。

"查理·马特尔"号是这5艘铁甲舰中最早开工的，但因为锅炉焊缝问题而推迟服役日期，使得"若雷基贝里"号成为最先服役者。"查理·马特尔"号建成后被分配给地中海舰队，参与了1900至1901年间的舰队大演习。1902年初夏，该舰被调至后备舰队，从1907年开始，该舰被封存以减少开支。随着一战的爆发，"查理·马特尔"号被动员，驻扎在布雷斯特港，但并未参战。1922年，该舰退役并被拆毁。

"卡诺"号在建成后服役于地中海舰队，1900年被调至北方舰队成为旗舰。1902年，该舰与"查理·马特尔"号一同被编入后备舰队。在参加了各种演习后，"卡诺"号于1906年回归地中海舰队并在那里待到1909年。一战爆发后，该舰与"查理·马特尔"号一同驻扎在布雷斯特港，后于1922年退役并拆解。

"若雷基贝里"号在服役之后仅一个月便发生了鱼雷气室爆炸事件，这使得该舰不得不多花了2个月时间维修，之后才加入了地中海舰队。1902年，该舰的另一座鱼雷气室发生爆炸，造成了1死3伤的事故。1907年，"若雷基贝里"号被转入预备役，

1915年时的"布韦"号

不过随着1910年的整修而重归一线,在1914年4月成为地中海训练舰队的旗舰。一战爆发后,"若雷基贝里"号担任护送运输船队的任务,参加了协约国舰队对达达尼尔海峡的军事行动。1918年,该舰被改装为浮动海军学校,随后又改为仓库船,于1920年从海军中除役。不过此后"若雷基贝里"号一直停泊在海军工程兵学校,直至1934年才被变卖。

"马塞纳"号在建成后成为北方舰队的旗舰,参加了各种演习,之后参加了海军关于舰炮击穿的实验。1908年,该舰被降至预备役,但是随着一战爆发而重新启用,参加了协约国舰队对达达尼尔海峡的军事行动。由于战事陷入停滞,协约国决定退出战场并将一些老旧战舰凿沉以作为防护堤使用,"马塞纳"号便是其中之一。

"布韦"号是1890年海军计划中的最后一艘。该舰在建成后前往地中海服役。1903年,该舰又被派至北方舰队,后于1906年回到地中海。当年的夏季演习中,"布韦"号险些与友舰相撞。一战爆发后,"布韦"号参加了协约国舰队对达达尼尔海峡的军事行动。其负责对恰纳卡莱镇进行炮击。在一小时里,英、法战列舰对土军要塞一同乱射,未能取得理想战果,然而"布韦"号却频频被土军要塞大炮命中,当一座274毫米副炮炮塔被殉爆后,该舰开始下沉。由于舰龄较长、舰况较差,"布韦"号下沉速度相当之快,全舰710人仅有50人左右获救。

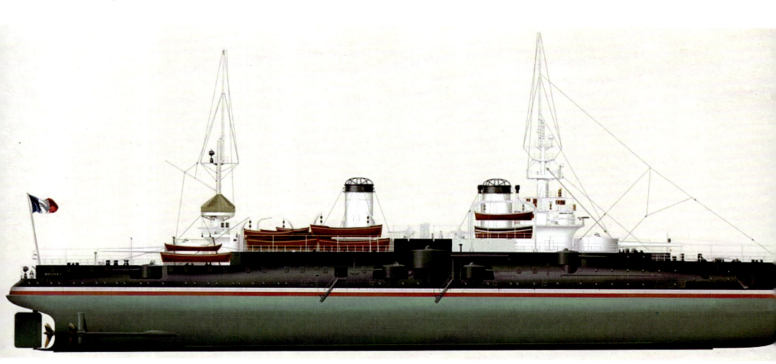

"布韦"号侧视彩绘图

"查理曼大帝"级

舰名	查理曼大帝 Charlemagne，圣路易 Saint Louis，高卢人 Gaulois
排水量	11275 吨
舰长	117.7 米
舰宽	20.3 米
吃水	8.4 米
航速	18 节
续航力	6759 千米 /10 节
船员	727
武器	4 门 305 毫米炮，10 门 138 毫米炮，8 门 100 毫米炮，20 门 47 毫米炮，4 具 450 毫米鱼雷发射器
装甲	水线处 110-320 毫米，炮座 270 毫米，炮塔 320 毫米，指挥塔 326 毫米，甲板 55-90 毫米

"查理曼大帝"级是法国建造的第一级"纯正的"前无畏舰。该级舰共建成 3 艘，分别为"查理曼大帝"号、"圣路易"号和"高卢人"号。"查理曼大帝"号于 1894 年 8 月 2 日开工建造，1895 年 10 月 17 日下水，1897 年 9 月 15 日服役。"圣路易"号于 1893 年 9 月 30 日开工建造，1896 年 9 月 2 日下水，1900 年 9 月 15 日服役。"高卢人"号于 1896 年 1 月 6 日开工建造，1896 年 10 月 6 日下水，1899 年 10 月 23 日服役。

"查理曼大帝"级被称为法国第一级"战列舰"的最主要原因是它首次采用标准中线布置的前后两座双联装主炮作为主要武器，而非之前的单装。此外，该级舰还是第一批采用哈氏钢作为装甲的法国主力舰，该装甲的防御效果比镀镍钢甲有显著提升。

"查理曼大帝"级 3 艘在服役之后均被派往地中海，并且在那里度过了它们服役生涯中的大部分时间。不过"查理曼大帝"号的服役历程却并不平静，据记载，在地中海服役的该舰曾发生过四次碰撞事故，被认为是"运气较为糟糕"的军舰。一战爆发后，"查理曼大帝"号被派往达达尼尔海峡担任警戒，以防止德国战列巡洋舰"戈本"号（Goeben）进入海峡。后来该舰也随协约国舰队进行了炮击奥斯曼帝国要塞的行动。1917 年，该舰被封存，后于 1923 年被变卖。

"圣路易"号通常被选作地中海舰队旗舰。一战爆发后，该舰协助"查理曼大帝"号前往达达尼

1900 年时的"查理曼大帝"号彩色侧视图

停泊在锚地的"查理曼大帝"号

尔海峡阻止德舰"戈本"号,随后参加了炮击奥斯曼帝国要塞的行动。1916年5月,"圣路易"号被派往撒罗尼卡(Salonica)加入那里的分舰队以防止希腊人介入战争。1917年4月,"圣路易"号转入预备役,在1919至1920年间被改为训练船、住宿船和仓库船。最后在1931年被变卖(但是直到1933年才找到买家)。

"高卢人"号也是一艘霉运不断的军舰,其在地中海服役时期曾2次发生撞船事故,所幸没有导致友舰沉没。一战爆发后,该舰被派往北非,随后协助两艘姐妹舰前往达达尼尔海峡阻止德舰"戈本"号并参加了炮击奥斯曼帝国要塞的行动。在战斗中,"高卢人"号被土军火炮命中受损严重,不得不抢滩搁浅以避免沉没。之后该舰回国大修,于1916年12月27日在返回达达尼尔海峡的途中被德国U-47潜艇击沉。

"圣路易"号的官方轮廓图

1916年时的"高卢人"号彩色侧视图

"耶拿"号

舰名	耶拿 Iéna
排水量	12105 吨
舰长	122.35 米
舰宽	20.83 米
吃水	8.45 米
航速	18 节
续航力	8330 千米/10 节
船员	701
武器	4 门 305 毫米炮，8 门 164 毫米炮，8 门 100 毫米炮，16 门 47 毫米炮，4 具 450 毫米鱼雷发射器
装甲	水线处 230-320 毫米，炮塔 278-318 毫米，甲板 80 毫米，弹药库 250 毫米

"耶拿"号是"查理曼大帝"级的改进型。该舰于1898年1月15日开工建造，1898年9月1日下水，1902年4月14日完工入役。

"耶拿"号在"查理曼大帝"级的基础上延长了船体并适当增加了装甲厚度，这使得该舰的排水量增加了将近1000吨。"耶拿"号在建成后被分配到地中海舰队的第二分队担任旗舰。1904年，该舰载着法国总统访问了那不勒斯，1906年维苏威火山爆发后，该舰被派去对那不勒斯提供援助。1907年，该舰弹药库意外爆炸导致沉没，有120人丧生。1909年"耶拿"号被打捞起来进行修复，后作为一艘靶舰，不过很快法国人便发现这并没有价值，于是在1912年将其变卖。

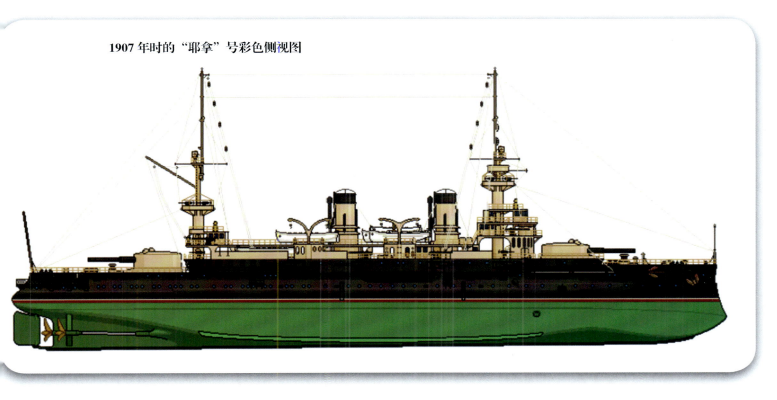

1907 年时的"耶拿"号彩色侧视图

"絮弗伦"号

舰名	絮弗伦 Suffren
排水量	12892 吨
舰长	125.91 米
舰宽	21.42 米
吃水	8.22 米
航速	17 节
续航力	7570 千米 /12 节
船员	688（作为旗舰时 742）
武器	4 门 305 毫米炮，10 门 164 毫米炮，8 门 100 毫米炮，20 门 47 毫米炮，2 门 37 毫米炮，4 具 450 毫米鱼雷发射器
装甲	水线处 300 毫米，炮座 250 毫米，炮塔 290 毫米，甲板 60 毫米，船壁 110 毫米

"絮弗伦"号的设计初衷就是"耶拿"号在火力和防护上的升级版。该舰于 1899 年 1 月 5 日开工建造，1899 年 7 月 25 日下水，1904 年 2 月 3 日完工入役。

"絮弗伦"号相较"耶拿"号的一大改进之处是将 164 毫米副炮中的 6 门由炮廓式改为炮塔式，大大加强了副炮射界，间接提高了火力。此外，该舰还增加了小口径速射炮的数量，提高了近战能力。在防护方面，"絮弗伦"号增加了水线处的装甲厚度，并将水线装甲带适当延伸，以增加防御面积。这些举措都使得该舰综合性能更上一层楼。

一战爆发之前，"絮弗伦"号曾因两次碰撞事故导致螺旋桨轴断裂。一战爆发后，该舰加入地中海舰队参与协约国对达达尼尔海峡的攻击。当协约国军队撤离半岛时，该舰还提供了掩护火力。1916 年 11 月 26 日，"絮弗伦"号被德国 U-52 潜艇发射的鱼雷击沉，舰上 600 多人惨遭不幸。

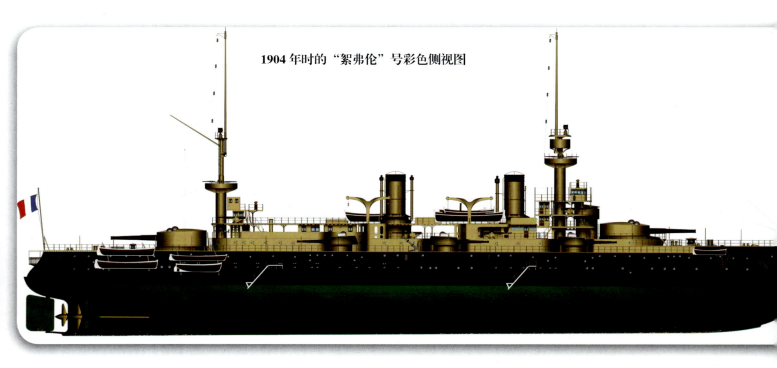

1904 年时的"絮弗伦"号彩色侧视图

法国篇

"共和国"级

舰名	共和国 République，祖国 Patrie
排水量	14605 吨
舰长	133.81 米
舰宽	24.26 米
吃水	8.41 米
航速	19 节
续航力	6759 千米/10 节
船员	766-825
武器	4 门 305 毫米炮，18 门 164 毫米炮，25 门 3 磅炮，2 具 450 毫米鱼雷发射器
装甲	水线处 280 毫米，炮座 255 毫米，炮塔 355 毫米，指挥塔 305 毫米，甲板 55 毫米

"共和国"级是法国于 20 世纪开工建造的第一级战列舰。该级舰共建成 2 艘，分别为"共和国"号和"祖国"号。"共和国"号于 1901 年 12 月开工建造，1902 年 9 月 4 日下水，1906 年 12 月服役。"祖国"号于 1902 年 4 月 1 日开工建造，1903 年 12 月 17 日下水，1906 年 12 月服役。

"共和国"级有时候也被与之后建成的"自由"级划分为一级，因为这两级舰在设计和建造上非常相似。"共和国"级在"絮弗伦"号的基础上明显扩大了船体，并且在外观上具备三根烟囱，这也是该级舰与之前建造的战列舰最大不同之处。在武备上，该舰在拉长的船体上增加了更多的速射炮以提供近战火力。"共和国"级在设计上解决了很多早期法国战列舰的不合理之处，使整体能力得到较为明显的提升。

"共和国"级两艘战列舰与英国"无畏"号在同年同月进入现役，因此这两艘舰可以说在诞生之时起就过时了。"共和国"号与"祖国"号都在地中海舰队服役，1910 年的演习时，"共和国"号被"祖国"号误射的鱼雷命中，损伤严重。一战爆发后，两舰参加了对奥匈帝国的海上封锁，随后在 1916 年晚些时候参与威慑希腊的行动。一战结束后的 1919 年，两舰均被封存。"共和国"号在 1920 年解除武装并于次年变卖；"祖国"号在 1920 年被改为训练船，后于 1927 年被拆毁。

1913 年时的"共和国"号彩色侧视图

停泊在港中的"祖国"号

"自由"级

舰名	自由 Liberté，正义 Justice，真理 Vérité，民主 Démocratie
排水量	14860 吨
舰长	133.81 米
舰宽	24.26 米
吃水	8.41 米
航速	19 节
续航力	不详
船员	739-769
武器	4 门 305 毫米炮，10 门 194 毫米炮，25 门 3 磅炮，2 具 450 毫米鱼雷发射器
装甲	水线处 280 毫米，炮塔 350 毫米，指挥塔 305 毫米，甲板 55-90 毫米

"自由"级是"共和国"级的子级，也是其火力加强版。该级舰共建成 4 艘，分别为"自由"号、"正义"号、"真理"号和"民主"号。"自由"号于 1902 年 12 月开工建造，1905 年 4 月 19 日下水，1908 年 3 月服役。"正义"号于 1903 年 4 月开工建造，1904 年 10 月 27 日下水，1908 年 2 月服役。"真理"号于 1903 年 4 月开工建造，1907 年 5 月 28 日下水，1908 年 6 月服役。"民主"号于 1903 年 5 月 1 日开工建造，1904 年 4 月 30 日下水，1908 年 1 月服役。

"自由"级相对于"共和国"级来说最大的改变是用 10 门 194 毫米炮替换了原本的 18 门 164 毫米炮，增加了副炮的威力，这对于打击装甲巡洋舰等次级别军舰来说是很重要的，因为 164 毫米炮往往无法有效击穿装甲巡洋舰的装甲。

"自由"级全部在"无畏"号面世之后服役，但由于其仍旧采用旧式战列舰的布局，因此依然属于前无畏舰。"自由"号在建成后被派往地中海驻留在土伦，但只服役了 3 年多便因为一次严重的弹药库爆炸于 1911 年被彻底摧毁。大约有 250 名官兵在事故中丧生。沉船在港内留到 1925 年才被打捞拆毁。

"正义"号在建成后被分配至地中海舰队，1909 年，该舰参加了美国哈德逊－富尔顿庆典（Hudson-Fulton Celebration）。一战爆发后，"正义"号执行了护送运输前往北非参战的法军部队的任务。后来，它还参与了协约国对俄国革命的干涉，但随着 1919 年法国舰队兵变而撤退。1922 年，该舰被变卖。

"真理"号在服役后于 1908 至 1909 年间对俄国和美国进行友好访问。1911 年，该舰在其姐妹舰"自由"号爆炸时受到损伤。一战爆发后，"真理"号参与了护送运输前往北非参战的法军部队的任务。之后未见其出现在其他军事行动中，后于 1922 年被变卖。

"民主"号一直在地中海服役。一战爆发后该舰参与了 1914 年 8 月下旬的安提瓦里之战，随后大部分时间都在希腊海岸进行威慑。战争结束后，"民主"号进入黑海协助执行德国停战协定的条款。1921 年，该舰被拆毁。

停泊在港内的"自由"号

1918年时的"真理"号彩色侧视图

1909年时的"正义"号

"丹东"级

舰名	丹东 Danton，孔多塞 Condorcet，狄德罗 Diderot，米拉博 Mirabeau，韦尼奥 Vergniaud，伏尔泰 Voltaire
排水量	19763 吨
舰长	146.6 米
舰宽	25.8 米
吃水	8.44 米
航速	19 节
续航力	5778–9012/12 节
船员	681–915
武器	4 门 305 毫米炮，12 门 240 毫米炮，16 门 75 毫米炮，10 门 47 毫米炮，2 具 450 毫米鱼雷发射器
装甲	水线处 270 毫米，主炮炮塔 300 毫米，副炮炮塔 225 毫米，炮座 280 毫米，指挥塔 300 毫米，甲板 75 毫米

"丹东"号堪称前无畏舰的终极之作，也是法国所建造的最后一级此类主力舰。该级舰共建成 6 艘，分别为"丹东"号、"孔多塞"号、"米拉博"号、"狄德罗"号、"韦尼奥"号与"伏尔泰"号。"丹东"号于 1908 年 1 月 9 日开工建造，1909 年 7 月 4 日下水，1911 年 7 月 24 日服役。"孔多塞"号于 1907 年 8 月 23 日开工建造，1909 年 4 月 19 日下水，1911 年 7 月 25 日服役。"米拉博"号于 1908 年 5 月 4 日开工建造，1909 年 10 月 29 日下水，1911 年 8 月 1 日服役。"狄德罗"号于 1907 年 8 月 23 日开工建造，1909 年 4 月 20 日下水，1911 年 7 月 25 日服役。"韦尼奥"号于 1908 年 7 月开工建造，1910 年 4 月 12 日下水，1911 年 12 月 18 日服役。"伏尔泰"号于 1907 年 6 月 8 日开工建造，1909 年 1 月 16 日下水，1911 年 8 月 5 日服役。

"丹东"级接近 20000 吨的排水量已经与"无畏"号战列舰无限接近，这意味着其综合实力也并非如早期前无畏舰那般与"无畏"号战列舰相差甚远。"丹东"级的主要武器为 4 门 45 倍口径 305 毫米（Modèle 1906 型）火炮，其倍径比与"无畏"号相同，其改进版的主炮后来也被应用于法国第一批无畏舰"库尔贝"级上。尽管主炮只有 4 门，但"丹东"级却安装了多达 12 门（分装在 6 个双联装炮塔中）50 倍口径 240 毫米次主炮。法国的这门 240 毫米炮身管较长，弹丸初速达到 800 米/秒，在 45°仰角时最大射程达到 23812 米，射速为 2 发/分钟，纸面性能十分优异。事实上由于早期无畏舰由于布局问题无法做到侧舷齐射（"无畏"号的侧舷投射量最多为 8 门 305 毫米炮，而"丹东"号为 4 门 305 毫米炮加 6 门 240

1911 年时的"丹东"号

"丹东"号的海军部模型示意图

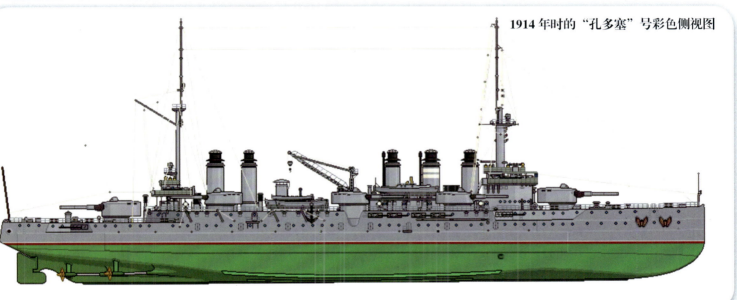

1914年时的"孔多塞"号彩色侧视图

毫米炮,总数为10门),因此"丹东"号并非处于绝对劣势。但无畏舰的出现毕竟引领了一股新的造舰潮流和风格,无论如何,"丹东"级诞生之时,"无畏"号已经服役两年之久,该舰的布局给其打上了"过时"的烙印,这不能不说是一种悲哀。

"丹东"号在完工后即刻被派往英国参加英王乔治五世的加冕礼阅舰式。回到法国后,'丹东'号与它的姐妹舰以及两艘最新的无畏舰("库尔贝"号和"让·巴尔"号)被分配至法国海军最精锐的第一战斗分队。1913年,抵达地中海的"丹东"号炮塔发生爆炸造成多人伤亡。一战爆发后,"丹东"号被分配至警戒分队,以防止德国军舰的侵袭。8月16日,大舰队在海军司令拉佩雷尔上将(Boué de Lapeyrère,1852-1924)的指挥下从马耳他前往亚得里亚海入口处封锁奥匈帝国舰队。当时拉佩雷尔的座舰正是"丹东"号。1917年3月19日,"丹东"号在撒丁岛西南35海里处遭到德国U-64潜艇的攻击。被鱼雷命中后,该舰在45分钟后沉没,舰上806人中有296人遇难(包括舰长德拉赫)。

"孔多塞"号在服役后被配属给地中海舰队。一战爆发后,该舰被分配至警戒分队,以防止德国军舰的侵袭,之后又随大舰队封锁奥匈帝国舰队。战争结束后,"孔多塞"号在1923至1925年被改成训练舰。1931年,该舰沦为仓库船。二战爆发后,该舰被德军俘获，加入维希政府的海军。1944 年，该舰在盟军空袭中受损严重，后于 1949 年被拆毁。

"狄德罗"号与"韦尼奥"号在一战爆发后参加了安提瓦里之战，一同参与了击沉奥匈帝国防护巡洋舰的战斗。之后两舰随大舰队封锁达达尼尔海峡。1922 至 1925 年，"狄德罗"号被改成训练舰，后于 1936 年报废出售。"韦尼奥"号则在 1921 年被除役，1926 年被用作靶舰，两年后作为废铁出售。

"米拉博"号在一战爆发后，参与了协约国舰队在达达尼尔海峡的军事行动，之后又在希腊海岸进行威慑活动。1919 年，"米拉博"号在克里米亚海域搁浅，后拆除一些火炮和装甲才脱险。返回法国后，该舰被改装成住宿船和仓库船，最后在 1928 年被拆毁。

"伏尔泰"号在建成后被分配至地中海舰队，并参加了联合舰队演习。1913 年 6 月，该舰接受了法国总统的检阅。一战爆发后，该舰被分配至警戒分队，以防止德国军舰的侵袭，之后又随大舰队封锁奥匈帝国舰队，之后又在希腊海岸进行威慑活动。1918 年 10 月，"伏尔泰"号在离开米诺斯岛返回土伦途中遭到德国 UB-48 潜艇袭击，被命中了 2 枚鱼雷但仍奇迹般生还，后因受损严重不得不进行大修。1922 至 1925 年，"伏尔泰"号接受了现代化改造，后于 1927 年成为一艘训练舰。1937 年，该舰退出现役，次年 5 月 31 日被当成防洪堤凿沉于基伯龙湾，之后残骸于 1949 年 12 月被出售，1950 年 3 月拆毁。

正执行更换一根主炮作业的"狄德罗"号

法国篇

停泊在土伦港的"伏尔泰"号，拍摄于1914年之前

1925年时的"伏尔泰"号彩色侧视图

美 国 篇

美国铁甲舰与前无畏舰综述

美国曾经是英国的殖民地,在18世纪下半叶才成为一个独立的国家。但是其海军却先于其立国而存在。早期的美国海军由英制和法制舰艇组成,从19世纪中期开始,逐渐走上高速发展之途。美国内战爆发后,北军"莫尼特"号在弗吉尼亚附近与南军"弗吉尼亚"号进行的交锋成为第一次铁甲舰对铁甲舰的战斗。"莫尼特"号更因为其首次采用了旋转式炮塔而被后人认为是炮塔舰的先驱。当然,以现代人眼光来看,这些仅以近身格斗为目的的简陋军舰可能与真正意义上的铁甲舰还是有一定的差距,但为美国近代海军的崛起奠定了坚实基础。今天强大的美国海军正是从铁甲舰时代末期开始的,关于这部分舰艇的介绍将会是本章的重点。

"弗吉尼亚"号

舰名	弗吉尼亚 Virginia
排水量	约4000吨
舰长	83.8米
舰宽	15.6米
吃水	6.4米
航速	5-6节
续航力	不详
船员	约320
武器	6门229毫米炮,2门178毫米炮,2门160毫米炮,2门12磅炮
装甲	水线处25-76毫米,甲板25毫米,装甲堡102毫米

航行中的"弗吉尼亚"号

美国篇

"弗吉尼亚"号为南军建造的第一艘铁甲舰。该舰于1861年7月11日下达建造命令,1862年2月17日入役,但是直到3月7日才完工。

"弗吉尼亚"号是美国内战时期的南军建造的一艘蒸汽铁甲舰,该舰利用被大火焚毁的木质蒸汽巡航舰"梅里马克"号(Merrimack)仍旧保存完好的接近水线及以下部分的船壳和动力系统制成。水线以上部分重新以610毫米木板建造了一个较长的梯形炮室,在外层敷设104毫米铁甲,构成一个封闭式的装甲堡。此外,该舰还在木质甲板上敷设有25毫米薄铁甲。虽然这些熟铁材质的"装甲"以今天眼光来看几近不堪一击,但在实心炮弹仍是主流的19世纪中期,这样的防护足以抵御正常舰炮的攻击。由于仅仅被计划用于内河,同时也是为了增强防弹效果,"弗吉尼亚"号没有安装帆具,这使得其最高航速仅为5-6节,比普通人走路快不了多少。总的来说,"弗吉尼亚"号是一部相当原始的武器,它仅仅是个应急的产物,而并非像英国"勇士"号和法国"光荣"号那样具备现代化特征,这些南北战争时期盛极一时的武器在战争结束之后迅速被人们所遗忘。

"弗吉尼亚"号为人们所熟知主要是因为其在汉普顿锚地之战中的大放异彩。1862年3月8日,北军与南军在汉普顿锚地发生战斗,在陷入僵局之际,"弗吉尼亚"号如天降神兵般冲入战场,通过炮击和撞击击沉了北军木质巡航舰"坎伯兰"号(Cumberland)。随后,"弗吉尼亚"号与另一艘木质巡航舰"国会"号(Congress)进行了一小时激烈战斗,最终受损严重的"国会"号降旗投降。"弗吉尼亚"号本想将被俘船员放生,但北岸北军炮台却继续向其开火,这种违反战争协议的做法激怒了"弗吉尼亚"号的舰长,最终"国会"号被击沉并被南军报复性放火烧毁。次日清晨,"弗吉尼亚"号在追击一艘木质帆船时与担任其护卫的北军首艘铁甲舰"莫尼特"号相遇,随即战火被点燃。这也是第一次铁甲舰之间的战斗。由于双方的炮弹皆无法击穿对手的装甲,这场一对一缠斗以平局结束。5月10日,北军占领诺福克,由于"弗吉尼亚"号不能进入海洋,南军只得将其炸毁后撤离。

"弗吉尼亚"号的3D效果图

"莫尼特"号

舰名	莫尼特 Monitor
排水量	987 吨
舰长	54.6 米
舰宽	12.6 米
吃水	3.2 米
航速	6 节
续航力	不详
船员	49
武器	2 门 280 毫米炮
装甲	水线处 76-127 毫米，甲板 25 毫米，炮塔 203 毫米

"莫尼特"号是北军建造的第一艘铁甲舰。该舰于 1861 年 10 月 25 日开工建造，1862 年 1 月 30 日下水，1862 年 2 月 25 日服役。

"莫尼特"号是一艘铁壳蒸汽船，也是北军的第一艘铁甲舰。由于其属于小船扛大炮的典型，后来人们把类似这样的低干舷、纯粹以蒸汽动力推进、拥有一至两座可旋转的全封闭炮塔的铁甲小型军舰统称为"莫尼特"，意即"浅水重炮舰"。北军在美国内战期间建造了很多类似"莫尼特"号的浅水重炮舰，这里仅以最著名的首舰"莫尼特"号为例加以介绍。

"莫尼特"号破天荒地安装了历史上第一座可完全旋转的封闭式炮塔，该炮塔通过一套复杂的齿轮带动旋转，在 1862 年 2 月 9 日的测试中，其旋转一周仅需 22.5 秒。整个炮塔由 203 毫米厚的铁甲锻造而成，在当时属于超群的防御力。由于其干舷极短，甲板上除了炮塔和烟囱几乎没有其他建筑物，因此在海战中很难被敌军炮火击毁。

由于战事紧急，"莫尼特"号从开工到完工仅花费了 101 天，之后便被迅速投入战场。1962 年 3 月 9 日清晨，该舰在汉普顿锚地与南军铁甲舰"弗吉尼亚"号进行了一场堪称"史诗"式的对决，但在经历了长达 4 小时的缠斗中，由于双方的炮弹皆无法击穿对手的装甲，而不得不以平局告终。在北军攻克诺福克后，"莫尼特"号航行至詹姆斯河以炮击支援部队。当年年底，"莫尼特"号在执行封锁北卡罗来纳州的命令时，不幸在哈特拉斯角附近遭遇风暴沉没。

"莫尼特"号结构示意图

"莫尼特"号与"弗吉尼亚"号的交战场景图

"德克萨斯"号

舰名	德克萨斯 Texas
排水量	6316 吨
舰长	94.1 米
舰宽	19.5 米
吃水	7.5 米
航速	17.8 节
续航力	不详
船员	392
武器	2 门 305 毫米炮，6 门 152 毫米炮，12 门 57 毫米炮，4 门 37 毫米炮，6 门速射炮，4 具 360 毫米鱼雷发射器
装甲	水线处 305 毫米，甲板 25-76 毫米，炮塔 305 毫米，指挥塔 229 毫米，船壁 203 毫米

"德克萨斯"号是美国海军建造的第一艘远洋型铁甲舰。该舰于 1889 年 6 月 1 日开工建造，1892 年 6 月 28 日下水，1895 年 8 月 15 日服役。

尽管早在美国内战时期南北双方便建造出了很多奇形怪状的铁甲舰，但这些船只中并没有一艘能够进行远洋作战，因此并不具备与他国海军抗衡的能力。到 19 世纪末，美国国力快速发展，建造新式战舰已经势在必行。作为美国的第一艘"战列舰"，"德克萨斯"号便在此时被推出。不过值得注意的是，该舰并未获得"BB-1"的编号（美国人将其视为岸防战列舰，或二等战列舰）。"德克萨斯"号采用两座单发 305 毫米主炮，但炮塔采用了较为保守的中央装甲堡对角线式布局，因此从外观来看更像是一艘 1880 年左右的铁甲舰。由于设计上的落后，该舰很快沦为二线装备。

"德克萨斯"号在建成后因事故而不得不推迟服役。1898 年美西战争爆发，"德克萨斯"号参加了封锁古巴海岸的军事行动以及圣地亚哥战役。战争结束后，该舰返回国内进行改造，但改造中断而被闲置。1908 年，该舰被任命为查尔斯顿的警戒船，后于 1911 年更名为"圣马尔克斯"，作为靶舰继续使用。1912 年 3 月，该舰在火炮实验中被友舰"新罕布什尔"号击沉。

1898 年的"德克萨斯"号

"缅因"号

舰名	缅因 Maine
排水量	6682 吨
舰长	98.9 米
舰宽	17.4 米
吃水	6.9 米
航速	16.45 节
续航力	6670 千米/10 节
船员	374
武器	4门254毫米炮，6门152毫米炮，7门57毫米炮，8门37毫米炮，4门机关炮，4具450毫米鱼雷发射器
装甲	水线处305毫米，甲板25-76毫米，炮塔203毫米，指挥塔254毫米，船壁152毫米

"缅因"号是美国海军建造的主炮口径最小的一艘战列舰。该舰于1889年6月1日开工建造，1892年6月28日下水，1895年8月15日服役。

"缅因"号之所以有名，是因为它的爆炸沉没导致了美西战争的爆发。至今仍有很多学者认为这是美国政府为了挑起美西战争而精心策划的阴谋。"缅因"号在建造之前便以"二等战列舰"的标准来设计。其主炮为两座呈对角线布置在中央装甲堡的双联装254毫米主炮，与"德克萨斯"级十分类似。该舰的装甲防护和航速与"德克萨斯"号相比皆略有缩减，考虑到该舰的定位，这样的性能参数也并非不能接受。

"缅因"号与"德克萨斯"号在同一天服役。该舰在服役后驻扎在新泽西，后转入波特兰岛参加演习。1898年1月，"缅因"号由美国佛罗里达出发驶往到古巴哈瓦那，三周后的2月15日晚上9时40分，停在哈瓦那港的"缅因"号发生突然爆炸。爆炸威力巨大，几乎将船体的三分之一炸得粉碎，其余残骸迅速沉入海面，造成266人死亡。美国指控"缅因"号的爆炸是西班牙一手策划的结果，并借此挑起了美西战争。最后的结果早已为人们所熟知，美国战胜西班牙控制了古巴这块宝地。这或许就是"缅因"号存在的最大价值了。

1897年时的"缅因"号

"印第安纳"级

舰名	印第安纳 Indiana，马萨诸塞 Massachusetts，俄勒冈 Oregon
排水量	10288 吨
舰长	106.96 米
舰宽	21.11 米
吃水	8.2 米
航速	15.6–16.8 节
续航力	9100 千米/10 节（"俄勒冈"号为 10400 千米）
船员	473
武器	4 门 330 毫米炮，8 门 203 毫米炮，4 门 152 毫米炮，20 门 57 毫米炮，6 门 37 毫米炮，6 具 450 毫米鱼雷发射器
装甲	水线处 102–457 毫米，炮座 432 毫米，主炮炮塔 381 毫米，副炮炮塔 127–203 毫米，指挥塔 229 毫米

"印第安纳"级是美国所建造的第一级被正式授予战列舰编号的主力舰。该级舰共建成 3 艘，分别为"印第安纳"号、"马萨诸塞"号和"俄勒冈"号。"印第安纳"号于 1891 年 5 月 7 日开工建造，1893 年 2 月 28 日下水，1895 年 11 月 20 日服役。"马萨诸塞"号于 1891 年 6 月 25 日开工建造，1893 年 6 月 10 日下水，1896 年 6 月 10 日服役。"俄勒冈"号于 1891 年 11 月 19 日开工建造，1893 年 10 月 6 日下水，1896 年 7 月 15 日服役。

"印第安纳"级与最早的两艘铁甲舰"德克萨斯"号和"缅因"号几乎同时服役，然而作战性能却提升了一大截。其采用 35 倍口径 330 毫米双联装主炮，在当时算是前无畏舰主炮中的佼佼者。不过由于干舷较标准战舰要低一些，"印第安纳"级的远航抗浪能力较弱，也因此仍旧被美军划在近海军舰一类。在防御上，该级舰采用哈氏钢且装甲厚度较为可观，在正常交战距离可以抵御大部分敌舰火力的攻击。该舰的设计航速仅为 15 节，不过海试时能够达到 15.6–16.8 节，属于中等偏低水准。总的来说，"印第安纳"级在其所属的年代是一级中庸的主力舰，这也体现了美国在早期主力舰设计上存在的不足。

"印第安纳"号在服役之后参加了美西战争，负责对古巴圣地亚哥港的封锁。然而当西班牙舰队逃跑后该舰的低航速使其不得不退出战斗。战后，该舰接受了几次现代化改造，但是很快便过时了。于是大部分时间都沦为训练舰或在后备舰队服役。一战爆发后，该舰担负美国舰队的训练任务，在 1919 年被改装成靶舰，后在次年的空中轰炸实验中被击沉。

"马萨诸塞"号在美西战争期间经历过一次副炮炮塔爆炸和一次搁浅事故，造成了少量伤亡。1906 年，该舰被重建，但经过评估后，被认为已经过时，因此被放在后备舰队直至 1914 年退役。1917 年，由于美国的参战，该舰被重新启用作为炮手训练舰。1919 年 3 月，该舰退役，后于 1921 年被凿沉。

"俄勒冈"号在建成后曾短暂在太平洋舰队服役。美西战争爆发后，该舰被用于和姐妹舰们一样的任务。战后，"俄勒冈"号被送回太平洋，参加了菲律宾–美国战争，之后于 1903 年到达亚洲水域执行警戒任务。1906 年，该舰回国被解除武装。1917 年美国参与一战，"俄勒冈"号重新服役，担负运输任务，最后于 1919 年退役。1925 年，闲置的该舰被借给俄勒冈州作为纪念碑展出。1941 年太平洋战争爆发，美军急需军费，该舰被认为其经济价值大于历史价值，于是被带回海军。不过海军认为其仍有价值，于是将其作为弹药输送船服役了一段时间。1956 年，该舰最终被作为废铁出售给日本。

拍摄于 1900 至 1908 年间的"印第安纳"号

航行中的"马萨诸塞"号

1898年的"俄勒冈"号

"依阿华"号

舰名	依阿华 Iowa
排水量	11346 吨
舰长	110 米
舰宽	22.02 米
吃水	8.5 米
航速	17 节
续航力	不详
船员	683
武器	4 门 305 毫米炮，8 门 203 毫米炮，6 门 100 毫米炮，20 门 57 毫米炮，4 门 37 毫米炮，6 门礼炮，2 具 356 毫米鱼雷发射器
装甲	水线处 102-356 毫米，甲板 76 毫米，主炮炮塔 381-432 毫米，副炮炮塔 100-203 毫米，指挥塔 254 毫米，炮座 318-381 毫米

"依阿华"号是美国第一艘具备远洋航行能力的主力舰。该舰于 1893 年 8 月 5 日开工建造，1896 年 3 月 28 日下水，1897 年 6 月 16 日服役。

"依阿华"号在"印第安纳"级的基础上改进而成，主要增加了干舷高度以适应远洋航行。该舰也被认为是美国第一艘前无畏舰。为了维持稳定性，该舰采用了较轻的 305 毫米主炮，不过由于当时各国主力舰皆采用相同口径的主炮，因此在火力上并无劣势。"依阿华"号将动力提升至 11000 马力，因而具备 17 节的航速，明显优于"印第安纳"级。

"依阿华"号在建成之后正好赶上了美西战争，并被投入实际作战行动中去。由于其航速较快，因而在圣地亚哥海战中表现十分活跃。战后，"依阿华"号曾进行现代化改造，但仍被认为过时而退居二线。其在一战中主要担任运输一职，后于 1919 年退役，被改装为靶舰。1923 年，作为靶舰的"依阿华"号在演习中被新式战列舰"密西西比"号击沉。

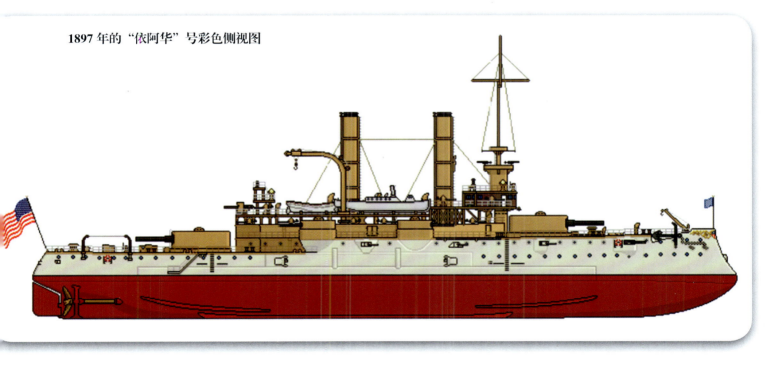

1897 年的"依阿华"号彩色侧视图

"奇尔沙治"级

舰名	奇尔沙治 Kearsarge，肯塔基 Kentucky
排水量	11540 吨
舰长	114.4 米
舰宽	22.01 米
吃水	7.16 米
航速	16 节
续航力	不详
船员	586-587
武器	4门330毫米炮，4门203毫米炮，14门127毫米炮，20门57毫米炮，8门37毫米炮，4门7.62毫米机关枪，4具450毫米鱼雷发射器
装甲	水线处127-419毫米，炮座318-381毫米，船壁254-305毫米，主炮炮塔381-432毫米，副炮炮塔152-279毫米，指挥塔254毫米，甲板70-127毫米

"奇尔沙治"级是第一级在主炮炮塔上叠装副炮炮塔的美国战列舰。该级舰共建成2艘，分别为"奇尔沙治"号和"肯塔基"号。"奇尔沙治"号于1896年6月30日开工建造，1898年3月24日下水，1900年2月20日服役。"肯塔基"号于1896年6月30日开工建造，1898年3月24日下水，1900年5月15日服役。

"奇尔沙治"级继承了"印第安纳"级的330毫米大口径主炮，但干舷高度达到正常主力舰水准，因此仍旧具备远洋航行能力。"奇尔沙治"级的最大特点是首次在主炮炮塔上叠装副炮炮塔，以节省舰上宝贵的空间。这项技术在后续舰型上仍有采用。

"奇尔沙治"号在建成后服役于北大西洋舰队。在1907至1909年作为著名的大白舰队中最老的战列舰参加了环球航行。归国后该舰进行现代化改造，后于1911年重新在大西洋服役。一战爆发后，该舰在1916至1919年被用作训练舰。1920年，"奇尔沙治"号被改为起重机船，最后在1955年被变卖。值得一提的是，该舰是美国唯一一艘没有以州名来命名的战列舰。

"肯塔基"号在其服役生涯里没有经历过任何战斗，堪称"和平之舰"。在随大白舰队完成环球航行后，该舰于1910至1915年间被现代化改造，后在墨西哥海岸游弋至1916年，回国后再未出航。1920年，该舰被改为训练舰，最后在1923年被变卖。

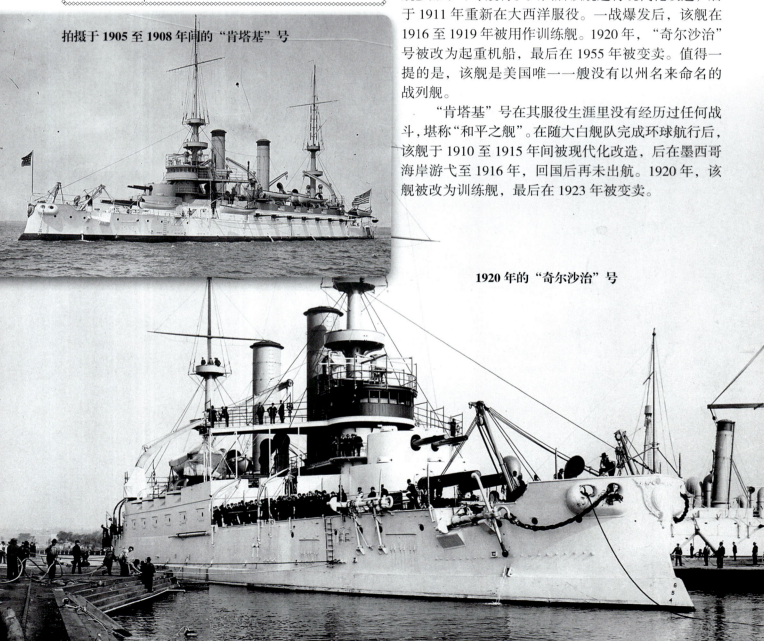

拍摄于1905至1908年间的"肯塔基"号

1920年的"奇尔沙治"号

"伊利诺斯"级

舰名	伊利诺斯 Illinois，亚拉巴马 Alabama，威斯康星 Wisconsin
排水量	12250 吨
舰长	114.4 米
舰宽	22.02 米
吃水	7.16 米
航速	16 节
续航力	9100 千米/10 节
船员	536
武器	4门330毫米炮，14门152毫米炮，16门57毫米炮，6门37毫米炮，4具450毫米鱼雷发射器
装甲	水线处100-420毫米，炮座380毫米，炮塔360毫米，炮廓150毫米，指挥塔250毫米

"伊利诺斯"级是采用新式炮塔的第一批美国战列舰。该级舰共建成3艘，分别为"伊利诺斯"号、"亚拉巴马"号和"威斯康星"号。"伊利诺斯"号于1897年2月10日开工建造，1898年10月4日下水，1901年9月15日服役。"亚拉巴马"号于1896年12月1日开工建造，1898年5月18日下水，1900年10月16日服役。"威斯康星"号于1897年2月9日开工建造，1898年11月26日下水，1901年2月4日服役。

"伊利诺斯"级战列舰采用了最新设计的正面带有一定倾角的主炮炮塔，其相比老式的圆柱形垂直炮塔更具备现代化气息。"伊利诺斯"级的主炮为330毫米口径，但由于没有采用大口径（203毫米）副炮，该级舰似乎显得火力不足。在外观上，"伊利诺斯"级采用了与英国"皇家主权"级类似的并列式双烟囱，这也使得该舰在美国海军中识别度相对较高。

"伊利诺斯"号虽然是该级舰最早计划的，却是最后动工和服役的。该舰在1902至1903年间在被大西洋舰队服役，后参加大白舰队环球航行。1912年，"伊利诺斯"号成为训练舰，直到1919年都担任训练舰。1924年，根据《华盛顿海军条约》，该舰被改为浮动军械库，最后在1956年被变卖。

"亚拉巴马"号的服役前期是在北大西洋舰队度过的，在此期间它参加了大白舰队的环球航行。1909至1912年间，该舰接受了现代化改造，后作为后备舰队的训练舰，一直到一战结束。1921年起，"亚拉巴马"号被用作靶舰，后于1924年被当成废铁变卖。

"威斯康星"号在服役时被作为太平洋舰队的主力，1903年被调至亚洲舰队，后于1906年回国，参加了大白舰队。1912年，该舰降为训练舰，随着一战爆发和美国的参战，"威斯康星"号在担任训练舰的同时还被用作海岸巡逻舰。1920年，该舰退役，后于1922年被变卖。

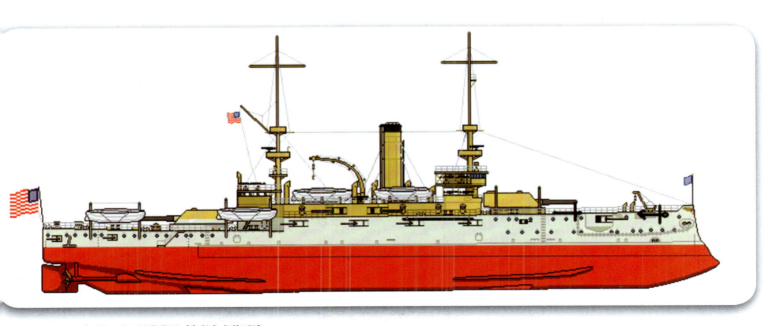

1901年的"伊利诺斯"号彩色侧视图

1912年的"亚拉巴马"号,注意其笼状桅杆

停泊在锚地的"威斯康星"号

"缅因"级

舰名	缅因 Maine，密苏里 Missouri，俄亥俄 Ohio
排水量	12846 吨
舰长	120.07 米
舰宽	22.02 米
吃水	7.42 米
航速	18 节
续航力	9100 千米/10 节
船员	561
武器	4 门 305 毫米炮，16 门 152 毫米炮，8 门 47 毫米炮，6 门 37 毫米炮，2 具 450 毫米鱼雷发射器
装甲	水线处 203-279 毫米，炮塔 305 毫米，炮廓 152 毫米，指挥塔 254 毫米

"缅因"级是首级在装甲中使用了克氏钢的美国战列舰。该级舰共建成 3 艘，分别为"缅因"号、"密苏里"号和"俄亥俄"号。"缅因"号于 1899 年 2 月 15 日开工建造，1901 年 7 月 27 日下水，1902 年 12 月 29 日服役。"密苏里"号于 1900 年 2 月 7 日开工建造，1901 年 12 月 28 日下水，1903 年 12 月 1 日服役。"俄亥俄"号于 1899 年 4 月 22 日开工建造，1901 年 5 月 18 日下水，1904 年 10 月 4 日服役。

"缅因"级由于使用了克氏钢与哈氏钢的叠加式设计，而使装甲总厚度减少，减轻的重量得以在更多的部位敷设装甲。因此虽然其水线处装甲厚度仅为 203-279 毫米，防御效果却好于最厚处超过 400 毫米的前几级战列舰。此外，该舰的动力提升至 16000 马力，这使得吨位有所增加的该舰航速反而升至 18 节，达到当时前无畏舰的主流水准。

"缅因"号继承了 1898 年在美西战争爆发前被炸毁的那艘二等战列舰的舰名，主要服役于大西洋。在服役初期，该舰是大西洋舰队的旗舰，直到其在 1907 年参加大白舰队环游世界。回到国内后，"缅因"号担任了第三分舰队的旗舰。一战爆发后，"缅因"号被用作训练舰，直到 1920 年退役。该舰最终于 1922 年被拆毁。

"密苏里"号建成后在大西洋舰队服役，随后随大白舰队环游世界。回国后，该舰于 1910 年短暂退役，后来由于美国参加了一战而被重新征召，并担任训练舰。1919 年，该舰曾作为运兵船将美军士兵由法国运回国内。当年 9 月，该舰退役，随后于 1922 年被变卖。

与前两艘姐妹舰不同，"俄亥俄"号在建成后服役于亚洲舰队。1907 年 12 月，该舰加入大白舰队进行环球航行。在 1909 年舰队返回本土后，"俄亥俄"号加入了大西洋舰队。1914 年墨西哥革命期间，该舰被派往墨西哥以维护美国在当地的利益。一战爆发后，该舰在本土担任训练任务。"俄亥俄"号于 1919 年 7 月退役，后因《华盛顿海军条约》而在 1923 年报废。

1918 年的"缅因"号

1912年的"密苏里"号

1915年通过巴拿马运河时的"俄亥俄"号

"弗吉尼亚"级

舰名	弗吉尼亚 Virginia，内布拉斯加 Nebraska，佐治亚 Georgia，新泽西 New Jersey，罗德岛 Rhode Island
排水量	14948 吨
舰长	134.49 米
舰宽	23.24 米
吃水	7.24 米
航速	19 节
续航力	9000 千米 /10 节
船员	812
武器	4 门 305 毫米炮，8 门 203 毫米炮，12 门 152 毫米炮，12 门 76 毫米炮，12 门 47 毫米炮，4 具 533 毫米鱼雷发射器
装甲	水线处 152-279 毫米，炮塔 305 毫米，炮座 254 毫米，指挥塔 229 毫米

"弗吉尼亚"级是最后一级在主炮炮塔上叠加副炮炮塔的美国战列舰。该级舰共建成 5 艘，分别为"弗吉尼亚"号、"内布拉斯加"号、"佐治亚"号、"新泽西"号与"罗德岛"号。"弗吉尼亚"号于 1902 年 5 月 21 日开工建造，1904 年 4 月 6 日下水，1906 年 5 月 7 日服役。"内布拉斯加"号于 1902 年 7 月 4 日开工建造，1904 年 10 月 7 日下水，1907 年 7 月 1 日服役。"佐治亚"号于 1901 年 8 月 31 日开工建造，1904 年 10 月 11 日下水，1906 年 9 月 24 日服役。"新泽西"号于 1902 年 5 月 3 日开工建造，1904 年 11 月 10 日下水，1906 年 5 月 12 日服役。"罗德岛"号于 1902 年 5 月 1 日开工建造，1904 年 5 月 17 日下水，1906 年 2 月 19 日服役。

"弗吉尼亚"级与其前任"缅因"级相比是全新的舰型。该级舰的建造计划在美西战争之后才公布，因此充分解决了战争中双方军舰暴露出的问题。"弗吉尼亚"级的基本设计吨位为 14948 吨，较之前的造舰计划大幅提升。显著增大的船体提供了升级更强大武备和更严密防护设施的平台。关于主炮和副炮是否叠加的问题，海军内部曾发生争论，但 1899 年 10 月最终确定下来该级舰还是采用叠加方式，这样可以使船体长度得到控制。"弗吉尼亚"级的装甲布局得到改善，厚度与"缅因"级基本相同，动力为 19000 马力，这使得长度超出"缅因"级十几米的"弗吉尼亚"级仍能以高航速前进。

"弗吉尼亚"号在建成后被分配给大西洋舰队，其大部分时间都在进行训练和演习，以维持战备状态。1907 至 1909 年，该舰参加了大白舰队的环球航行，后于 1913 至 1914 年参与了美国对墨西哥内战的干涉，包括占领维拉克鲁斯（Veracruz）的行动。一战爆发后，随着美国的参战，"弗吉尼亚"号执行护航运输船队的任务。在此期间，该舰曾短暂担任过第一和第三运输船队的主力。一战结束后，"弗吉尼亚"号前往法国迎接美国士兵回国。1920 年，该舰退役，后于 1923 年作为靶舰被击沉。

"内布拉斯加"号彩色侧视图

一战时期的"弗吉尼亚"号

完成下水仪式后尚未建成的"佐治亚"号

1918年进行迷彩实验的"新泽西"号

美国篇

"内布拉斯加"号在服役后航行至美国西海岸，随后与到达这里的大白舰队一同环球航行。墨西哥内战时该舰被部署在墨西哥海岸，之后于1916年短暂退役。1917年4月，随着美国加入一战，该舰重新服役，用作训练和护航任务。1919年，该舰被转至太平洋舰队，不到一年便于1920年7月退役，最后于1923年被拆毁。

"佐治亚"号建成后，在大西洋舰队服役。1907年，该船艉炮塔上的203毫米炮发生爆炸，造成21人死亡。修复后该舰参加了大白舰队的环球航行。回国后，"佐治亚"号参加了墨西哥内战，后于1916年初短暂退役。1917年4月，随着美国加入一战，该舰重新服役，用作训练和护航任务。战争期间"佐治亚"号唯一的伤亡来自舰上的严重拥挤和恶劣环境。1920年，该舰转至太平洋舰队担任第二分队旗舰。1922年，由于《华盛顿海军条约》，"佐治亚"号退役，并于次年被变卖。

"新泽西"号的全部服役生涯均在大西洋舰队度过。该舰在随大白舰队环球航行后与姐妹舰一同参加了占领维拉克鲁斯的行动。一战时期，该舰用作训练和护航任务，战后被派去迎接归国士兵。1920年，该舰退役，后于1923年作为靶舰被击沉。

"罗德岛"号在建成后主要担负大西洋舰队的日常训练，期间随大白舰队环球航行。墨西哥内战爆发后，该舰被部署在墨西哥海岸。一战爆发后，"罗德岛"号被派往东海岸进行反潜巡逻。一战结束后，该舰被派去迎接归国士兵。1920年，"罗德岛"号退役，后于1923年被变卖。

大白舰队时期的"罗德岛"号

"康涅狄格"级

舰名	康涅狄格 Connecticut，路易斯安纳 Louisiana，佛蒙特 Vermont，堪萨斯 Kansas，明尼苏达 Minnesota，新罕布什尔 New Hampshire
排水量	16000 吨
舰长	139.09 米
舰宽	23.42 米
吃水	7.47 米
航速	18 节
续航力	12260 千米/10 节
船员	827
武器	4 门 305 毫米炮，8 门 203 毫米炮，12 门 178 毫米炮，20 门 76 毫米炮，12 门 47 毫米炮，4 门 37 毫米炮，4 具 533 毫米鱼雷发射器
装甲	水线处 152-279 毫米，主炮炮塔 203-305 毫米，副炮炮塔 178 毫米，炮座 152-254 毫米，指挥塔 229 毫米

"康涅狄格"级是美国建造过的最强一级前无畏舰。该级舰共建成 6 艘，分别为"康涅狄格"号、"路易斯安纳"号、"佛蒙特"号、"堪萨斯"号、"明尼苏达"号与"新罕布什尔"号。"康涅狄格"号于 1903 年 3 月 10 日开工建造，1904 年 9 月 29 日下水，1906 年 9 月 29 日服役。"路易斯安纳"号于 1903 年 2 月 7 日开工建造，1904 年 8 月 27 日下水，1906 年 6 月 2 日服役。"佛蒙特"号于 1904 年 5 月 21 日开工建造，1905 年 8 月 31 日下水，1907 年 3 月 4 日服役。"堪萨斯"号于 1904 年 2 月 10 日开工建造，1905 年 8 月 12 日下水，1907 年 4 月 18 日服役。"明尼苏达"号于 1903 年 10 月 27 日开工建造，1905 年 4 月 8 日下水，1907 年 3 月 9 日服役。"新罕布什尔"号于 1905 年 5 月 1 日开工建造，1906 年 6 月 30 日下水，1908 年 3 月 19 日服役。

尽管在"康涅狄格"级之后美国仍建有最后一级前无畏舰"密西西比"级，但从各方面来看"康涅狄格"级都是美国版"终极"前无畏舰。该舰在设计上与"弗吉尼亚"级较为相似，但将原本背负在主炮塔之上的两座 203 毫米炮独立安装在船肩，消除了两座重叠炮塔无法同时开炮的设计缺陷。除此之外，该级舰还以 178 毫米炮全面替换了 152 毫米炮。这两项举措使得该级舰整体火力大为提升。在防护上，"康涅狄格"级的防御面积比"弗吉尼亚"级更广，但削弱了部分区域的厚度。在航速上，"康涅狄格"级的动力仅为 16500 马力，因此航速降为 18 节。不过值得一提的是，该级舰改善了煤仓，使得续航力提升了约三分之一。总体来看，"康涅狄格"级性能优异，基本可以跻身最强前无畏舰之列。

"康涅狄格"号在服役之后作为旗舰参加了纪念詹姆斯敦殖民地建立 300 周年的纪念仪式，紧接着又作为旗舰参加了大白舰队的环球航行。在此之

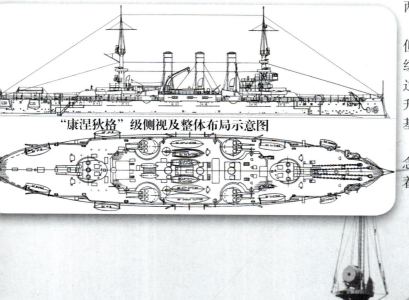

"康涅狄格"级侧视及整体布局示意图

1907 年时的"康涅狄格"号

美国篇

拍摄于1910至1915年间的"堪萨斯"号

1919年时的"明尼苏达"号

后直至一战爆发前,"康涅狄格"号主要用于训练。美国参加一战后,该舰主要负责为运输船队护航,并在战争结束后将士兵运送回国。1922年的《华盛顿海军条约》规定了战列舰的总吨位,因此一些旧式战列舰就必须进行清洗。"康涅狄格"号于是在1923年3月1日退役,同年11月1日被变卖。

"路易斯安纳"号主要服役于美国东部海岸和加勒比海地区。该舰随大白舰队进行了环球航行,之后于1910和1911年两次前往欧洲。墨西哥内战爆发后,"路易斯安纳"号被派去维护美国利益。一战期间,"路易斯安纳"号被用作训练舰,并在战争结束后将士兵运送回国。1920年,该舰退出现役并于1923年拆毁。

"佛蒙特"号参加了大白舰队的环球航行,后该舰在墨西哥内战执行任务时,有两名船员获得了荣誉勋章。一战期间,"佛蒙特"号被用作训练舰,并在战争结束后将士兵运送回国。1920年,该舰转入预备役,后因《华盛顿海军条约》而被迫拆毁。值得一提的是,该舰的舰钟至今仍保存在佛蒙特州的国议大厦。

"堪萨斯"号在建成后不久即参加了大白舰队的环球航行。该舰相继参与镇压了中北美洲一些小国的动乱并在墨西哥内战中表现活跃。一战爆发后,该舰作为训练舰和护航船只贡献了力量,并在战争结束后将士兵运送回国。该舰的战后生涯较为短暂,在1920至1921年间作为教练舰培训美国海军学院学员。该舰最后在1923年8月被变卖。

"明尼苏达"号在建成后不久即参加了大白舰队的环球航行。之后于1912年开始卷入加勒比海的一些国家冲突中去,包括镇压古巴起义和干涉墨西哥内战。1916年,该舰短暂退役,但随着美国参加一战而再度服役。1918年9月,该舰被德国潜艇所布的水雷命中,受损严重。由于"明尼苏达"号已经落伍,维修工作被拖延而没能完成。该舰最后在1921年退役并于3年后拆毁。

"康涅狄格"级最后一艘"新罕布什尔"号在下水后不久即迎来英国"无畏"号战列舰服役的消息,该舰也因此在一夜之间过时,但仍旧完成了建造。1912年,该舰在演习中击沉了已沦为靶舰的美国第一代铁甲舰"德克萨斯"号。"新罕布什尔"号也参加了干涉墨西哥内战的行动,并且舰长被授予荣誉勋章。一战爆发后,该舰主要从事训练和护航任务,并在战争结束后将士兵运送回国。该舰最后在1923年被变卖。

拍摄于1911年,正在进行侧舷齐射的"新罕布什尔"号

"密西西比"级

舰名	密西西比 Mississippi，爱达荷 Idaho
排水量	13000 吨
舰长	116 米
舰宽	23 米
吃水	7.49 米
航速	17 节
续航力	10700 千米 /10 节
船员	744
武器	4 门 305 毫米炮，8 门 203 毫米炮，8 门 178 毫米炮，12 门 76 毫米炮，6 门 47 毫米炮，2 具 533 毫米鱼雷发射器
装甲	水线处 178-229 毫米，主炮炮塔 203-305 毫米，副炮炮塔 178 毫米，炮座 152-254 毫米，指挥塔 229 毫米

"密西西比"级是美国建造的最后一级前无畏舰。该级舰共建成 2 艘，分别为"密西西比"号和"爱达荷"号。"密西西比"号于 1904 年 5 月 12 日开工建造，1905 年 9 月 30 日下水，1908 年 2 月 1 日服役。"爱达荷"号于 1904 年 5 月 12 日开工建造，1905 年 12 月 9 日下水，1908 年 4 月 1 日服役。

"密西西比"级是"康涅狄格"级的缩小和"阉割"版。该级舰大幅缩减船体长度并减少了一根烟囱，这也是其与"康涅狄格"级在外观上最显著的差别。"密西西比"级的水线装甲最大厚度由"康涅狄格"级的 279 毫米削减为 229 毫米，其余均保持不变。此外，该级舰的动力仅为 10000 匹马力，这使得其在船体大幅缩小的情况下最高航速仍减为 17 节。

"密西西比"号在 1909 年参加了古巴总统何塞·米格尔·戈麦斯的就职仪式并接受了检阅。之后该舰主要作为训练使用，辗转于大西洋与太平洋舰队。1912 年，"密西西比"号被编入预备役舰队，1913 年 12 月，该舰进行了早期水上飞机实验。墨西哥内战爆发后，该舰曾首次使用水上飞机进行侦察。同年 7 月，该舰退役并与姐妹舰"爱达荷"号一同以 1200 万美元的价格卖给了希腊海军。该舰在希腊海军中一直服役到二战时期，于 1941 年被德军轰炸机炸沉。

"爱达荷"号在建成后不久即将后桅杆改成笼状以作为实验，后来美军主力舰大多采用了这种设计。其前期生涯与姐妹舰"密西西比"号类似，主要用于各种训练。1913 年 10 月，该舰被编入预备役舰队，后出访了直布罗陀、那不勒斯等地。该舰被卖给希腊海军后，与姐妹舰一起被德军轰炸机炸沉。

增添了笼状后桅杆的"爱达荷"号

1908 年时的"密西西比"号

俄 国 篇

俄国铁甲舰与前无畏舰综述

沙皇俄国在 18 世纪初期彼得大帝统治时期才第一次将势力渗入海洋，但那时候仅仅是作为近海海军而存在。在随后的 100 多年时间里，俄国海军在逐步扩张着，到 19 世纪早期西班牙海军崩溃之后，一度上升至世界第三海军并维持了相当长一段时间。进入铁甲舰时代后，俄国在舰艇数量上的主要竞争对手是意大利。而到了 19 世纪末期，随着美国、德国甚至日本海军的迅速崛起，俄国海军的优势已经不再那么明显，但就规模而言仍旧是列强之一。本章主要介绍俄国在 19 世纪和 20 世纪初建造的铁甲舰和前无畏舰的情况。

"佩尔维涅茨"级

舰名	佩尔维涅茨 Pervenets，吾之皇位 Ne Tron Menia，克里姆林宫 Kreml
排水量	3412 吨
舰长	67.1 米
舰宽	16.2 米
吃水	4.6 米
航速	9 节
续航力	不详
船员	430
武器	17 门 196 毫米炮
装甲	水线处 114 毫米，炮座 114 毫米，指挥塔 114 毫米

拍摄于 1865 年左右的"佩尔维涅茨"号

俄国篇

"佩尔维涅茨"级是俄国建造的第一批铁甲舰。该级舰共建成3艘,分别为"佩尔维涅茨"号、"吾之皇位"号和"克里姆林宫"号。"佩尔维涅茨"号于1861年12月开工建造,1863年5月18日下水,1864年7月28日服役。"吾之皇位"号于1863年12月1日开工建造,1864年6月23日下水,1865年7月18日服役。"克里姆林宫"号于1863年12月23日开工建造,1865年8月26日下水,1866年服役。

"佩尔维涅茨"级是俄国海军装备的第一级铁甲舰。该级舰以英国"勇士"号为蓝本设计,因此也被称为"装甲巡航舰"。该级舰的船壳为铁质,在其与最外层114毫米铁甲之间还衬有203毫米柚木层,以加强坚固性。"佩尔维涅茨"级的排水量较小,其武装也不是很强,不过在1877年的现代化改造后将武器替换为14门203毫米炮、6门87毫米炮和2门44毫米速射炮。该级舰的动力仅为1000马力,其设计最大航速仅9节(试航中为8-8.5节)。值得一提的是,该级舰在船艏配有冲角,这在19世纪60年代中期并不多见。

"佩尔维涅茨"级3艘铁甲舰均在波罗的海服役,从记载来看都没有参加过任何战斗行动,并逐渐从一线作战舰艇向训练及海防舰艇转型。该级舰中的最后一艘"克里姆林宫"号发生过几次严重事故,其中在1869年的一次碰撞中撞沉了己方"奥廖尔"号木质巡航舰,此外还在1885年的一次风暴中沉没(尽管5天后便被打捞起来并在修复后重新服役)。1905年,该级舰全部被拆毁。

停泊在锚地的"吾之皇位"号

"诺夫哥罗德"级

舰名	诺夫哥罗德 Novgorod，海军少将波波夫 Vice-Admiral Popov
排水量	2491吨（"海军少将波波夫"号为3600吨）
舰长	30.8米（"海军少将波波夫"号为38.7米）
舰宽	30.8米（"海军少将波波夫"号为35.9米）
吃水	4.1米（"海军少将波波夫"号为5.8米）
航速	6.5-8.5节
续航力	890千米/6.5节（"海军少将波波夫"号为1000千米/8.5节）
船员	151-206
武器	2门279毫米炮（"海军少将波波夫"号为2门305毫米炮）
装甲	水线处178-229毫米（"海军少将波波夫"号为406毫米），炮座178-229毫米（"海军少将波波夫"号为406毫米），甲板70毫米

"诺夫哥罗德"级是世界上独一无二的圆盘形铁甲舰。该级舰共建成2艘，分别为"诺夫哥罗德"号和"海军少将波波夫"号。"诺夫哥罗德"号于1871年12月29日开工建造，1873年6月2日下水，1874年服役。"海军少将波波夫"号于1874年9月8日开工建造，1875年10月7日下水，1876年服役。

"诺夫哥罗德"级外观呈圆形，其设计者为海军少将安德雷·亚历山大诺维奇·波波夫。该级舰的设计初衷是为黑海港口建造一级浅吃水、厚装甲、排水量较小的铁甲舰，该型舰具备圆形船身，在火炮射击时，其船身可以随之旋转而调整火炮射界。然而由于圆形船身阻力过大，该级舰的航速奇低，并且在大风浪中稳定性不佳。实际使用中几乎无法追上敌舰，因此也鲜有表现的机会。

"诺夫哥罗德"级在俄土战争爆发后，曾被用于敖德萨、塞瓦斯托波尔和刻赤等港口及水道的防御。战争期间，两舰仅离开过港口3次，在海上待了4天。奥斯曼帝国舰队仅仅逼近敖德萨一次。两舰前往拦截，但双方均没有进入射程。此后再未有出海执行任务的记录。"诺夫哥罗德"级两舰均在1903年退役，退役后曾用作仓库船，最终在1911年被拆解。

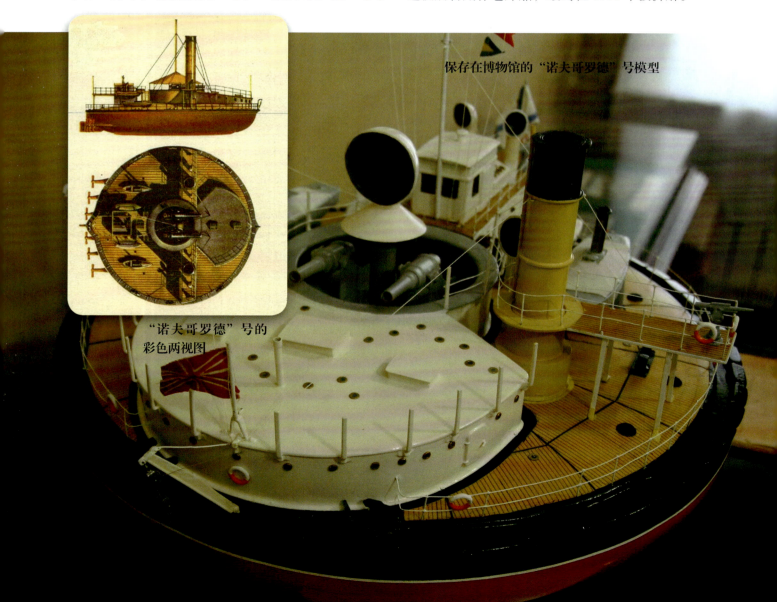

保存在博物馆的"诺夫哥罗德"号模型

"诺夫哥罗德"号的彩色两视图

"彼得大帝"号

舰名	彼得大帝 Petr Velikiy
排水量	10406 吨
舰长	101.7 米
舰宽	19.2 米
吃水	7.5 米
航速	13 节
续航力	5400 千米 /10 节
船员	441
武器	4门305毫米炮,6门4磅炮,2门1磅速射炮,4枚竿式鱼雷
装甲	水线处 203-356 毫米,炮廓 356 毫米,甲板 64-76 毫米,炮塔 355 毫米

"彼得大帝"号是俄国建造的第一艘炮塔铁甲舰。该舰于 1870 年 7 月 23 日开工建造,1872 年 8 月 27 日下水,1876 年 10 月 14 日服役。

"彼得大帝"号具备两座可旋转的封闭式炮塔以及被重甲保护的船体,是一艘典型的远洋型铁甲舰。该舰装备 2 座双联装 20 倍口径 305 毫米前装炮,该炮初速和射速都较慢,在 1907 年改造时被替换为 4 门 50 倍口径 203 毫米炮,同时增加了一系列速射炮。该舰的设计航速为 13 节,但在试航后却发现蒸汽机和锅炉有缺陷,导致航速只能达到 11.8 节。而直到 1881 年这个缺陷才得到解决。

"彼得大帝"号在建成时为黑海舰队服务,但在 1881 年更换锅炉后,转至波罗的海,并在那里度过了之后全部服役生涯。1877 至 1878 年,该舰参加了俄土战争,不过没有详细记载其行动。转至波罗的海舰队后,"彼得大帝"号主要负责日常训练,在 19 世纪 90 年代末转入预备役。在 1903 年之前,该舰一直担任射击训练舰。日俄战争延缓了"彼得大帝"号的改造工作。1907 至 1908 年,该舰进行了大规模改造,主要是更新了武备和锅炉。一战期间,该舰一直作为训练舰使用,后于 1917 年成为潜艇补给舰。苏维埃政权成立后,这艘老态龙钟的军舰仍旧在发挥余热,执行各种辅助任务,直到 1959 年才完全退役拆解。

拍摄于 1904 年的"彼得大帝"号

"叶卡捷琳娜二世"级

舰名	叶卡捷琳娜二世 Ekaterina II，切斯马 Chesma，锡诺普 Sinop，常胜者格奥尔吉 Georgii Pobedonosets
排水量	11227—11579 吨
舰长	103.4 米
舰宽	21.01 米
吃水	8.51—8.79 米
航速	15—16.5 节
续航力	5186 千米/10 节
船员	633—642
武器	6 门 305 毫米炮，7 门 152 毫米炮，8 门 47 毫米炮，4 门 37 毫米炮，7 具 356 毫米鱼雷发射器
装甲	水线处 203—406 毫米，装甲堡 300 毫米，甲板 51—64 毫米，炮盾 51—76 毫米，指挥塔 203—229 毫米

"叶卡捷琳娜二世"级是俄国建造的一级具备 3 座主炮的独特铁甲舰。该级舰共建成 4 艘，分别为"叶卡捷琳娜二世"号、"切斯马"号、"锡诺普"号和"常胜者格奥尔吉"号。"叶卡捷琳娜二世"号于 1883 年 6 月 26 日开工建造，1886 年 5 月 20 日下水，1889 年服役。"切斯马"号于 1883 年 6 月开工建造，1886 年 5 月 18 日下水，1889 年 5 月 29 日服役。"锡诺普"号于 1883 年 6 月开工建造，1887 年 6 月 1 日下水，大约在 1889 年服役。"常胜者格奥尔吉"号于 1891 年 5 月 5 日开工建造，1892 年 3 月 9 日下水，大约在 1893 年服役。

"叶卡捷琳娜二世"级的 3 座双联装主炮在装甲堡中呈品字形布局，这成为它区别于其他铁甲舰的最大特征。该级舰的前 3 艘为露天炮座式设计，同时采用可升降式，在射击以外的时间可以降到甲板以下，以降低全舰重心，增加稳定性。该舰所有甲板以上的设施都被安置在中央装甲堡之内，其装甲为铁质和钢制混合式。后期建成的"常胜者格奥尔吉"号采用了全钢船体和封闭式炮塔，在设计上更为先进。

"叶卡捷琳娜二世"号在建成后被配属给黑海舰队，该舰和其前两艘姐妹舰在建成时，被认为是仅次于英国"海军上将"级的强力军舰。"叶卡捷琳娜二世"号在黑海舰队担负日常训练的任务，1905 年 6 月，当黑海舰队的"波将金"号发生起义时，该舰的动力故障使其未能与"波将金"号汇合。1907 年 8 月，"叶卡捷琳娜二世"号被凿沉于塞瓦斯托波尔当成防洪堤，后于 1912 年作为鱼雷的靶舰被彻底击沉。

"切斯马"号建成后服役于黑海舰队，"波将金"号起义时该舰并未参加，之后该舰被用于护送拖曳"波将金"号的姐妹舰"锡诺普"号一同返回塞瓦斯托波尔。之后"切斯马"号的命运与首舰一样，

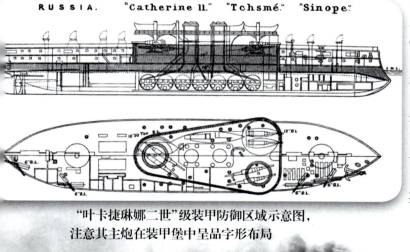

"叶卡捷琳娜二世"级装甲防御区域示意图，注意其主炮在装甲堡中呈品字形布局

1902 年的"叶卡捷琳娜二世"号，此时采用维多利亚风格涂装

作为鱼雷靶舰被击沉。

"锡诺普"号以克里米亚战争期间的锡诺普战役而命名。该舰在著名的"波将金"号起义事件中前往"波将金"号藏匿的罗马尼亚港口康斯坦察并将其拖回本土。1910 年,该舰成为一艘射击训练舰,将其 305 毫米主炮替换为 4 根单装的 203 毫米炮。1916 年,该舰成为一艘水雷装载船,十月革命爆发后,英国人将该舰的动力系统破坏使其不能航行。"锡诺普"号最后在 1922 年被苏联人拆毁。

"常胜者格奥尔吉"号是"叶卡捷琳娜二世"级中最后一艘,由于其装甲成分不同,其防御力优于前面的 3 艘姐妹舰。"波将金"号起义时该舰也参与其中,但是随后船上一部分忠于政府的船员又将该舰夺回。1908 年,该舰被降为二等战列舰,一战爆发后,该舰曾与德舰"戈本"号发生过炮战。"常胜者格奥尔吉"号最终于俄国内战期间被白俄军破坏。

拍摄于 19 世纪末的"常胜者格奥尔吉"号

停泊在塞瓦斯托波尔的"切斯马"号,注意其并排布置的两座前主炮

"亚历山大二世"级

舰名	亚历山大二世 Imperator Aleksandr II，尼古拉一世 Imperator Nikolai I
排水量	9244吨（"尼古拉一世"号为9594吨）
舰长	105.61米
舰宽	20.4米
吃水	7.85米（"尼古拉一世"号为7.39米）
航速	15.27节（"尼古拉一世"号为14节）
续航力	8223千米/8节（"尼古拉一世"号为4870千米/10节）
船员	616
武器	2门305毫米炮，4门229毫米炮，8门152毫米炮，10门47毫米炮，10门37毫米炮，5具381毫米鱼雷发射器
装甲	水线处102-356毫米，甲板64毫米，炮座254毫米，炮罩76毫米（"尼古拉一世"号为254毫米炮塔），指挥塔203毫米，船壁152毫米

"亚历山大二世"级是俄国海军为波罗的海舰队建造的两艘排水量较小的铁甲舰。该级舰共建成2艘，分别为"亚历山大二世"号和"尼古拉一世"号。"亚历山大二世"号于1885年7月12日开工建造，1887年7月13日下水，1891年6月服役。"尼古拉一世"号于1886年8月4日开工建造，1889年6月1日下水，1891年7月服役。

"亚历山大二世"级只有一座双联装305毫米主炮，因其火力过弱，有时也被划归岸防铁甲舰之列。首舰"亚历山大二世"号采用露天炮座加炮罩的结构，而2号舰"尼古拉一世"号则采用封闭式炮塔。由于封闭式炮塔较重，"尼古拉一世"号的吨位也相应提升；再加上其动力较"亚历山大二世"号反而有所下降，因而该舰的航速仅为14节，在当时属于较差的水准。

"亚历山大二世"号在日俄战争爆发时作为火炮训练舰留在本土而非像大多数其他战列舰那样被派往太平洋。一战爆发后，该舰被闲置在喀琅施塔得，后在推翻沙皇的运动中，该舰船员踊跃参加革命。1921年，"亚历山大二世"号被变卖，于次年被拖至德国拆解。

"尼古拉一世"号在服役后于1892年前往美国参加了哥伦布发现新大陆400周年庆典。甲午战争爆发时，该舰驻在太平洋，后于1898年返回波罗的海并进行升级改造。日俄战争爆发后，该舰成为海军少将尼古拉·鲍加托夫麾下第三太平洋舰队的旗舰，在对马海战中受到轻微损伤，但由于大势已去而不得不投降日本。该舰在日本海军服役后被更名为"壹岐"（Iki），担任炮术训练舰，后又改装为海防舰，最终在1915年10月作为靶舰被击沉。

停泊在波罗的海锚地的"尼古拉一世"号

1913年时的"亚历山大二世"号

"十二使徒"号

舰名	十二使徒 Dvenadsat Apostolov
排水量	8710 吨
舰长	104.2 米
舰宽	18.3 米
吃水	8.4 米
航速	15 节
续航力	3500 千米 /10 节
船员	599
武器	4 门 305 毫米炮，4 门 152 毫米炮，12 门 47 毫米炮，10 门 37 毫米炮，6 具 381 毫米鱼雷发射器
装甲	水线处 305-356 毫米，甲板 51-76 毫米，炮座 254-305 毫米，炮罩 64 毫米，指挥塔 203 毫米，船壁 229-305 毫米

"十二使徒"号为黑海舰队所要求建造的主力舰之一。该舰于 1889 年 8 月 21 日开工建造，1890 年 9 月 13 日下水，1892 年 12 月服役。

"十二使徒"号以"叶卡捷琳娜二世"级为模板缩小并重新设置了上层建筑。该舰装备的两座双联装火炮被布置在甲板中线上，射界明显优于"叶卡捷琳娜二世"级。其主炮采用露天炮座式布局，但可以罩上能提供有效防护能力的半球形炮罩，从远处看有点形似全封闭的炮塔。与以往舰只不同的是，"十二使徒"号的副炮被统一为 152 毫米口径，以利于提高射击精度。该舰的动力仅为 8500 马力，因此其最高航速只有 15 节。

"十二使徒'号一直在黑海服役，期间大多数时间执行训练和巡逻任务。1912 年，该舰退役并成为一艘潜艇补给舰。1918 年，德军在塞瓦斯托波尔捕获了该舰并在同年 12 月将该舰交给了协约国。"十二使徒"号一直被闲置在塞瓦斯托波尔港内，值得一提的是，1925 年苏联在拍摄电影《战舰波将金号》的时候曾以该舰作为道具。"十二使徒"号最后在 1931 年被拆毁。

停泊在塞瓦斯托波尔的"十二使徒"号

"甘古特"号

舰名	甘古特 Gangut
排水量	7142 吨
舰长	84.7 米
舰宽	18.9 米
吃水	7 米
航速	13.5 节
续航力	3700 千米 /10 节
船员	521
武器	1 门 305 毫米炮，4 门 229 毫米炮，4 门 152 毫米炮，14 门 37 毫米炮，6 具 381 毫米鱼雷发射器
装甲	水线处 240–410 毫米，炮座 180–230 毫米，炮廓 130 毫米，指挥塔 250 毫米

"甘古特"号是新海军部工厂为波罗的海舰队所建造的岸防铁甲舰。该舰于 1888 年 10 月 29 日开工建造，1893 年 7 月 3 日下水，1894 年服役。

"甘古特"号被设计成"亚历山大二世"级战列舰的缩小版。该舰吃水较浅，适合在波罗的海内海活动。该舰的武备相对较弱，仅有一座单发 305 毫米炮塔，其主炮与副炮的布置均与"亚历山大二世"级相同。由于仅作为岸防铁甲舰来设计，"甘古特"号的动力仅为 6000 马力，导致其最高航速仅为 13.5 节。不过该舰装甲十分敦实，与当时主流铁甲舰相比并不逊色。

"甘古特"号服役后主要在波罗的海活动。1897 年 6 月 12 日，该舰在一次演习时撞上暗礁，由于水密舱设计得不严密，再加上稳定性上的缺陷，该舰无可挽回地沉没了。不过由于下沉速度并不快，全舰官兵得以逃脱，无人伤亡。有趣的是，"甘古特"号在海军中十分不受欢迎。在得知其沉没的消息后，该舰前任舰长，海军少将拜尔勒夫称其为"一艘令人讨厌的战舰，它的沉没真是太好了，因为它的存在毫无价值"。

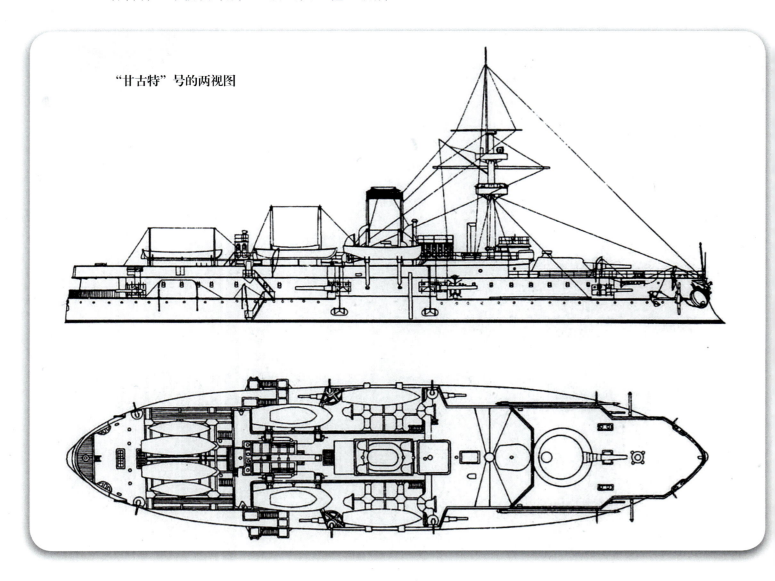

"甘古特"号的两视图

"纳瓦林"号

舰名	纳瓦林 Navarin
排水量	10206 吨
舰长	107 米
舰宽	20.4 米
吃水	8.23 米
航速	15 节
续航力	5650 千米/10 节
船员	677
武器	4 门 305 毫米炮，8 门 152 毫米炮，14 门 47 毫米炮，12 门 37 毫米炮，6 具 381 毫米鱼雷发射器
装甲	水线处 305-406 毫米，炮塔 305 毫米，炮廓 127 毫米，指挥塔 254 毫米

"纳瓦林"号是俄国模仿英国"特拉法尔加"级建造的一级外观独特的铁甲舰。该舰于 1890 年 5 月 31 日开工建造，1891 年 10 月 20 日下水，1896 年 6 月服役。

"纳瓦林"号是一艘外观十分独特的军舰，该舰在舯部大约占全长三分之一的装甲堡上耸立着双双并列的四根烟囱（俄国水兵戏称其为"翻倒的四脚桌"），同时桅杆采用较为少见的前低后高式，使得该舰成为俄国海军中辨识度最高的主力舰。由于封闭式炮塔重量较大，"纳瓦林"号与"特拉法尔加"级一样采用低干舷以保持稳定性。该舰的所有副炮都安装在中央装甲堡的炮廓中，其水线处装甲材质为铁与钢复合式，炮塔和指挥塔则为镍合金钢，防护性能在 19 世纪末期尚可。"纳瓦林"号的主机为两台立式三胀蒸汽机，功率约为 9000 马力，最高航速仅为 15 节，不甚理想。

"纳瓦林"号建成后配属给波罗的海舰队。1898 年初，该舰与另一艘铁甲舰"伟大的西索伊"号一同被派往远东，两年后参加了镇压义和团的行动。1901 年 12 月 25 日，该舰返回波罗的海并进行改造。主要增加了测距仪、无线电设备和小口径速射炮。1904 年 10 月 15 日，"纳瓦林"号加入第二太平洋舰队，然而等待他们的却是以逸待劳的日本联合舰队。在对马海战中，"纳瓦林"号在 27 日晚被日军鱼雷艇发射的 1-2 枚鱼雷命中，但并非致命伤。28 日，日军驱逐舰分队再次袭击该舰，在其航行方向埋下 6 串水雷，其中两枚命中"纳瓦林"号。该舰迅速倾覆，全舰 677 名官兵最后只有 3 人在船沉后 16 小时获救。

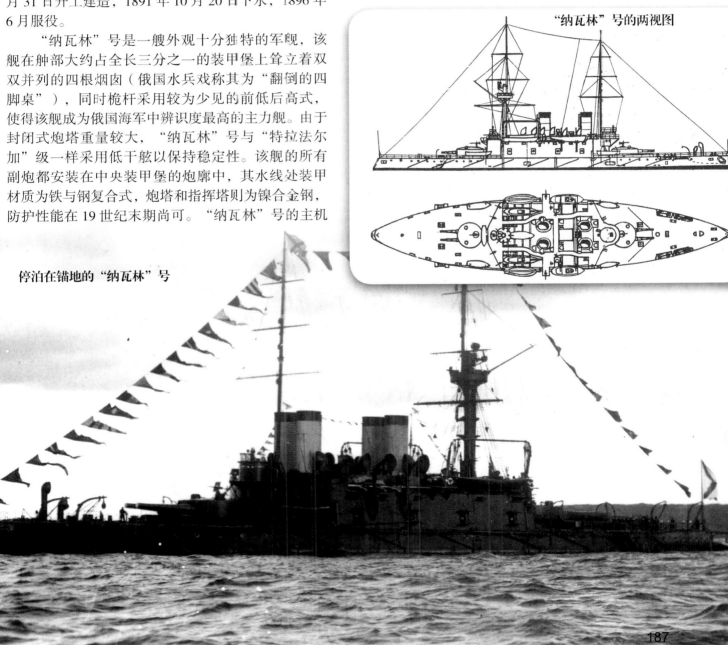

"纳瓦林"号的两视图

停泊在锚地的"纳瓦林"号

"三圣主"号

舰名	三圣主 Tria Sviatitelia
排水量	13318 吨
舰长	115.2 米
舰宽	22.3 米
吃水	8.7 米
航速	16.5 节
续航力	4170 千米/10 节
船员	730
武器	4 门 305 毫米炮，8 门 152 毫米炮，4 门 119 毫米炮，10 门 47 毫米炮，40 门 37 毫米炮，6 具 381 毫米鱼雷发射器
装甲	水线处 406–457 毫米，炮塔 406 毫米，甲板 51–76 毫米，指挥塔 305 毫米，船壁 356–406 毫米

"三圣主"号是以"纳瓦林"号为基础改进建造的一艘较大型铁甲舰。该舰于 1891 年 8 月 15 日开工建造，1893 年 11 月 12 日下水，1896 年服役。

"三圣主"号是"纳瓦林"号的大幅度改进型。该舰显著扩大了船体尺寸、增加了干舷高度并加厚了装甲。这一系列举措也使得"三圣主"号的排水量较"纳瓦林"号增加了 3000 吨之多。值得一提的是，该舰是首批使用 40 倍口径 305 毫米主炮的两艘俄国主力舰之一（另一艘为同年服役的"伟大的西索伊"号），同时该舰还是俄国海军最早使用了哈氏钢的军舰，防御力较"纳瓦林"号大幅提升。

"三圣主"号在建成后被配属给黑海舰队，在"波将金"号起义期间是黑海追击舰队的旗舰。一战爆发后，该舰与德国战列巡洋舰"戈本"号两度相遇，但双方均未伤及对手。1915 年起，该舰降级为岸防战列舰，此时它是黑海舰队中最老的舰艇。1918 年 5 月，"三圣主"号在塞瓦斯托波尔被德军俘获，后移交给协约国。后来俄国内战时期当英国从塞瓦斯托波尔撤离时，"三圣主"号的动力系统被摧毁，以防止该舰被布尔什维克用来对付白俄。该舰在 1920 年白俄撤退时被遗弃，最后于 1923 年被拆毁。

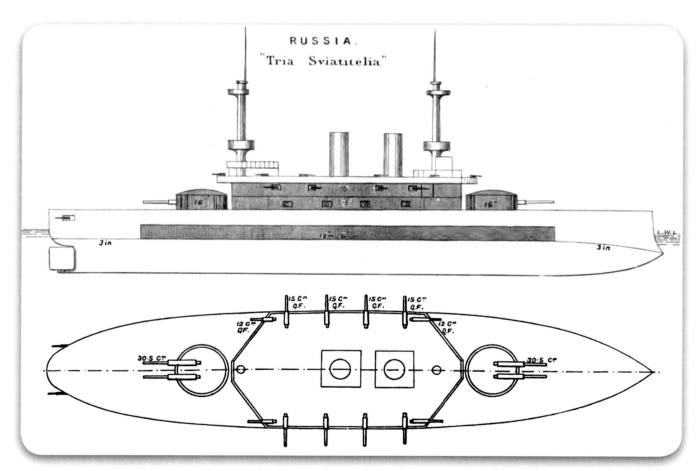

"三圣主"号装甲防御区域示意图

"伟大的西索伊"号

舰名	伟大的西索伊 Sissoi Veliky
排水量	10400 吨
舰长	107.23 米
舰宽	20.73 米
吃水	7.77 米
航速	15.7 节
续航力	8220 千米/10 节
船员	586
武器	4门305毫米炮，6门152毫米炮，12门47毫米炮，18门37毫米炮，6具381毫米鱼雷发射器
装甲	水线处 152-356 毫米，炮座 254 毫米，炮塔 305 毫米，甲板 64-76 毫米，炮廓 127 毫米，指挥塔 229 毫米，船壁 152-229 毫米

"伟大的西索伊"号是俄国建造的第一艘具备高干舷的远洋型铁甲舰。该舰于 1891 年 8 月 7 日开工建造，1894 年 6 月 2 日下水，1896 年 9 月服役。

"伟大的西索伊"号在建造时参考了英国首艘前无畏舰"皇家主权"级的设计，采用高干舷并配备了最新式的 40 倍口径 305 毫米主炮，该炮也是前无畏舰时期各国主力舰的标准武器。"伟大的西索伊"号其余副炮均被安置在中央装甲堡的炮廓中，不过由于 152 毫米炮仅装备了 6 门，该舰副炮火力较为贫弱。"伟大的西索伊"号最早采用水管式锅炉，其两座立式三胀式蒸汽机能给为军舰带来 8500 马力的动力，理论设计航速为 16 节，但实际在试航时最多仅能达到 15.7 节。"伟大的西索伊"号的装甲布局参考了"纳瓦林"号，但水线处以镍合金钢代替了铁钢复合式装甲，虽然装甲厚度并不高，但防护面积更广、水密结构更合理，为后续的前无畏舰设计奠定了基础。

"伟大的西索伊"号在建成后被配属给波罗的海舰队，在完成海试后，该舰被派往地中海执行封锁克里特岛的任务。1897 年 3 月，该船艉部炮塔发生大爆炸，导致 21 人死亡，不得不前往法国土伦港进行为期 9 个月的维修。修复后的"伟大的西索伊"号启程前往远东支援在那里镇压义和团运动的俄军。1902 年，该舰返回喀琅施塔得进行维修，但没有得到明显收效。1904 年，由于旅顺港俄国第一太平洋舰队的覆灭，"伟大的西索伊"号作为第二太平洋舰队 11 艘主力舰（含 3 艘岸防铁甲舰）中的一员开启远航。1905 年 5 月 27 日，对马海战打响，"伟大的西索伊"号在当天与东乡平八郎的舰队展开炮战，受损严重。当夜，该舰被一艘日本驱逐舰发射的鱼雷摧毁艉舵，次日凌晨，该舰因严重侧倾而不得不向日军巡洋舰投降，但不久之后便因进水过多而翻沉，有 47 名船员丧生。

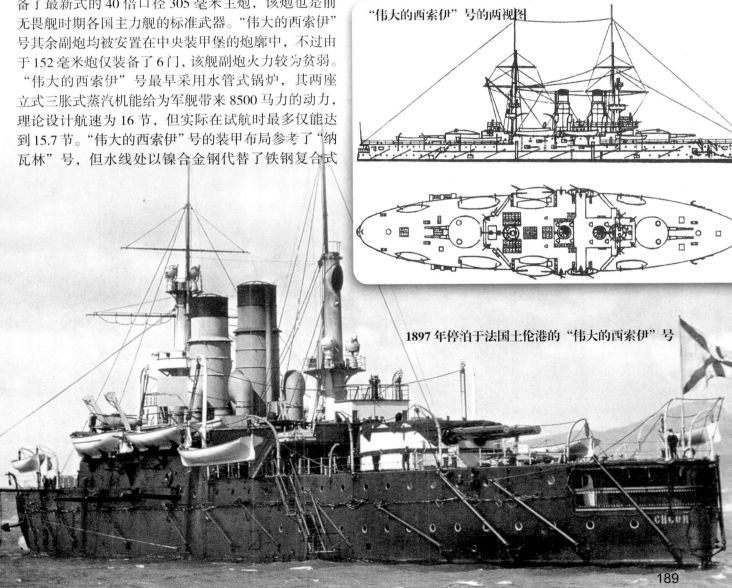

"伟大的西索伊"号的两视图

1897 年停泊于法国土伦港的"伟大的西索伊"号

"海军上将乌沙科夫"级

舰名	海军上将乌沙科夫 Admiral Ushakov，海军上将谢尼亚文 Admiral Seniavin，海军元帅阿普拉克辛 General-Admiral Apraksin
排水量	4971 吨
舰长	87.3 米
舰宽	15.85 米
吃水	5.9 米
航速	16 节
续航力	不详
船员	404
武器	4 门 254 毫米炮（"海军元帅阿普拉克辛"号为 3 门），4 门 120 毫米炮，6 门 47 毫米炮，10 门 37 毫米炮，4 具 381 毫米鱼雷发射器
装甲	水线处 102-254 毫米，甲板 51-76 毫米，炮塔 203 毫米，指挥塔 203 毫米

"海军上将乌沙科夫"级是俄国建造的一级排水量较小的岸防铁甲舰。该级舰共建成 3 艘，分别为"海军上将乌沙科夫"号、"海军上将谢尼亚文"号和"海军元帅阿普拉克辛"号。"海军上将乌沙科夫"号于 1892 年 1 月 1 日开工建造，1893 年 11 月 1 日下水，1895 年 2 月服役。"海军上将谢尼亚文"号于 1892 年 8 月 2 日开工建造，1894 年 8 月 22 日下水，1896 年服役。"海军元帅阿普拉克辛"号于 1894 年 10 月 24 日开工建造，1896 年 5 月 12 日下水，1899 年服役。

"海军上将乌沙科夫"级的排水量不足 5000 吨，在有限的船体上安装了 3-4 门 45 倍口径 254 毫米主炮，其火力与标准的二等战列舰相同，不容小觑。但由于该级舰属于小船扛大炮的性质，因而不得不降低干舷高度以维持稳定性，这使得其干舷非常低且不宜于在大风浪中航行。此外，该级舰的装甲相较正规铁甲舰要薄一些，不过鉴于其设计定位即为岸防铁甲舰，这个缺陷是可以理解的。

"海军上将乌沙科夫"级在建成后均服役于波罗的海舰队。1904 年，由于太平洋舰队的覆灭，尽管身为岸防铁甲舰，但该级舰仍旧被编入由海军少将尼古拉·鲍加托夫所指挥的第三太平洋舰队。在 1905 年 5 月 27 至 28 日的对马海战中，"海军上将乌沙科夫"号在夜间与鲍加托夫舰队分离，在与日军的交战中该舰被三次击穿，导致燃起了大火，最后于 28 日晚上沉没。"海军上将谢尼亚文"号与"海军元帅阿普拉克辛"号则在鲍加托夫向日军投降后也放弃了抵抗。被俘后的"海军上将谢尼亚文"号与"海军元帅阿普拉克辛"号被分别更名为"三岛"号与"冲岛"号，在日军中以二等海防舰身份继续服役。"海军上将谢尼亚文"号最后在 1936 年作为靶舰被击沉，而"海军元帅阿普拉克辛"号则在 1924 年被变卖。

1897 年时的"海军上将乌沙科夫"号

俄国篇

1901年时的"海军上将谢尼亚文"号

1902年时的"海军元帅阿普拉克辛"号。注意其单装尾炮

"彼得罗巴普洛夫斯克"级

舰名	彼得罗巴普洛夫斯克 Petropavlovsk，波尔塔瓦 Poltava，塞瓦斯托波尔 Sevastopol
排水量	11500 吨（"塞瓦斯托波尔"号为 11842 吨）
舰长	114.6 米
舰宽	21.3 米
吃水	8.6 米
航速	16 节
续航力	6940 千米/10 节
船员	652-750
武器	4 门 305 毫米炮，12 门 152 毫米炮，12 门 47 毫米炮，28 门 37 毫米炮，4 具 381 毫米鱼雷发射器，2 具 457 毫米鱼雷发射器
装甲	水线处 254-406 毫米，甲板 51-76 毫米，主炮炮塔 254 毫米，副炮炮塔 127 毫米，指挥塔 229 毫米

"彼得罗巴普洛夫斯克"级是俄国建造的第一级严格意义上的"前无畏舰"。该级舰共建成 3 艘，分别为"彼得罗巴普洛夫斯克"号、"波尔塔瓦"号和"塞瓦斯托波尔"号。"彼得罗巴普洛夫斯克"号于 1892 年 5 月 19 日开工建造，1894 年 11 月 9 日下水，1899 年服役。"波尔塔瓦"号于 1892 年 5 月 19 日开工建造，1894 年 11 月 6 日下水，1899 年服役。"塞瓦斯托波尔"号于 1892 年 5 月 19 日开工建造，1895 年 6 月 1 日下水，1900 年服役。

"彼得罗巴普洛夫斯克"级是"伟大的西索伊"号的改进型、俄国海军第一级被称为"战列舰"的主力舰。该级舰配备了前无畏舰的标准武器：2 座双联装 40 倍口径 305 毫米主炮，除此之外，该舰还是俄国首艘配备了封闭式副炮炮塔的主力舰，12 门 152 毫米副炮中有 8 门被安置在 4 座双联装炮塔中。旋转炮塔增加了副炮的射界，间接提升了火力。在防御方面，3 艘战列舰的装甲材质竟各不相同。由于俄国当时钢板加工技术的限制，"彼得罗巴普洛夫斯克"级的装甲分别向德国和美国订购。最终，"彼得罗巴普洛夫斯克"号的水线皮带式装甲采用本国制造的普通镍合金钢，厚度为 406 毫米；而"波尔塔瓦"号采用刚刚出现的克氏钢，"塞瓦斯托波尔"号则采用已经广泛使用的哈氏钢，厚度均为 368 毫米。该级舰的皮带式装甲长 73.2 米，高 2.3 米，其中在水线以上部分高为 0.914 米，总体防御面积大于"伟大的西索伊"号，但在水线上的高度却小于后者（约 1 米）。在动力方面，"彼得罗巴普洛夫斯克"级采用双轴推进、10600 马力，设计航速为 17 节，但实际试航时仅为 16 节，在前无畏舰中属于较差的水准。

"彼得罗巴普洛夫斯克"号在服役后被立即派往远东，1900 年，该舰参加了镇压义和团运动的军事行动。在此之后，该舰成为太平洋舰队的旗舰。1904

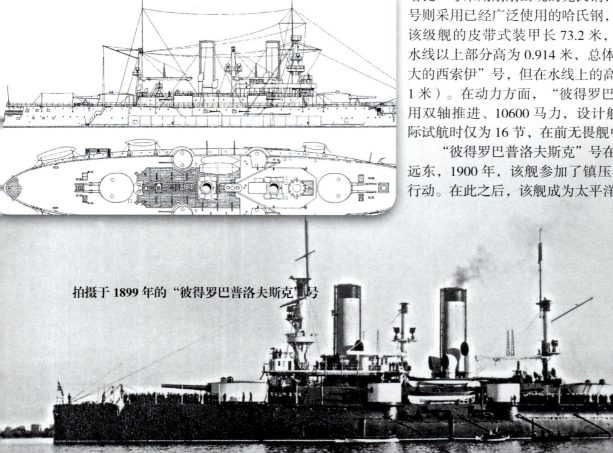

"彼得罗巴普洛夫斯克"号的两视图

拍摄于 1899 年的"彼得罗巴普洛夫斯克"号

年日俄战争开始后,该舰停泊在旅顺港内,在日军袭击旅顺港的前几次作战中,"彼得罗巴普洛夫斯克"号只遭受轻微损伤,4月13日凌晨,俄国一艘驱逐舰在误入4艘日本驱逐舰群后遭到攻击而爆炸,听到爆炸声的俄国装甲巡洋舰"巴扬"号(Bayan)前去支援友军,太平洋舰队司令马卡洛夫则指挥旗舰"彼得罗巴普洛夫斯克"号与其姐妹舰"波尔塔瓦"号去支援"巴扬"号。然而冲出港口的马卡洛夫却发现6艘日本战列舰在等着他们,遂下令撤退。就在撤退的途中,"彼得罗巴普洛夫斯克"号误入日军雷区,被多枚水雷命中从而引发大爆炸,几乎在瞬间沉没,包括马卡洛夫在内的679名官兵随舰阵亡。

"波尔塔瓦"号在建成后被交付给太平洋舰队,其参加了日俄战争初期的黄海海战,受损严重,随后在日军包围旅顺的战斗中被击沉。战后,占领旅顺的日军将该舰打捞上来更名为"丹后"(Tango),继续在日军中服役。1916年,该舰又被日本政府卖还给俄国,由于"波尔塔瓦"的舰名已经授予最新的"甘古特"级战列舰中的一艘,该舰被迫更名为"切斯马"。1917年十月革命时,该舰宣布效忠布尔什维克,但并未能抵挡得住英军的入侵。该舰在英占时期沦为仓库船,后当英军撤退时,又被布尔什维克夺回。1924年,该舰被废弃。

"塞瓦斯托波尔"号在建成后加入太平洋舰队,该舰是第一艘使用波波夫无线电的俄国军舰。日俄战争期间,该舰在日军第一次偷袭旅顺港的行动中受了轻伤,随后在黄海海战中,尽管身中数弹,但该舰仍与残余的俄国舰队一同返回旅顺港。当旅顺港被日军占领时,为防止落入敌手,"塞瓦斯托波尔"号被凿沉于出海口。

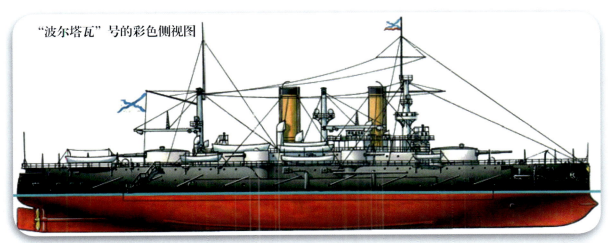

"波尔塔瓦"号的彩色侧视图

拍摄于旅顺港的"彼得罗巴普洛夫斯克"级战列舰。由远至近依次为:"彼得罗巴普洛夫斯克"号、"波尔塔瓦"号和"塞瓦斯托波尔"号

"罗斯季斯拉夫"号

舰名	罗斯季斯拉夫 Rostislav
排水量	10520 吨
舰长	107.2 米
舰宽	20.7 米
吃水	7.7 米
航速	15 节
续航力	7600 千米 /8 节
船员	633
武器	4 门 254 毫米炮，4 门 152 毫米炮，12 门 47 毫米炮，16 门 37 毫米炮，6 具 381 毫米鱼雷发射器
装甲	水线处 368 毫米，炮塔 254 毫米，甲板 51–76 毫米，指挥塔 152 毫米，船壁 127–229 毫米

"罗斯季斯拉夫"号是为黑海舰队建造的一艘堪称"彼得罗巴普洛夫斯克"级弱化版的前无畏舰。该舰于 1894 年 1 月 30 日开工建造，1896 年 9 月 2 日下水，1900 年 3 月服役。

"罗斯季斯拉夫"号最初设计仅为 8880 吨，但实际建造中却增重了 1600 多吨，这主要是船体扩大和采用了较重的炮塔式副炮的缘故。然而该舰仅仅使用了 254 毫米炮作为主炮，未免显得有些寒酸。此外，该舰的指挥塔装甲仅为 152 毫米，不得不说是个明显弱点，不过对于对付装备较差的奥斯曼帝国海军来说，这似乎又不算是个严重问题。此外，该舰的动力仅为 8500 马力，导致其最高航速仅为 15 节。但值得一提的是，该舰是世界上首艘采用重油作为燃料的大型军舰。

"罗斯季斯拉夫"号在 1903 至 1912 年担任黑海舰队的旗舰。在 1905 年的水兵哗变中，该舰的船员处在背叛的边缘，但最终还是选择忠于沙皇，并积极遏制了另一艘巡洋舰"奥恰科夫"号（Ochakov）的叛变。一战期间，"罗斯季斯拉夫"号表现活跃，该舰是第一艘向敌方目标开火的俄军战舰。1918 年，当塞瓦斯托波尔陷落时该舰被抛弃，后来被英军破坏了动力系统。俄国内战时期该舰被用作浮动炮台，最终在 1920 年 11 月被凿沉于刻赤海峡。

停泊在锚地的"罗斯季斯拉夫"号

"佩雷斯维特"级

舰名	佩雷斯维特 Peresvet，奥斯利亚比亚 Oslyabya，胜利 Pobeda
排水量	13320-14408 吨
舰长	132.4 米
舰宽	21.8 米
吃水	8 米
航速	18.5 节
续航力	11500 千米 /10 节
船员	771
武器	4 门 254 毫米炮，11 门 152 毫米炮，20 门 75 毫米炮，20 门 47 毫米炮，8 门 37 毫米炮，5 具 381 毫米鱼雷发射器
装甲	水线处 178-229 毫米，甲板 37-76 毫米，炮塔 229 毫米

"佩雷斯维特"级是俄国建造的一级火力稍逊的高速战列舰。该级舰共建成3艘，分别为"佩雷斯维特"号、"奥斯利亚比亚"号和"胜利"号。"佩雷斯维特"号于1895年11月21日开工建造，1898年5月19日下水，1901年服役。"奥斯利亚比亚"号于1895年11月21日开工建造，1898年12月8日下水，1903年服役。"胜利"号于1899年2月21日开工建造，1900年5月10日下水，1902年服役。

"佩雷斯维特"级是俄国全面引进法国造舰技术后的首级自造主力舰，其采用高干舷长艏楼外形，船体狭长并有显著舷缘内倾。由于定位为高速战列舰，其主炮仅为两座254毫米双联装炮，副炮排列呈明显的双层式，颇有风帆时代双层甲板战舰的影子。"佩雷斯维特"级的动力为15000马力，能为战舰提供18.5节的航速，这在俄国主力舰中属于第一速度。其装甲材质为哈氏钢和克氏钢复合使用，但皮带式装甲仅厚229毫米，而且在水线上的高度仅有0.25米，防御性较差。此外，由于该级舰过于高大导致稳定性不足，进水后倾翻的风险很大，在此后的日俄战争中也证实了这一点。

"佩雷斯维特"号在完工后前往旅顺港加入太平洋舰队。日俄战争爆发后，该舰参加了黄海海战，在日军攻克旅顺港后被俄国人自己凿沉。日本人将其打捞后更名为"相模"（Sagami），继续在日军中服役。1916年，日本将该舰卖回给俄国，该舰被重

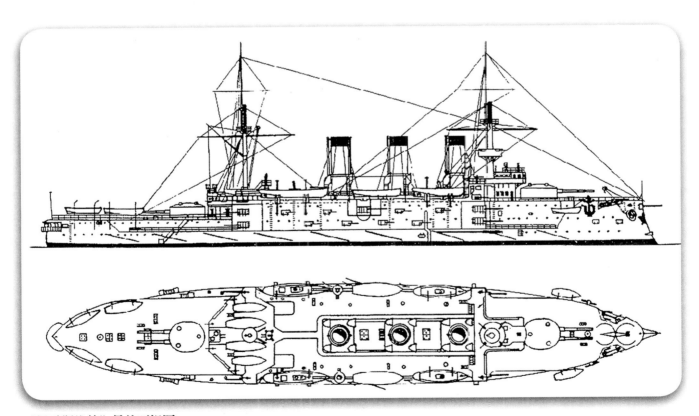

"佩雷斯维特"号的两视图

新划分为装甲巡洋舰，后于1917年初被德军潜艇敷设的水雷击沉。

"奥斯利亚比亚"号是"佩雷斯维特"级中唯一初始配给波罗的海舰队的一艘。该舰在太平洋舰队覆灭后加入第二太平洋舰队被派往远东。在对马海战中，该舰是第一艘被击沉的俄国主力舰，并且创下了一个尴尬的纪录：它是第一艘仅仅遭到舰炮打击便告沉没的全钢质船壳主力舰，导致其沉没的主要原因即上文提到的该级舰贫弱的防御力和糟糕的稳定性。同时该舰在航行时搭载了超重的煤，这加速了其在进水后的下沉速度。

"胜利"号在完工后与"佩雷斯维特"号一同被派往太平洋舰队。在日俄战争中，该舰的遭遇与"佩雷斯维特"号相同，最后都被自己人凿沉。日本人将其修复后改名为"周防"（Suwo）继续使用，后于1917年被改为射击训练舰。1922年，该舰根据《华盛顿海军条约》解除武装并在一年之内拆毁。

1905年对马海战前夕的"奥斯利亚比亚"号

拍摄于1900至1904年间的"胜利"号

"列特维赞"号

舰名	列特维赞 Retvizan
排水量	12912 吨
舰长	117.9 米
舰宽	22 米
吃水	7.6 米
航速	15 节
续航力	9300 千米/10 节
船员	750
武器	4 门 305 毫米炮，12 门 152 毫米炮，20 门 75 毫米炮，24 门 47 毫米炮，6 门 37 毫米炮，6 具 381 毫米鱼雷发射器
装甲	水线处 229 毫米，炮塔 229 毫米，炮座 102-203 毫米，甲板 51-76 毫米，指挥塔 254 毫米，船壁 178 毫米

"列特维赞"号是由美国为俄国所建造的唯一一艘战列舰。该舰于 1899 年 7 月 29 日于工建造，1900 年 10 月 23 日下水，1902 年 3 月 23 日服役。

俄国海军在 19 世纪末处于高速膨胀时期，由于帝国内各造船厂已经达到饱和，再加上受限于一些技术制约，沙皇尼古拉二世批准海军部向国外订购最先进的战列舰，而美国和法国则分别接受了其中一艘的委托建造计划。"列特维赞"号为俄国向美国订购的唯一一艘战列舰，由美国费城克兰普造船厂建造。建造前俄方只提出基本要求，其船型、防御布局均由美国厂商详细设计，其水准与当时美国最新锐主力舰"缅因"号相当。该舰具有 3 根上段较细的高烟囱，较为美观，并且在完工时各项性能优良，被认为是当时俄国最强战列舰之一。"列特维赞"号装备了 2 座双联装 305 毫米主炮，副炮全部采用炮廓式，在设计上较为保守。该舰的装甲为克氏钢，虽然并不太厚，但分布均匀，水密结构做得相对较好。此外，该舰装备的 2 台蒸汽机能够提供 16000 马力，使得该舰达到 18 节的较快航速。总的来说，"列特维赞"号充分显示了美国人务实的风格，在各方面表现都十分均衡。然而这一优点并没有被俄国人看中，就连仿造的"波将金"号也显得有些应付差事，因此未能成为当时俄匿海军的主流。

"列特维赞"号的命名颇为有趣，其来源于 1790 年维堡湾海战中被俘虏的瑞典战舰 "Rättvisan" 的俄语版本，意义皆为"公平正义"。该舰本应为波罗的海舰队的一员，但在完工后却被派往远东，

1902 年时的"列特维赞"号

服役于太平洋舰队。"列特维赞"号与法制战列舰"皇太子"号是太平洋舰队中最强大的两艘主力舰。1904年2月8日至9日晚间,日军偷袭旅顺港,"列特维赞"号在被一枚鱼雷命中后紧急搁浅上岸,从而避免了沉没。随着日军包围了旅顺港,"列特维赞"号和港中其余舰只打算突破包围抵达海参崴,然而被日舰队击退而不得不再次龟缩入港。随着12月日军获得了港口外制高点,包括"列特维赞"号在内的多艘俄国主力舰被日军重炮击沉在港内。1905年1月,日军打捞了"列特维赞"号的残骸并将其修复。该舰被更名为"肥前"(Hizen)在日本海军继续服役。一战爆发后,"肥前"号被派去对德国据点进行炮击。一战结束后,该舰作为日本干涉俄国内战的主力参战,后由于《华盛顿海军条约》的限制不得不退出现役,最终于1924年作为靶舰被击沉。

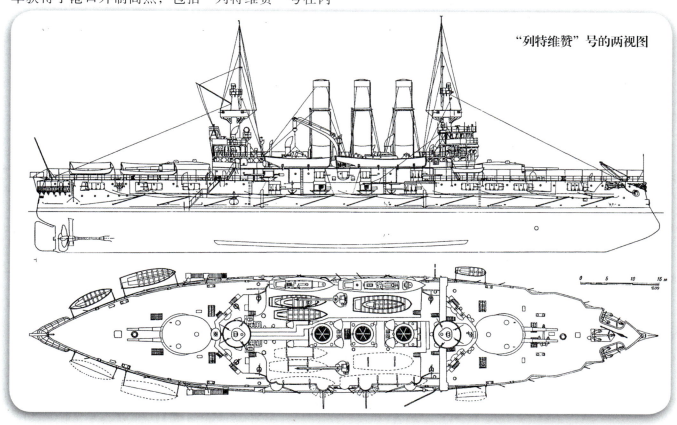

"列特维赞"号的两视图

"列特维赞"号的展示模型

"波将金"号

舰名	波将金 Potemkin
排水量	12900 吨
舰长	115.4 米
舰宽	22.3 米
吃水	8.2 米
航速	16 节
续航力	5900 千米/10 节
船员	731
武器	4 门 305 毫米炮，16 门 152 毫米炮，14 门 75 毫米炮，6 门 47 毫米炮，5 具 381 毫米鱼雷发射器
装甲	水线处 229 毫米，炮塔 254 毫米，炮座 107-254 毫米，甲板 51-76 毫米，指挥塔 229 毫米，船壁 178 毫米

"波将金"号是俄国以美制战列舰"列特维赞"号为基础，为黑海舰队建造的一艘前无畏舰。该舰于 1898 年 10 月 10 日开工建造，1900 年 10 月 9 日下水，1905 年服役。

"波将金"号以其起义事件而闻名，但在设计上该舰并无新意，几乎完全照搬同期引进的美制战列舰"列特维赞"号。该舰与后者在外观上的主要区别为采用了长艏楼设计，除此之外都差不多，甚至连艏部救生艇吊杆的形状都一样。其装甲材质为克氏钢，防御力尚可。在动力方面，该舰采用的两台蒸汽机总功率为 10600 马力，能提供 16 节的航速，但续航力被大幅削弱至 5900 千米（"列特维赞"号为 9300 千米）。

"波将金"号在服役后不久即爆发了震惊欧洲的起义，这次运动现在也被视为是俄国十月革命的第一步。起义后的"波将金"号前往罗马尼亚寻求庇护，但最终被收回。一战期间，该舰参加了一些针对奥斯曼帝国海军的行动，随着黑海舰队无畏舰的服役，该舰逐渐退居二线。最终在苏联时代的 1923 年被拆毁。

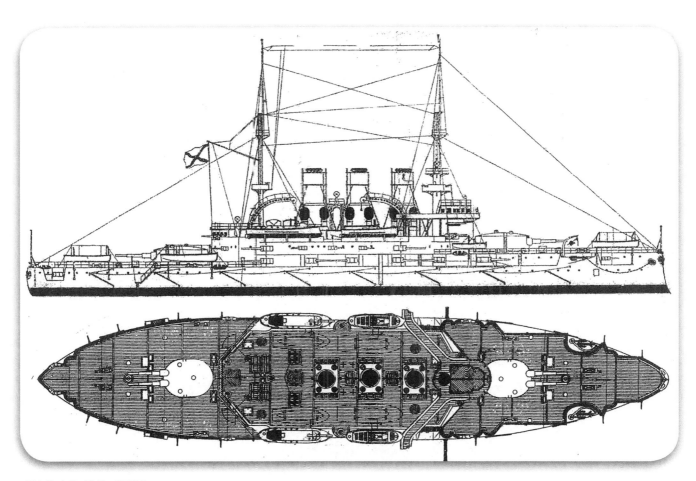

"波将金"号的两视图

"皇太子"号

舰名	皇太子 Tsesarevich
排水量	13105 吨
舰长	118.5 米
舰宽	23.2 米
吃水	7.92 米
航速	18 节
续航力	10200 千米/10 节
船员	778-779
武器	4门305毫米炮，12门152毫米炮，20门75毫米炮，20门47毫米炮，8门37毫米炮，4具381毫米鱼雷发射器
装甲	水线处160-250毫米，主炮炮塔250毫米，炮座250毫米，甲板40-50毫米，指挥塔254毫米

"皇太子"号是由法国为俄国所建造的唯一一艘战列舰。该舰于1899年7月20日开工建造，1901年2月23日下水，1903年8月31日服役。

"皇太子"号的两视图

为了联手对抗英国，俄国与法国在19世纪末关系密切。而打算在海外订购两艘主力舰的俄国人也自然向法国提交了订单。"皇太子"号具备极为明显的法式风格：高干舷船艉楼和明显的舷缘内倾。该舰的大小与"列特维赞"号基本相当，在设计上其12门152毫米副炮全部为双联炮塔算是一大特色。该舰的装甲采用克氏钢，防御十分周密，是历史上第一艘设有防雷纵隔壁的军舰。此外，该舰两台蒸汽机功率为16300马力，最高航速18节，与"列特维赞"号一致。该舰由于上层建筑较高，导致重心偏高，再加上舷缘内倾大，其在海上转向时侧倾严重，稳定性较差。总的来说，"皇太子"号的优缺点都相当突出，这反而勾起了俄国海军部的兴趣，认真对其进行仿造改进，于是诞生了俄国在前无畏舰时代建造数量最多的"博罗季诺"级。

"皇太子"号在建成后被立即编入太平洋舰队。随后不久日俄战争爆发，在日军偷袭旅顺港的行动中该舰被鱼雷命中，但没有造成致命伤。在黄海海战中该舰成为俄国舰队旗舰，战败后在青岛被扣留。战争结束后，"皇太子"号被归还给波罗的海舰队，该舰被用于镇压1906年的芬兰堡叛乱。1908年时，该舰还被用于救援西西里岛地震的受灾者。1917年初波罗的海舰队兵变时，"皇太子"号受到了轻微损伤，同年年底被布尔什维克俘获并于一年后退役。该舰最终在1924至1925年间被拆毁。

1903年时的"皇太子"号

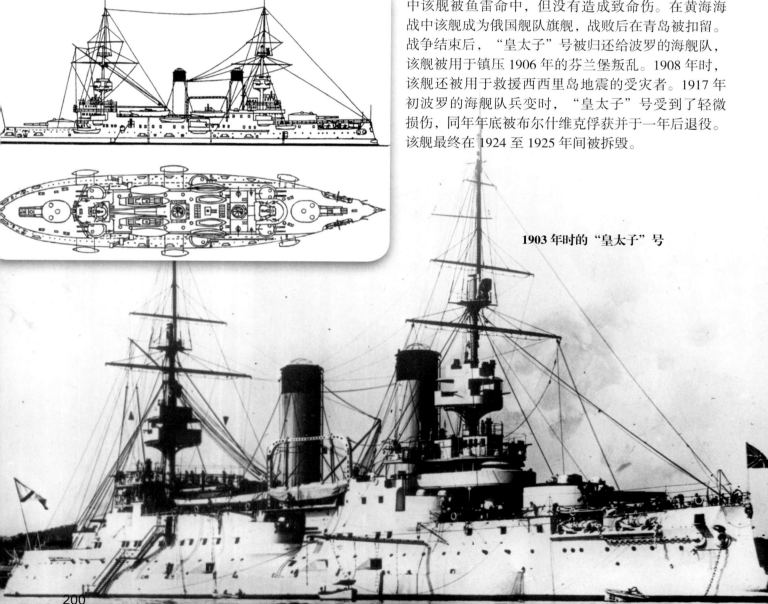

"博罗季诺"级

舰名	博罗季诺 Borodino，亚历山大三世 Imperator Aleksandr III，奥廖尔 Oryol，苏沃洛夫公爵 Knyaz Suvorov，光荣 Slava
排水量	14317-14646 吨
舰长	121 米
舰宽	23.2 米
吃水	8.84 米
航速	18 节
续航力	4800 千米/10 节
船员	854
武器	4 门 305 毫米炮，12 门 152 毫米炮，20 门 75 毫米炮，20 门 47 毫米炮，4 具 381 毫米鱼雷发射器
装甲	水线处 145-194 毫米，主炮炮塔 254 毫米，甲板 25-51 毫米

"博罗季诺"级是俄国建造数量最多的一级前无畏舰。该级舰共建成 5 艘，分别为"博罗季诺"号、"亚历山大三世"号、"奥廖尔"号、"苏沃洛夫公爵"号与"光荣"号。"博罗季诺"号于 1900 年 5 月 23 日开工建造，1901 年 9 月 8 日下水，1904 年 8 月服役。"亚历山大三世"号于 1900 年 5 月 23 日开工建造，1901 年 8 月 3 日下水，1903 年 11 月服役。"奥廖尔"号于 1900 年 6 月 1 日开工建造，1902 年 7 月 19 日下水，1904 年 10 月服役。"苏沃洛夫公爵"号于 1901 年 9 月 8 日开工建造，1902 年 9 月 25 日下水，1904 年 9 月服役。"光荣"号于 1902 年 11 月 1 日开工建造，1903 年 8 月 29 日下水，1905 年 10 月服役。

"博罗季诺"级我国以法制战列舰"皇太子"号为蓝本加以仿制，但做了诸多改进之处。主要为：从水线装甲带上方到中甲板加装防弹片杀伤的薄装甲；而水线装甲带下方到龙骨也装备 102 毫米厚镍合金钢板并加强防雷纵隔壁。作为对这些增重的补偿，该级舰水线装甲厚度（为 194 毫米克氏钢）、防护面积以及在水线以上部分的高度较"皇太子"号都大幅减少，这也为日后对马海战中的悲惨命运埋下了隐患。此外，该级舰还有个最大的败笔，是由于在建造阶段没能控制住上层建筑物的重心而不得不以

"苏沃洛夫公爵"号的两视图

1904 年时的"博罗季诺"号

加深吃水的办法来求得稳定性,然而吃水的加深导致该级舰向远东航行时,不能通过苏伊士运河,不得不耗费大量时间和精力绕过好望角,这也使得俄国舰队由于舟车劳顿而在士气上受到打击。

"博罗季诺"级前4艘数月时间内全部服役,其中除了在1903年底服役的"亚历山大三世"号外,其余3艘由于需要在规定时间内参加第二太平洋舰队的远征,而带有明显的赶工性质。第二太平洋舰队的指挥官为罗杰斯特文斯基,他决定采取最直接的路线通过对马海峡前往海参崴。而在这里,他遇到了东乡平八郎以逸待劳的日本联合舰队。在与日舰的交火中,"博罗季诺"级暴露了自己上层建筑防御不够的弱点,其中旗舰"苏沃洛夫公爵"号的上层建筑几乎被打成了筛子,最先被迫退出战列,而罗杰斯特文斯基也身负重伤,不得不将指挥权暂时交给他人。紧随"苏沃洛夫公爵"号之后,"亚历山大三世"号也因被打得千疮百孔而沉没,而"博罗季诺"号则被日舰"富士"号一炮命中弹药库引发大爆炸而迅速沉没。残余的"奥廖尔"号是"幸运"的,没有追随其余3艘姐妹舰一同沉没,但因无法脱逃而被迫投降。该舰被俘获后更名为"石见"继续在日本海军服役,一战爆发后,参与了炮轰德国殖民地的行动,之后于1921年被改为住宿船,最终在1924年作为靶舰被击沉。

"博罗季诺"级的最后一艘"光荣"号因工期问题未能赶上日俄战争,但却因此得以存活下来。该舰在一战爆发后是1915年8月里加湾海战中俄国舰队中最大的军舰。1917年,"光荣"号在与德国无畏舰"国王"号的一对一战斗中受损严重,最后不得不被凿沉。

1917年时的"光荣"号彩色两视图

1904年时的"奥廖尔"号

"叶夫斯塔菲"级

舰名	叶夫斯塔菲 Evstafi，圣约翰 Ioann Zlatoust
排水量	12738 吨
舰长	117.6 米
舰宽	22.6 米
吃水	8.5 米
航速	16 节
续航力	3900 千米/10 节
船员	928
武器	4 门 305 毫米炮，4 门 203 毫米炮，12 门 152 毫米炮，14 门 75 毫米炮，2 具 450 毫米鱼雷发射器
装甲	水线处 178-229 毫米，甲板 35-70 毫米，炮塔 254 毫米，炮座 254 毫米，指挥塔 203 毫米，船壁 178 毫米

"叶夫斯塔菲"级是俄国为黑海舰队建造的最后一级前无畏舰。该级舰共建成 2 艘，分别为"叶夫斯塔菲"号和"圣约翰"号。"叶夫斯塔菲"号于 1904 年 11 月 13 日开工建造，1906 年 11 月 3 日下水，1911 年 5 月 28 日服役。"圣约翰"号于 1904 年 11 月 13 日开工建造，1906 年 5 月 13 日下水，1911 年 4 月 1 日服役。

"叶夫斯塔菲"级为"波将金"号的改进型战列舰，该舰开工时正值日俄战争爆发，因此有意将工期延迟，以吸取战争中的教训。该舰与前代相比最显著的改进是在装甲堡的四角增设 4 门 203 毫米大口径副炮，同时为 75 毫米副炮加装 76 毫米防护装甲。该级 2 艘下水后不久，英国无畏号开始服役，因此迅速过时。这也使得俄国人对其建造更显敷衍，一直拖到 1911 年才完全建成，在各项性能上早已落后。

"叶夫斯塔菲"级建成后成为黑海舰队的核心力量。一战爆发后，两舰携手在萨利赫角海战中迫使德国战列巡洋舰"戈本"号撤退。1915 年初，双方还有过一次交锋，同样是"叶夫斯塔菲"级成功驱逐了"戈本"号。之后随着黑海舰队的无畏舰服役，该级舰逐渐退居二线，最后在 1922 至 1923 年间被陆续废弃。

1913 年时的"圣约翰"号

1911 年时的"叶夫斯塔菲"号

"圣安德烈"级

舰名	圣安德烈 Andrey Pervozvanny，帕维尔一世 Imperator Pavel I
排水量	17600 吨
舰长	140.2 米
舰宽	24.38 米
吃水	8.23 米
航速	18.5 节
续航力	3900 千米 /12 节
船员	956
武器	4 门 305 毫米炮，14 门 203 毫米炮，12 门 120 毫米炮，14 门 75 毫米炮，2 具 450 毫米鱼雷发射器
装甲	水线处 102-216 毫米，皮带上甲 79-127 毫米，炮廓 79-127 毫米，主炮炮塔 203-254 毫米，副炮炮塔 127-152 毫米，指挥塔 102-203 毫米

"圣安德烈"级是俄国建造的最后一级前无畏舰。该级舰共建成 2 艘，分别为"圣安德烈"号和"帕维尔一世"号。"圣安德烈"号于 1905 年 5 月 11 日开工建造，1906 年 10 月 30 日下水，1911 年 3 月 10 日服役。"帕维尔一世"号于 1905 年 10 月 27 日开工建造，1907 年 9 月 7 日下水，1911 年 3 月 10 日服役。

"圣安德烈"级是俄国建造的最后一级也是威力最强大的前无畏舰。该级舰是"博罗季诺"级的扩大改良型，在建造过程中吸取了日俄战争失败的教训，并由于受到英国最新式战列舰"无畏"号的影响而在建造期间修改了设计。"圣安德烈"级为典型的平甲板型船体，同时前后带舷弧升高干舷，以提升抗浪性。该舰的两座双联装 305 毫米主炮的仰角被增至 35 度，从而显著增加了射程。其副炮有多达 14 门大威力 203 毫米炮，安装在 4 座双联装炮塔和 6 个舷侧炮廓内。该级舰的皮带式装甲带厚 127 毫米，较"博罗季诺"级有所提高，并且在船艏、船艉及皮带式装甲带之上的船体部分都设有能够防御敌舰速射炮的轻装甲。为增加船体强度，"圣安德烈"级还废除了舷窗，但由于强制通风方式不良，影响了居住性。此外值得一提的是，该级舰在一战时期还采用了美国战舰的笼式桅杆，在外观上算是一大特色。

"圣安德烈"号在建成后的大部分时间里都为波罗的海舰队服役。该舰在一战爆发后一直碌碌无为，其船员在 1917 年初参与了波罗的海舰队的起义。内战时期，该舰被布尔什维克用于炮轰红戈尔卡堡垒，后来被英军近海鱼雷艇发射的鱼雷命中，受了重伤。"圣安德烈"号在负伤后从未被修复过，最后于 1923 年报废。

"帕维尔一世"号与其姐妹舰"圣安德烈"号的服役历程类似，其建成后直到 1917 年波罗的海舰队兵变之前都碌碌无为。兵变后该舰被改为"共和国"号，但由于缺乏足够的船员，该舰于 1918 年 10 月其被闲置，直至 1923 年报废。

"圣安德烈"号的两视图

1912 年时的"帕维尔一世"号

普鲁士/德国篇

普鲁士/德国铁甲舰与前无畏舰综述

德国在历史上一直都不是传统海洋国家。尽管其前身普鲁士在18世纪著名的腓特烈大帝的带领下曾几乎横扫欧洲，但其海上力量却弱小到几乎可以被任何一个拥有正规海军的国家蹂躏的地步。缺乏有力海军也使得普鲁士的扩张受到了限制。这一尴尬的境地在普鲁士正式统一德国之后有所改观。在威廉一世之后，其孙威廉二世狂热地痴迷于建造一支旨在与当时海军第一强国——英国相抗衡的新兴海军舰队。而在他的追求下，德国海军终于获得蜕变，并在一战时成为仅次于英国的第二海军强国。而为德国海军的崛起奠定基础的正是本文要为大家介绍的该国早期铁甲舰和前无畏舰。

"阿米尼乌斯"号

舰名	阿米尼乌斯 Arminius
排水量	1829吨
舰长	63.21米
舰宽	10.9米
吃水	7.6米
航速	10节
续航力	3700千米/8节
船员	132
武器	4门21厘米炮
装甲	水线处76-114毫米，炮塔114毫米，指挥塔114毫米

航行中的"阿米尼乌斯"号

"阿米尼乌斯"号是由英国为普鲁士建造的该国第一艘铁甲舰。该舰于1863年开工建造，1864年8月20日下水，1865年4月22日服役。

"阿米尼乌斯"号以普鲁士历史上的著名英雄，曾在条顿堡森林战役中将罗马帝国3支精锐军团全歼的阿米尼乌斯之名命名，足以见得普鲁士人对它的重视。事实上该舰仅仅是一艘1000多吨的小型炮塔舰，其4门21厘米（普鲁士/德国的火炮口径习惯以厘米计算）主炮被安置在2座对角式炮塔中，并且没有除此之外的其他武装。不过1881年之后，该舰陆续安装了4门自卫用的机关炮和一具35厘米鱼雷发射器。该舰的船体防御为229毫米柚木外包裹114毫米熟铁装甲，而炮塔的木衬则达到了406毫米。由于干舷极低且动力不足，"阿米尼乌斯"号的最高航速仅为10节，是不折不扣的"岸防型铁甲舰"。

"阿米尼乌斯"号在建成后担任普鲁士海军的海岸警戒主力，之后参加了普奥和普法战争，在一次突破法军海上封锁的行动中表现活跃。战后，"阿米尼乌斯"号从海军一线部队中退出，主要担负各种训练和其他辅助任务，但其寿命很长，直至1901年才被变卖并于一年后拆毁。

"阿德尔伯特亲王"号

舰名	阿德尔伯特亲王 Prinz Adalbert
排水量	1560 吨
舰长	56.96 米
舰宽	9.92 米
吃水	5.02 米
航速	9.5 节
续航力	2200 千米/8 节
船员	130
武器	1 门 21 厘米炮，2 门 17 厘米炮
装甲	水线处 127 毫米，炮塔 114 毫米

"阿德尔伯特亲王"号是普鲁士第一艘具备明显冲角的铁甲舰。该舰于 1864 年 6 月开工建造，1865 年 7 月 10 日下水，1866 年 6 月 9 日服役。

"阿德尔伯特亲王"号也是一艘仅有 1000 多吨的小型铁甲舰，甚至比"阿米尼乌斯"号还要略小一些。该舰的主要武器除了 2 座旋转炮塔外还有船艏十分夸张的冲角，这就意味着撞击是该舰一个十分重要的战斗手段。然而该舰动力系统孱弱，最高输出仅为 1200 马力，这使得该舰在实施冲撞战术时不能获得足够的动能，因此战斗力成疑。

"阿德尔伯特亲王"号在建成后被用于参加普法战争中突破法军对港口的封锁，之后又作为汉堡的警戒船。不过由于内衬木料过早腐烂，该舰不得不于 1871 年提前退出现役，最后于 1878 年被拆毁。

与远处的"阿米尼乌斯"号一起停泊在锚地的"阿德尔伯特亲王"号

"腓特烈·卡尔"号

舰名	腓特烈·卡尔 Friedrich kahr
排水量	6932 吨
舰长	94.14 米
舰宽	16.6 米
吃水	6.9 米
航速	13.5 节
续航力	4090 千米/10 节
船员	531
武器	2 门 21 厘米炮（22 倍径），14 门 21 厘米炮（19 倍径）
装甲	水线处 127 毫米，指挥塔 114 毫米

"腓特烈·卡尔"号是普鲁士海军装备的第一艘中大型铁甲舰。该舰于 1866 年开工建造，1867 年 1 月 16 日下水，1867 年 10 月 3 日服役。

"腓特烈·卡尔"号是一艘将主炮集中布置在舯部的船腰炮室铁甲舰。该舰装备 16 门 21 厘米火炮，但身管倍径却分为两类。该舰的装甲结构和厚度与最早的两艘小型铁甲舰类似，但由于船体大幅加大，总体防御能力有所下降。此外，该舰的动力系统得到大幅加强，从而使最高航速升至 13.5 节，达到了当时主流远洋铁甲舰的水准。

"腓特烈·卡尔"号在建成后被用于普法战争突破法军对港口的封锁。然而由于动力系统的故障，该舰只参与了 2 次军事行动。普法战争结束后，"腓特烈·卡尔"号曾参与干涉 1873 年的西班牙革命。1880 年，该舰被用作警戒船，到 1895 年退出一线，以训练舰的身份服役。1905 年，该舰被除役并于次年拆毁。

拍摄于 1896 年的"腓特烈·卡尔"号

"王储"号

舰名	王储 Kronprinz
排水量	5767 吨
舰长	89.44 米
舰宽	15.2 米
吃水	7.85 米
航速	14.7 节
续航力	5900 千米/10 节
船员	541
武器	2 门 21 厘米炮（22 倍径），14 门 21 厘米炮（19 倍径）
装甲	水线处 76-124 毫米

"王储"号也是一艘由英国为普鲁士所建造的铁甲舰。该舰于 1866 年开工建造，1867 年 5 月 6 日下水，1867 年 9 月 19 日服役。

"王储"号是一艘结构较为简单的船腰炮室铁甲舰，其建造总工期仅为一年多时间。该舰的武备与"腓特烈·卡尔"号完全一致，只是吨位稍小一些。值得一提的是，该舰的船艉只有一部螺旋桨推进器，但由于蒸汽机功率的提高，该舰能够达到 14.7 节的航速。

"王储"号在建成之后赶上了普法战争的爆发，被计划用于打破法军的封锁，但引擎故障制约了它的发挥。该舰因而只参加了 2 次实战并且没有达到预期的战果。战后，"王储"号一直被用于帝国海军的训练，后来曾增加了一些机关炮作为辅助武器。1901 年，该舰被改造为锅炉房人员专有的技能训练船，最后于 1921 年被拆毁。

"王储"号画作

"威廉国王"号

舰名	威廉国王 König Wilhelm
排水量	9757 吨
舰长	112.2 米
舰宽	18.3 米
吃水	8.56 米
航速	14.7 节
续航力	2400 千米 /10 节
船员	730
武器	18 门 24 厘米炮，5 门 21 厘米炮
装甲	水线处 152~305 毫米，船腰炮室 150 毫米

"威廉国王"号是普鲁士建造过的最大的船腰炮室铁甲舰。该舰于 1865 年开工建造，1868 年 4 月 25 日下水，1869 年 2 月 20 日服役。

"威廉国王"号的船体长度超过了 112 米，是当时最长的铁甲舰之一。该舰在狭长的船体上布置了 23 门 21 至 24 厘米火炮，其中 4 门 21 厘米炮被安置在前后 4 个船肩突出的装甲堡中，具有相对较好的射界。该舰的装甲采用铁质，其水线处最厚达到 305 毫米，是当时水线装甲厚度最大的铁甲舰。相对而言，其中央装甲堡的防护就显得较为一般，仅为 150 毫米。该舰后期曾被重建为装甲巡洋舰，其铁甲被更换为防御力更佳的钢甲。

"威廉国王"号在建成时理所应当成为普鲁士海军最大和最强的军舰。该舰在普法战争期间担任普军旗舰，但动力系统故障阻止了该舰参加实际行动。1878 年，"威廉国王"号意外撞沉了友舰"大选帝侯"号。1895 至 1896 年，"威廉国王"号接受改造摇身一变成为一艘装甲巡洋舰，但该舰落后的舰型使其在 1904 年被新式军舰所取代，不得不于一年后退役。1921 年，该舰最终被拆毁。

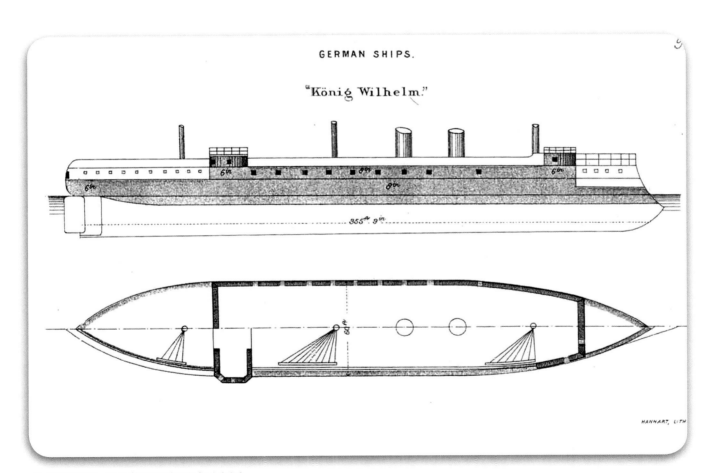

"威廉国王"号的装甲防御区域示意图

"汉萨"号

舰名	汉萨 Hansa
排水量	4404 吨
舰长	73.5 米
舰宽	14.1 米
吃水	5.74 米
航速	12 节
续航力	2460 千米 /10 节
船员	399
武器	8 门 21 厘米炮
装甲	水线处 114~152 毫米,船腰炮室 114 毫米

"汉萨"号于 1868 年开工建造,1872 年 10 月 26 日下水,1875 年 5 月 19 日服役。

在普鲁士 / 德国所服役的早期铁甲舰中,"汉萨"号是默默无闻的,然而它却是德意志诸邦统一为德意志帝国后建成服役的第一艘铁甲舰。该舰采用保守的船腰炮室布局,在中央装甲堡中搭载有 8 门 19 倍口径 21 厘米火炮,火力十分平庸,其装甲厚度也与最原始的铁甲舰"勇士"号基本处于一个水平,最高航速也仅为 12 节。无论从哪个角度来看,该舰都是一艘落后于时代的战舰。

"汉萨"号在建成最初的 9 年都在德国海外殖民地服役。但该舰在 1884 年被发现其铁壳严重腐蚀,不能再继续服役。尽管经过了修复工作,但仍被调离一线部队,仅担负各种次要任务。1884 年,该舰被改造为住宿船,最后在 1906 年被拆毁。

1880 年停泊在基尔的"汉萨"号

"普鲁士"级

舰名	普鲁士 Preussen，大选帝侯 Grosser Ku-fürst，腓特烈大帝 Friedrich der Grosse
排水量	7718 吨
舰长	96.59 米
舰宽	16.3 米
吃水	7.11 米
航速	14 节
续航力	3130 千米/10 节
船员	500
武器	4 门 26 厘米炮，2 门 17 厘米炮
装甲	水线上部 203 毫米，水线下部 102–229 毫米，炮塔 203–254 毫米

"普鲁士"级是德国统一后建成的第一级有桅炮塔舰。该级舰共建成 3 艘，分别为"普鲁士"号、"大选帝侯"号和"腓特烈大帝"号。"普鲁士"号于 1871 年开工建造，1873 年 11 月 22 日下水，1876 年 7 月 4 日服役。"大选帝侯"号于 1869 年开工建造，1875 年 9 月 17 日下水，1878 年 5 月 9 日服役。"腓特烈大帝"号于 1871 年开工建造，1874 年 9 月 20 日下水，1877 年 11 月 22 日服役。

在经历了数艘船腰炮室铁甲舰的建造后，"普鲁士"级终于回归了先进的炮塔设计。4 门 22 倍口径 26 厘米炮被安置在舯部 2 座完全旋转的炮塔中，不过只能对舷侧进行射击。该级舰的水线装甲分为两段式，下段几乎覆盖全部船身，由舯部的 229 毫米向船艏、船艉递减至 102 毫米；上段仅覆盖舯部装甲堡区域，厚度为 203 毫米。无论是炮塔还是船体，在装甲内侧都衬有 260 毫米柚木以增强整体坚固性。

"普鲁士"号在完工后一直在舰队服役，直至 1891 年。在期间该舰曾多次被派往地中海执行巡航任务。1891 年之后该舰退居二线，担任港口警戒船直至 1896 年。该舰的晚期生涯曾被改装为补给舰和运煤船，最后于 1919 年被变卖。

"大选帝侯"号是一艘不幸的军舰，该舰在其处女航中即告沉没。造成其沉没的"罪魁祸首"居然是友舰"威廉国王"号。1878 年 5 月 31 日，"大选帝侯"号在驶往英吉利海峡的首航中碰到了一队渔船，为了躲避它们，"大选帝侯"号与"威廉国王"号的距离过近最终导致了碰撞发生。仅仅 8 分钟该舰便沉入海底，这导致舰上 276 人中有 269 人死去。

"腓特烈大帝"号建成后在一线部队服役至 1896 年，期间多次作为威廉二世对他国进行访问的护卫军舰出镜。该舰在 1896 年后退居二线，曾被用作港口警戒船、运煤船和鱼雷补给船，最后在 1919 年退役、1920 年被拆毁。

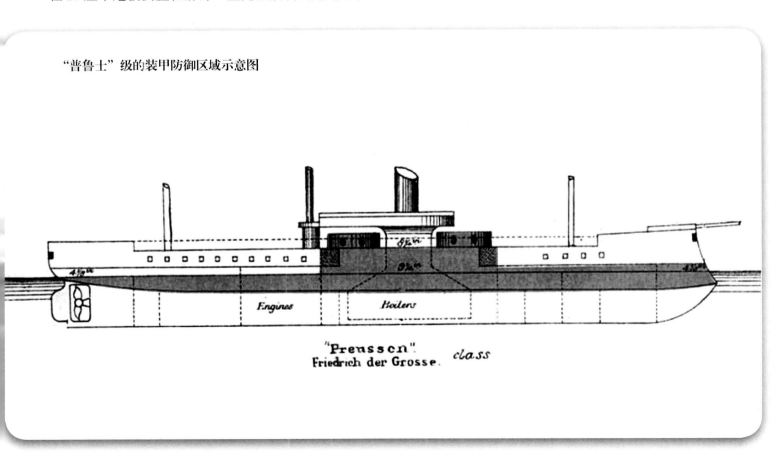

"普鲁士"级的装甲防御区域示意图

沉没中的"大选帝侯"号

1887年时的"腓特烈大帝"号

"皇帝"级

舰名	皇帝 Kaiser，德意志 Deutschland
排水量	8940 吨
舰长	89.34 米
舰宽	19.1 米
吃水	7.39 米
航速	14.6 节
续航力	4570 千米/10 节
船员	600
武器	8 门 26 厘米炮
装甲	水线处 127-254 毫米，甲板 38-51 毫米，船腰炮室 203 毫米

"皇帝"级是由英国著名船舶设计师爱德华·里德爵士所设计的一级船腰炮室铁甲舰。该级舰共建成 2 艘，分别为"皇帝"号和"德意志"号。"皇帝"号于 1871 年开工建造，1874 年 3 月 19 日下水，1875 年 2 月 13 日服役。"德意志"号于 1872 年开工建造，1874 年 9 月 12 日下水，1875 年 7 月 20 日服役。

"皇帝"级是作为传统的船腰炮室铁甲舰来设计的。该级舰装备的 8 门 20 倍口径 26 厘米主炮被安置在偏船舯位置的中央装甲堡中，装甲堡明显突出，射界良好。该级舰在 1890 年曾被大幅改造摇身一变成为装甲巡洋舰，在甲板上增加了许多炮塔式速射炮以提升近战火力；同时减少一根桅杆并彻底取消了风帆动力。值得一提的是，该级舰还是德国首个敷设装甲甲板的主力舰。

"皇帝"号在建成后主要用于训练和参加演习。到了 1880 年，船腰炮室铁甲舰已经完全落后，于是该舰在 19 世纪 90 年代早期接受大改装成为一艘装甲巡洋舰。尽管受限于航速，"皇帝"号并不能很好地履行巡洋舰的职责，但其还是被派至远东作为旗舰一直服役至 1899 年。1904 年，该舰转入二线服役，一战结束后于 1919 年被拆毁。

"德意志"号以德意志帝国之名命名，足见其早期地位的重要性。该舰的服役轨迹与"皇帝"号类似，不过在 19 世纪 80 年代末曾多次担任威廉二世访问国外的护卫军舰出镜。在被改造为装甲巡洋舰后，"德意志"号被派往远东，后于 1900 年回到国内，逐渐退居二线。该舰最后在 1908 年被变卖。

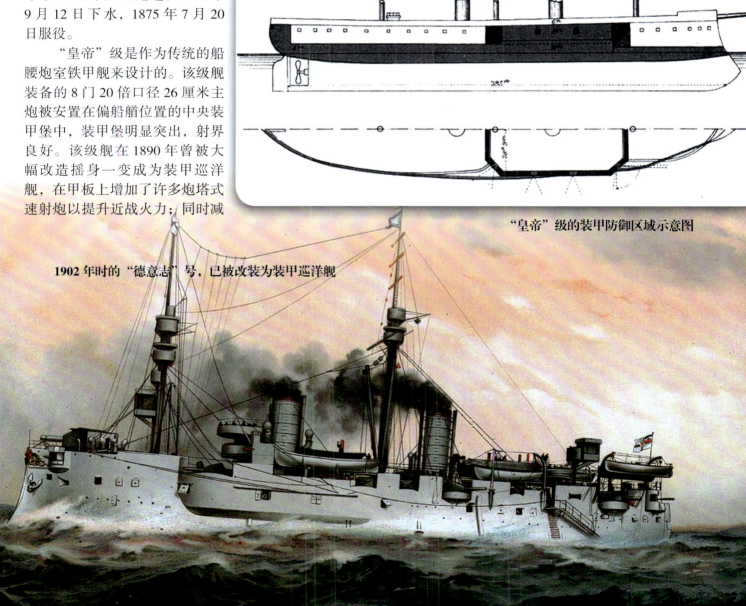

"皇帝"级的装甲防御区域示意图

1902 年时的"德意志"号，已被改装为装甲巡洋舰

"萨克森"级

舰名	萨克森 Sachsen，拜恩 Bayern，符腾堡 Württemberg，巴登 Baden
排水量	7635 吨
舰长	98.2 米
舰宽	18.4 米
吃水	6.32 米
航速	13 节
续航力	3590 千米/10 节
船员	317
武器	6 门 26 厘米炮，6 门 8.7 厘米炮，8 门 3.7 厘米炮
装甲	水线处 203-254 毫米，甲板 50-75 毫米

"萨克森"级是德国建造的数量最多的一级铁甲舰。该级舰共建成 4 艘，分别为"萨克森"号、"拜恩"号、"符腾堡"号与"巴登"号。"萨克森"号于 1875 年 4 月开工建造，1877 年 7 月 21 日下水，1878 年 10 月 20 日服役。"拜恩"号于 1874 年开工建造，1878 年 5 月 13 日下水，1881 年 8 月 4 日服役。"符腾堡"号于 1876 年开工建造，1878 年 11 月 9 日下水，1881 年 5 月 9 日服役。"巴登"号于 1876 年开工建造，1880 年 7 月 28 日下水，1883 年 9 月 24 日服役。

"萨克森"级具有 6 座安装在露天炮座上的 22 倍口径 26 厘米主炮，其中 4 座位于舯部的装甲堡中，另有 2 座被放置在船艏附近的小型装甲堡内。值得一提的是，该级舰是清朝著名铁甲舰"定远"级的前身。二者在除主炮之外的布局几乎一致，但"定远"级采取了英国"不屈"号那样的两座对角线布置的炮塔式主炮设计，并且口径更大（为 305 毫米），因此在火力上要明显优于"萨克森"级。

"萨克森"号在建成时被用于与法国和俄国主力舰对抗，不过实际上并未参战。该舰在服役生涯常用来参加演习或护航行动。1901 年，该舰在执行警戒任务时不幸触礁沉没，次年被移出现役。1911 年，该舰被打捞作为海上固定靶，最后拆毁于 1919 年。

"拜恩"号在服役后参加了多次训练和巡航任务。19 世纪 80 年代，该舰参与了护送威廉二世访问大不列颠以及一些其他外事访问活动。1895 至 1898 年，该舰进行了广泛的现代化改造，将烟囱合并为一根。该舰在 1910 年退役，最后于 1919 年被变卖。

"符腾堡"号与"拜恩"号一样在服役后参加了护送威廉二世访问大不列颠以及一些其他外事访问活动，此外便主要用于训练和护航任务。1898 至 1899 年，该舰接受了现代化改造，在 1906 年之后退居二线，最后在 1920 年被拆毁。

"巴登"号的服役历程与前两艘姐妹舰类似，其接受现代化改造的时间为 1896 至 1897 年，后直至 1910 年都活跃于一线舰队，但仅担负训练任务。1920 至 1930 年，该舰被作为仓库船保留，最后在 1938 年被变卖。

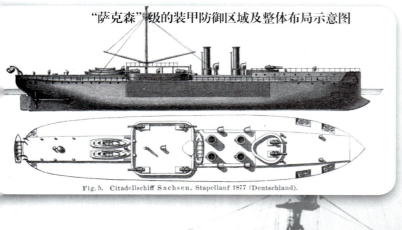

"萨克森"级的装甲防御区域及整体布局示意图

1893 年时的"拜恩"号

普鲁士/德国篇

1902年时的"符腾堡"号

1900年时的"巴登"号

"奥尔登堡"号

舰名	奥尔登堡 Oldenburg
排水量	5743 吨
舰长	79.8 米
舰宽	18 米
吃水	6.28 米
航速	13.8 节
续航力	3280 千米 /9 节
船员	389
武器	8 门 24 厘米炮，4 门 15 厘米炮，2 门 8.8 厘米炮，4 具 35 厘米鱼雷发射器
装甲	水线处 200-300 毫米，船腰炮室 150 毫米

"奥尔登堡"号是德国建造的最后一艘铁甲舰。该舰于 1883 年开工建造，1884 年 12 月 20 日下水，1886 年 4 月 8 日服役。

"奥尔登堡"号是一艘传统意义上的船腰炮室铁甲舰，这样的设计在 19 世纪 80 年代已经完全落伍，同时其吨位和大小在同时代只能算二等主力舰。该舰装备的 8 门 24 厘米主炮中有 6 门被安放在较低层的中央装甲堡中，另有 2 门被安放在较高的露天平台上。"奥尔登堡"号在水线上的装甲防御区域较小，其船体的大部分都是无装甲的，抗弹能力较弱。不过值得一提的是，该舰是第一艘完全由德国国内设计建造的主力舰。

"奥尔登堡"号在服役期间并未见其参加过任何战斗。其参加了德国海军在 19 世纪 80 年代末至 19 世纪 90 年代初的大多数舰队演习。1897 至 1898 年间，"奥尔登堡"号参与抗议希腊吞并克里特岛的示威行动。1900 年，该舰从一线退出改为港口警戒船。1912 至 1919 年，该舰沦为靶舰，最后在 1919 年被拆毁。

1902 年时的"奥尔登堡"号

普鲁士/德国篇

"勃兰登堡"级

舰名	勃兰登堡 Brandenburg，选帝侯腓特烈·威廉 Kurfürst Friedrich Wilhelm，魏森堡 Weissenburg，伍尔特 Wörth
排水量	10670 吨
舰长	115.7 米
舰宽	19.5 米
吃水	7.6 米
航速	16.5 节
续航力	8300 千米/10 节
船员	568
武器	4 门 28 厘米炮（40 倍径），2 门 28 厘米炮（35 倍径），8 门 10.5 厘米炮，8 门 8.8 厘米炮，3 具 45 厘米鱼雷发射器
装甲	水线处 400 毫米，炮座 300 毫米，甲板 60 毫米

"勃兰登堡"级是德国建造的首级前无畏舰。该级舰共建成4艘，分别为"勃兰登堡"号、"选帝侯腓特烈·威廉"号、"魏森堡"号与"伍尔特"号。"勃兰登堡"号于1890年5月开工建造，1891年9月21日下水，1893年11月19日服役。"选帝侯腓特烈·威廉"号于1890年开工建造，1891年6月30日下水，1894年4月29日服役。"魏森堡"号于1890年5月开工建造，1891年12月14日下水，1894年10月14日服役。"伍尔特"号于1890年5月开工建造，1892年8月6日下水，1893年10月31日服役。

"勃兰登堡"级是德国海军所拥有的第一级前无畏舰，其采用中线炮塔布局，相较前辈"奥尔登堡"号在设计上有了质的飞跃。值得一提的是，该级舰有3座主炮炮塔，其中一座位于舯部，身管倍径要略逊于船艏、船艉的主炮，可以对舷侧进行射击。该舰的中间炮塔由于在射击时会造成上层建筑毁坏而被摒弃，但这种设计后来却在无畏舰上被广泛采纳。"勃兰登堡"级战列舰的前两艘采用了铁钢复合式装甲，而后两艘则采用哈氏钢叠加镍合金钢的装甲。该级舰的设计航速为16.5节，实际最高可达到16.9节，不过首舰"勃兰登堡"号则只有16.3节，总体水平在前无畏舰中属于中流。

"勃兰登堡"号在建成后的前十年里一直在战列舰第一分队服役，不过仅限于执行一些训练和对外国港口的友好访问活动。1900年，该舰被派往远东镇压义和团运动，这也是其首次执行作战任务。一战爆发后，该舰早已过时，作为海岸警戒船使用，并且在1915年12月退出现役改为住宿船。"勃兰登堡"号最后在1920年被拆毁。

"选帝侯腓特烈·威廉"号在建成后被用作帝国舰队旗舰，直至1900年。随后该舰被派往远东执行对义和团的镇压行动。1904至1905年，该舰接受了

1902年时的"勃兰登堡"号

1900年时的"选帝侯腓特烈·威廉"号，该照片为上色照片

现代化改造，不过并未在德军中服役太长时间。1910年，"选帝侯腓特烈·威廉"号被卖给奥斯曼帝国，更名为"巴巴罗斯·海雷丁"号继续服役。该舰在一战中参加了与协约国舰队的对抗，1915年8月，该舰被英国潜艇E-11发射的鱼雷击沉。

"魏森堡"号的服役履历与"选帝侯腓特烈·威廉"号相似，其参与的主要作战任务只有镇压义和团。1910年，该舰被卖给奥斯曼帝国并更名为"图尔吉特·雷斯"号。一战爆发后，该舰参加了达达尼尔海峡战役，被用于与协约国舰队的对抗。1915年8月，该舰退役，战争结束后被用作运兵船，后又改为训练船，最后直至1950年才被拆毁。

"伍尔特"号的服役履历与首舰"勃兰登堡"号相似，其参与的主要作战任务只有镇压义和团。1906年，由于已经落伍，该舰从一线序列退出担任海岸警戒船。一战爆发后的头两年，该舰未见有任何行动，从1916年开始担任运兵船直到战争结束。该舰最后在1919年被拆毁。

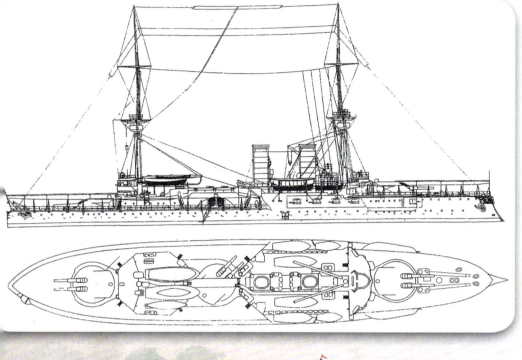

"勃兰登堡"级的两视图

1902年时的"魏森堡"号

"腓特烈三世"级

舰名	腓特烈三世 Kaiser Friedrich III，威廉二世 Kaiser Wilhelm II，威廉大帝 Kaiser Wilhelm der Grosse，查理曼大帝 Kaiser Karl der Grosse，巴巴罗萨 Kaiser Barbarossa
排水量	11785 吨
舰长	125.3 米
舰宽	20.4 米
吃水	7.89 米
航速	17.5 节
续航力	6330 千米/10 节
船员	658-687
武器	4 门 24 厘米炮，18 门 15 厘米炮，12 门 8.8 厘米炮，12 门 3.7 厘米炮，6 具 45 厘米鱼雷发射器
装甲	水线处 150-300 毫米，甲板 65 毫米，指挥塔 250 毫米，炮塔 250 毫米，炮廓 150 毫米

"腓特烈三世"级是一级全部以德国历史上著名皇帝之名命名的前无畏舰。该级舰共建成 5 艘，分别为"腓特烈三世"号、"威廉二世"号、"威廉大帝"号、"查理曼大帝"号与"巴巴罗萨"号。"腓特烈三世"号于 1895 年 3 月 5 日开工建造，1896 年 7 月 1 日下水，1899 年 10 月 7 日服役。"威廉二世"号于 1896 年 10 月开工建造，1897 年 9 月 14 日下水，1900 年 2 月 13 日服役。"威廉大帝"号于 1898 年 1 月开工建造，1899 年 6 月 1 日下水，1901 年 5 月 5 日服役。"查理曼大帝"号于 1898 年 9 月开工建造，1899 年 10 月 18 日下水，1902 年 2 月 4 日服役。"巴巴罗萨"号于 1898 年 8 月 3 日开工建造，1900 年 4 月 21 日下水，1901 年 6 月 10 日服役。

"腓特烈三世"级是第一级全装速射炮的战列舰。该舰的设计受到甲午战争时黄海海战的影响，当时日舰使用速射炮压制住了北洋水师的几艘主力舰，使其大口径主炮难有发挥余地。24 厘米炮（实际口径为 238 毫米）正是当时能够建造出的速射炮的口径极限。而选择小口径主炮的另一个原因则是德国所属的北海海域气象条件恶劣，观瞄距离有限，炮战距离不会很远，因而"腓特烈三世"级可以在较近距离发挥速射炮的优势。此外，该级舰还以 15 厘米大口径副炮代替了 10.5 厘米炮，与灵活的 8.8 厘米炮形成高低搭配，日后成为德国战列舰的标配。在防御系统上，该级舰使用了克氏钢，尽管削减了装甲厚度，但由于钢材质的提升和扩大了防御面积，其防护力比"勃兰登堡"级大幅提升。

"腓特烈三世"号在服役后又经历了一年漫长的海试和修改，直至 1899 年 10 月才见其参与舰队活动。其服役早期主要是参加训练和访问。1901 年，该舰在触礁后受损严重，这导致后续舰级都加强了水下防撞措施。"腓特烈三世"号在 1908 年接受了现代化改造，但之后被编入预备役，在一战时期仅担负海岸警戒任务，后于 1915 年 11 月退役。该舰在退役后被用作监狱船和住宿船，最后在 1920 年被拆毁。

1900 年时的"腓特烈三世"号

"威廉二世"号在建成后直至1906年担任现役战斗舰队旗舰。1908年，随着更多新式无畏舰的服役，该舰退居二线。1910至1912年，该舰担任波罗的海的训练船只。一战爆发后，"威廉二世"号成为海岸警戒船并担任过公海舰队的指挥舰。德国战败后，该舰从海军序列被清除，并在1920年早期被拆毁。

"威廉大帝"号的早期生涯十分平静，其曾在1908至1910年接受改造，之后被分配至预备役。一战爆发后，该舰和其他姐妹舰主要负责北海的海岸警戒任务，同时还短暂部署在波罗的海。1915年底，"威廉大帝"号退役，战后被出售。

"查理曼大帝"号在1908年被认为是过时的而退出现役，后在预备役担任一些次要任务。一战爆发后，主要被用作海岸警戒船，在1915年2月再次退出现役。"查理曼大帝"号在晚期生涯被用作训练舰和监狱船，最后于1920年被拆毁。

"巴巴罗萨"号在服役后不久于1903年损坏了船舵而进行维修，直至1905年初才再次服役。1909年，该舰被降至预备役，一战爆发后，被部署在北海和波罗的海，但没有用于战斗。1915年2月"巴巴罗萨"号退役后，曾被用作鱼雷目标船和监狱船，最后在1919至1920年间被拆毁。

印有威廉一世头像的"威廉大帝"号明信片

航行中的"威廉二世"号

普鲁士/德国篇

1902年时的"查理曼大帝"号

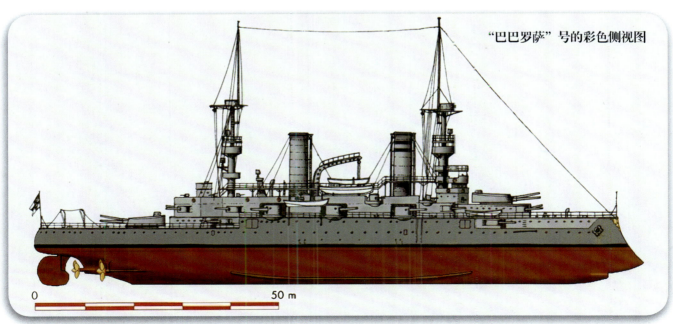

"巴巴罗萨"号的彩色侧视图

221

"维特尔斯巴赫"级

舰名	维特尔斯巴赫 Wittelsbach，韦廷 Wettin，策林根 Zähringen，施瓦本 Schwaben，梅克伦堡 Mecklenburg
排水量	12798 吨
舰长	126.8 米
舰宽	22.8 米
吃水	7.95 米
航速	18 节
续航力	9300 千米 /10 节
船员	680
武器	4 门 24 厘米炮，18 门 15 厘米炮，12 门 8.8 厘米炮，7 具 45 厘米鱼雷发射器
装甲	水线处 100-225 毫米，甲板 50 毫米，炮塔 250 毫米

"维特尔斯巴赫"级战列舰是"腓特烈三世"级的改进型，同样也建造了 5 艘，分别为"维特尔斯巴赫"号、"韦廷"号、"策林根"号、"施瓦本"号与"梅克伦堡"号。"维特尔斯巴赫"号于 1899 年 9 月 30 日开工建造，1900 年 7 月 3 日下水，1902 年 10 月 15 日服役。"韦廷"号于 1899 年 10 月 10 日开工建造，1901 年 6 月 6 日下水，1902 年 10 月 1 日服役。"策林根"号于 1899 年 11 月 21 日开工建造，1901 年 6 月 12 日下水，1902 年 10 月 25 日服役。"施瓦本"号于 1900 年 9 月 15 日开工建造，1901 年 8 月 19 日下水，1904 年 4 月 13 日服役。"梅克伦堡"号于 1900 年 5 月 15 日开工建造，1901 年 11 月 9 日下水，1903 年 6 月 25 日服役。

"维特尔斯巴赫"级作为"腓特烈三世"级的改进型，其仍旧使用 24 厘米速射炮作为主炮，且其余武备和布局与前一级战舰基本一致，只是多出一具额外的鱼雷发射管。与前一级战舰相比，"维特尔斯巴赫"级显著增加了船体宽度，装甲覆盖区域更广，因此防御能力也得到了提升。此外，该级舰的动力被提升至 14000 马力，航速较前一级略有提高。总的来说，"维特尔斯巴赫"级是设计精良的主力舰，但主炮威力过弱限制了它的发展，这是最后一级采用 24 厘米主炮的德国战列舰。

在 20 世纪初，德国舰队被命名为"本土舰队"。完工后，"维特尔斯巴赫"级被陆续分配至第 1 战列舰分队，以取代老式的"勃兰登堡"级战列舰。到 1907 年，"布

1907 年时的"韦廷"号

"维特尔斯巴赫"号的彩色侧视图

伦瑞克"级和"德意志"级开始投入使用。由于具备了两个完整的战列舰分队，本土舰队被重组为"公海舰队"。如同前一级那样，"维特尔斯巴赫"级也在无畏舰服役之后便退出了一线序列。不过随着一战的爆发，5艘同级舰又被召回现役，分配至第4战列舰分队，部署于波罗的海，基本上只执行海岸警戒的任务。1914年9月初，该级舰在波罗的海进行了一次针对俄国海军无果而终的扫荡，随后在1915年该级舰也参加了两次行动，但并未涉及到任何实际战斗。

1915年年底时，英国潜艇在波罗的海日益活跃，几艘德国巡洋舰被击沉，而老旧的"维特尔斯巴赫"级是难以承受鱼雷攻击的。为了避免损失，该级舰于1916年全部退出现役并解除了武装。除了被用作监狱船的"梅克伦堡"号以外，其余各同级舰都成为了训练舰。除"策林根"号，其余4舰分别在1921至1922年间被拆毁。而"策林根"号则幸运地存活了下来，在1926至1927年被重建为由无线电控制的靶舰。二战末期，该舰于1944年被英军轰炸机击沉，其残骸于战后的1949至1950年间被拆毁。

1902年时的"策林根"号

1902年时的"梅克伦堡"号

"布伦瑞克"级

舰名	布伦瑞克 Braunschweig,阿尔萨斯 Elsass,黑森 Hessen,普鲁士 Preussen,洛林 Lothringen
排水量	14394 吨
舰长	127.7 米
舰宽	22.2 米
吃水	8.1 米
航速	18 节
续航力	9600 千米 /10 节
船员	743
武器	4 门 28 厘米炮,14 门 17 厘米炮,18 门 8.8 厘米炮,6 具 45 厘米鱼雷发射器
装甲	水线处 100-225 毫米,甲板 40 毫米,炮塔 250 毫米

"布伦瑞克"级是德国建造的全新的以 28 厘米炮为主炮的前无畏舰。该级舰共建成 5 艘,分别为"布伦瑞克"号、"阿尔萨斯"号、"黑森"号、"普鲁士"号与"洛林"号。"布伦瑞克"号于 1901 年 10 月 24 日开工建造,1902 年 12 月 20 日下水,1904 年 10 月 15 日服役。"阿尔萨斯"号于 1901 年开工建造,1903 年 5 月 26 日下水,1904 年 11 月 29 日服役。"黑森"号于 1902 年 1 月 15 日开工建造,1903 年 9 月 18 日下水,1905 年 9 月 19 日服役。"普鲁士"号于 1902 年 4 月开工建造,1903 年 10 月 30 日下水,1905 年 7 月 12 日服役。"洛林"号于 1902 年 12 月开工建造,1904 年 5 月 27 日下水,1906 年 5 月 18 日服役。

"布伦瑞克"级是德国第一批以与英国舰队作战为首要目的而建造的战列舰,其主、副炮的配置均仿照了英国同类战舰的样式,较以往的设计更加合理。同时该舰还摈弃了 24 厘米主炮,改为威力显著增加的 28 厘米主炮,然而其火力仍然弱于同时代的其他主要海军国家的前无畏舰(基本上都采用 305 毫米主炮)。值得一提的是,该级舰以威力更大的 17 厘米副炮代替了原先的 15 厘米炮,该炮是没有机械装填结构的最大口径火炮,威力令人满意,然而却因弹丸质量增加而降低了射速。"布伦瑞克"级采用克氏钢,厚度与"维特尔斯巴赫"级类似,但改善了防御结构和面积。

"布伦瑞克"号在入役后被编入第二战列舰分队。在此期间被用于各种训练及对国外的友好访问。由于新式无畏舰的大量服役,"布伦瑞克"号于 1913 年退役,但在一年后便因一战爆发而重新启用。1915 年 8 月,该舰在里加湾海战时在当地与俄国战列舰"光荣"号进行了短暂交火。至

"布伦瑞克"号的彩色侧视图

拍摄于 1904 至 1908 年间的"阿尔萨斯"号

印有"黑森"号图案的明信片

1907年时的"普鲁士"号

1915年底,船员短缺和来自英国潜艇的威胁,促使"布伦瑞克"号这样的旧式战列舰退居二线。该舰在剩余的时光里先是作为指挥舰,而后又相继被改为训练舰和住宿船。根据《凡尔赛条约》的规定,"布伦瑞克"号在战争结束后被保留了下来,并于1921至1922年间进行了现代化改造。该舰后加入经过重组的魏玛共和国海军,担任旗舰并入驻北海。1926年1月,该舰再次退役,并于1932年被拆毁。

"阿尔萨斯"号得名于当时属于德国、今天归在法国境内的阿尔萨斯地区。该舰在入役后主要担负训练任务。随着一战的爆发,"阿尔萨斯"号参加了在波罗的海针对俄国海军的行动。1916年由于船员的短缺,该舰只得退居二线,并在战争的剩余时间里担当训练舰。战后,该舰得以留存,并于1923至1924年间进行了现代化改造。其在魏玛共和国海军服役直至1930年,后于1935至1936年间被拆毁。

"黑森"号在建成后被用于各种训练和演习。一战爆发后,该舰主要担任易北河河口以及丹麦海峡的警戒。1916年,该舰被编入第二战列舰分队作为"布伦瑞克"级的唯一成员参加了著名的日德兰海战,曾与英国海军中将贝蒂的战列巡洋舰分队交火。由于在战斗中暴露出实力的不足,"黑森"号在12月退役,而后被改为补给舰。一战结束后该舰被保留,在魏玛共和国海军服役至1934年。随后"黑森"号被改装为靶舰,二战期间曾被用于在波罗的海和北海的破冰作业。德国战败后该舰被割让给了苏联,最后在1960年被拆毁。

"普鲁士"号在建成后曾长期担任第二战列舰分队的旗舰,一战爆发后,在德国海岸和丹麦海峡担任警戒船,并曾短暂与一支英国舰队发生冲突。1916年5月,该舰因被分配至波罗的海担任警戒船而错过了日德兰海战,并且再也没有回到一线服役。战后,该舰被允许保留,在魏玛共和国海军服役至1931年,最后被废弃。

"洛林"号得名于当时属于德国、今天归在法国境内的洛林地区。该舰在入役后主要担负训练任务。一战爆发后,该舰由于舰况不佳,在1916年2月便退居二线,仅作为训练舰执行一些训练任务。战后,该舰被改为补给舰,之后从1920年起一直处于闲置状态,直至1931年被变卖拆解。

正在通过基尔运河的"洛林"号

普鲁士/德国篇

"德意志"级

舰名	德意志 Deutschland, 汉诺威 Hannover, 波美拉尼亚 Pommern, 西里西亚 Schlesien, 石勒苏益格－荷尔斯泰因 Schleswig-Holstein
排水量	14218 吨
舰长	127.6 米
舰宽	22.2 米
吃水	8.21 米
航速	18.5 节
续航力	8900 千米 /10 节
船员	743
武器	4 门 28 厘米炮, 14 门 17 厘米炮, 22 门 8.8 厘米炮, 6 具 45 厘米鱼雷发射器
装甲	水线处 100-240 毫米, 甲板 40 毫米, 炮塔 280 毫米

"德意志"级是德国建造的最后一级前无畏舰。该级舰共建成 5 艘,分别为"德意志"号、"汉诺威"号、"波美拉尼亚"号、"西里西亚"号与"石勒苏益格－荷尔斯泰因"号。"德意志"号于 1903 年 6 月 20 日开工建造,1904 年 11 月 29 日下水,1906 年 8 月 3 日服役。"汉诺威"号于 1904 年 11 月 7 日开工建造,1905 年 9 月 29 日下水,1907 年 10 月 1 日服役。"波美拉尼亚"号于 1904 年 3 月 22 日开工建造,1905 年 12 月 2 日下水,1907 年 8 月 6 日服役。"西里西亚"号于 1904 年 11 月 19 日开工建造,1906 年 5 月 28 日下水,1908 年 5 月 5 日服役。"石勒苏益格－荷尔斯泰因"号于 1905 年 8 月 18 日开工建造,1906 年 12 月 17 日下水,1908 年 7 月 8 日服役。

"德意志"级是德国海军建造的"终极"前无畏舰,除了首舰"德意志"号以外,其余 4 艘均在英国"无畏"号服役之后才服役。该级舰在外观设计上与"布伦瑞克"级极为相似,主炮仍为 40 倍口径的 28 厘米火炮,副炮只是增加了 8.8 厘米速射炮的数量。在防御系统方面,"德意志"级的装甲布局和结构与"布伦瑞克"级十分相似,只是略微增加了水线、炮塔和指挥塔等重点部位的装甲厚度。由于主机功率提升至 17000 马力(除"德意志"号外,后续几艘甚至为 20000 马力),该舰的设计最高航速也略有增加,为 18.5 节。值得一提的是,该级舰的实际最高航速都等于或超过了这个数值,最后一艘服役的"石勒苏益格－荷尔斯泰因"号甚至能达到 19.5 节的高航速,堪称跑得最快的前无畏舰。

"德意志"级在建成后被投入公海舰队服役,"德意志"号甚至担任了公海舰队旗舰直至 1913 年,随后 5 舰一同被转移至第二战列舰分队服役。一战爆发后,"德意志"级 5 艘主要负责易北河河口的警戒。该级舰的所有成员和"布伦瑞克"级 3 号舰"黑森"号都参加了日德兰海战,在夜间的战斗中,"德意志"

一战爆发前夕的"波美拉尼亚"号

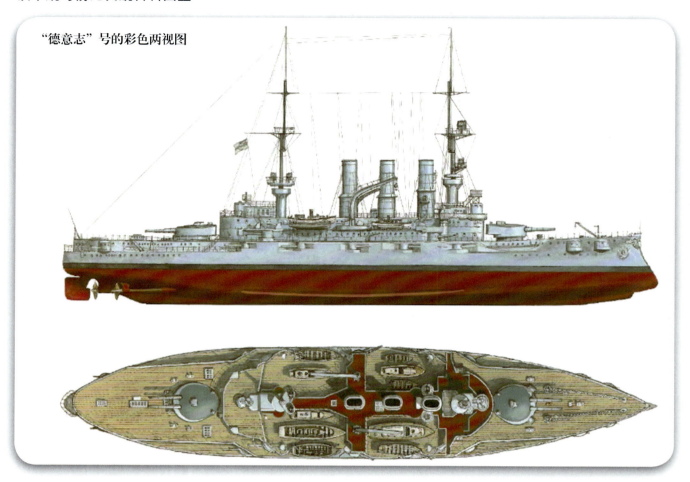

"德意志"号的彩色两视图

印有"汉诺威"号图案的明信片

级所在的第二战列舰分队与英国海军中将贝蒂的战列巡洋舰分队激烈交火,分散了后者的火力,为德国希佩尔舰队中已遭受重创的战列巡洋舰安全脱离创造了机会。在混战中,"德意志"级5艘包括"黑森"号都全部负伤,好在当时能见度极差,得以全身而退。在突破英军的最后一道防线——第12驱逐舰分队的战斗中,该级3号舰"波美拉尼亚"号被英国驱逐舰发射的鱼雷命中导致弹药库爆炸,在剧烈的爆炸过后,这艘倒霉的战舰最终沉入大海。此役暴露了前无畏舰在面对新式战列舰时的孱弱和水密结构的过时,导致"德意志"级及其他前无畏舰纷纷退出一线改为他用。

一战结束后,"德意志"号于1920年被拆毁,成为该级存活的4舰中最早被终结的一艘。"汉诺威"号作为辅助舰艇在海军中仍服役了相当长的时间,直到1944年才在不来梅开始接受拆解,但拆解工作直到1946年才完成。"西里西亚"号和"石勒苏益格－荷尔斯泰因"号则在1930年经历全面现代化改造而参加了二战,"石勒苏益格－荷尔斯泰因"号还曾在1939年9月1日炮击了但泽港的波兰军用设施,打响了二战的第一枪。值得一提的是,该两舰也是唯一安装了雷达的最先进的前无畏舰。最终,这最后活跃于战争的2艘前无畏舰也在1945年德国战败时被迫自沉结束了"生命"。

1937年通过巴拿马运河的"西里西亚"号

编队演习中的"石勒苏益格－荷尔斯泰因"号

意大利篇

意大利铁甲舰与前无畏舰综述

与德国一样,意大利作为一个完整独立的国家相对年轻,不过其海军传统却从风帆时代各邦国一直继承至今。在古代,意大利地区的威尼斯、那不勒斯和热那亚等国都是地中海的豪强。尽管完全统一要迟至1870年,但意大利在1861年基本实现各邦国统一后便成立了"意大利皇家海军"。而几乎在同一时间,铁甲舰的兴起使得木质战舰逐渐走下了历史舞台。在铁甲舰时期,意大利虽然算不上是顶尖的强国,但其以独特的造船技术屹立于诸强之中。本章便为读者介绍意大利在这一时期建造的早期铁甲舰和前无畏舰的基本情况。

"强大"级

舰名	强大 Formidabile,可畏 Terribile
排水量	2682 吨
舰长	65.8 米
舰宽	14.44 米
吃水	5.45 米
航速	10 节
续航力	2400 千米 /10 节
船员	371
武器	4 门 203 毫米炮,16 门 164 毫米炮
装甲	水线处 109 毫米

"强大"级是意大利皇家海军装备的第一级铁甲

1861年时的"强大"号

舰。该级舰共建成2艘，分别为"强大"号和"可畏"号。"强大"号于1860年12月开工建造，1861年10月1日下水，1862年5月服役。"可畏"号于1860年6月开工建造，1861年2月16日下水，1861年9月服役。

"强大"级属于最早期的船旁列炮铁甲舰，其不仅是第一级铁甲舰，也是意大利皇家海军所接受的第一批军舰。该舰为意大利向法国订购建造，采用木质船壳在外敷设铁甲的结构，其本质上还是一艘混合动力的风帆巡航舰，因此这类军舰有时也被称为"装甲巡航舰"。该舰敷设的铁甲厚度为109毫米，可以抵御实心炮弹的打击，在当时的防御力相对不错。

"强大"号在意奥战争中被投入使用，不过由于遭到奥地利沿海炮台的攻击损伤严重，没有参加后来的利萨海战。由于更为先进的铁甲舰的诞生，"强大"号的战后服役生涯十分短暂，很快便被改装为训练舰。该舰在1887年退出现役但是迟至1903年才被拆毁。

"可畏"号在意奥战争中主要负责保护科米扎港，由于距离利萨过远，该舰没能赶上利萨海战。战后，该舰如姐妹舰"强大"号一样因新式铁甲舰的诞生而退居二线，仅担负训练任务。1885年，该舰退出现役，但是迟至1904年才被拆毁。

1869年时的"可畏"号

"卡里尼亚诺王子"级

舰名	卡里尼亚诺王子 Principe di Carignano，墨西拿 Messina，佛得伯爵 Conte Verde
排水量	3446 吨
舰长	72.89 米
舰宽	15.1 米
吃水	7.18 米
航速	10.4 节
续航力	2200 千米 /10 节
船员	572
武器	10 门 203 毫米炮，12 门 164 毫米炮
装甲	水线处 121 毫米

"卡里尼亚诺王子"级是意大利皇家海军所装备的早期铁甲舰。该级舰共建成 3 艘，分别为"卡里尼亚诺王子"号、"墨西拿"和"佛得伯爵"号。"卡里尼亚诺王子"号于 1861 年 1 月开工建造，1863 年 9 月 15 日下水，1865 年 6 月 11 日服役。"墨西拿"号于 1861 年 9 月 28 日开工建造，1864 年 12 月 20 日下水，1867 年 2 月服役。"佛得伯爵"号于 1863 年 3 月 2 日开工建造，1867 年 7 月 29 日下水，1871 年 12 月服役。

与"强大"级相似，"卡里尼亚诺王子"级也是由蒸汽木质巡航舰演变而来。该级舰相对于"强大"级来说有一些小的改进，比如将 203 毫米炮的数量增加、略微增加了装甲厚度和主机功率等。但是由于总体设计上的陈旧，该级舰很快便被证明过时且生命周期较短。

在 1866 年的利萨海战中，最早服役的"卡里尼亚诺王子"号参加了当时的意大利舰队，但是并未过多参与到战斗中去。进入 1870 年后，随着炮塔舰的出现，这种最原始的船旁列炮铁甲舰已经没有了存在的意义，"卡里尼亚诺王子"级只得在 1875 至 1880 年间相继退役，为后续新舰的建造腾出经费。

1863 年时的"卡里尼亚诺王子"号。这也是该级舰唯一存世的照片

"意大利国王"级

舰名	意大利国王 Red'Italia，葡萄牙国王 Redi Portogallo
排水量	5700 吨
舰长	83.82 米
舰宽	16.76 米
吃水	6.17 米
航速	12 节
续航力	5780 千米 /12 节
船员	565
武器	6 门 203 毫米炮（"葡萄牙国王"号为 2 门 254 毫米炮），30 门 164 毫米炮（"葡萄牙国王"号为 26 门）
装甲	水线处 114 毫米，船壁 119 毫米

"意大利国王"级是意大利皇家海军装备的第一级铁质船壳铁甲舰。该级舰共建成 2 艘，分别为"意大利国王"号和"葡萄牙国王"号。"意大利国王"号于 1861 年 11 月 21 日开工建造，1863 年 4 月 18 日下水，1864 年 9 月 14 日服役。"葡萄牙国王"号于 1861 年 12 月开工建造，1863 年 8 月 29 日下水，1864 年 8 月 23 日服役。

"意大利国王"级为意大利向美国订购的铁甲舰。其采用了铁质船壳外衬木板、最外层敷设铁甲的建造方式，与英国第一艘铁甲舰"勇士"号类似。该级舰 2 艘成员的武备略有不同，"葡萄牙国王"号安装了 2 门威力更大的 254 毫米炮，不过在 1870 年改造时，又被更换为"意大利国王"号的 6 门 203 毫米炮的配置。该级舰是意大利第一级铁壳军舰，不过其艉部动力系统部分却没有装甲保护，这为实战埋下了隐患。该级舰在船艏设置了较小的冲角，但由于未采用犁形舰艏，该级舰并不以冲角战术作为重要作战手段。

"意大利国王"号在建成后成为其海军舰队的旗舰，不过在利萨海战前夕被刚刚服役（尚未完全竣工）的炮塔舰"铅锤"号取代。在利萨海战中，"意大利国王"号处于双方混战的核心，该舰遭到奥地利旗舰"费迪南·马克斯大公"号的撞击并沉没。由于此次冲角战术的成功，船舶冲角直至 20 世纪初期都是各国主力舰的必备武器。

"葡萄牙国王"号与姐妹舰一同参加了利萨海战，在战斗中主要负责对付奥地利舰队的木质战舰，期间遭到敌舰"皇帝"号的撞击，但无明显损伤。"葡萄牙国王"号的战后生涯较为短暂，其在 1871 年被改成一艘训练舰。后因船体衬木腐蚀严重，于 1875 年提前退役拆解。

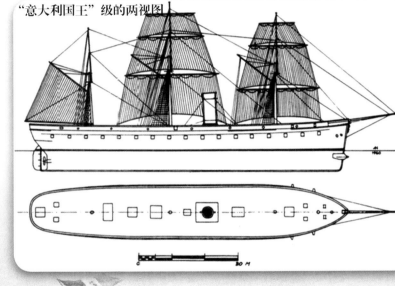

"意大利国王"级的两视图

利萨海战中"意大利国王"号被击沉时的场景

"玛利亚·皮亚皇后"级

舰名	玛利亚·皮亚皇后 Regina Maria Pia，圣马蒂诺 San Martino，卡斯特尔菲达多 Castelfidardo，安科纳 Ancona
排水量	4157-4201 吨
舰长	81.2-81.8 米
舰宽	15.16-15.24 米
吃水	6.35 米
航速	12.96 节
续航力	4800 千米/10 节
船员	480-485
武器	4 门 203 毫米炮，22 门 164 毫米炮
装甲	水线处 121 毫米，船壁 109 毫米

"玛利亚·皮亚皇后"级是意大利首批以冲角为主要武器的铁甲舰。该级舰共建成4艘，分别为"玛利亚·皮亚皇后"号、"圣马蒂诺"号、"卡斯特尔菲达多"号与"安科纳"号。"玛利亚·皮亚皇后"号于1862年7月22日开工建造，1863年4月28日下水，1864年4月17日服役。"圣马蒂诺"号于1862年7月22日开工建造，1863年9月21日下水，1864年11月9日服役。"卡斯特尔菲达多"号于1862年7月22日开工建造，1863年8月1日下水，1864年5月服役。"安科纳"号于1862年8月11日开工建造，1864年10月17日下水，1866年4月服役。

为了能击败在地中海最大的威胁——奥地利，新生的意大利皇家海军从诞生之日起就开始了"海军军备竞赛"。由于意大利造船厂的产能无法满足计划中所需的铁甲舰数量，因此早期铁甲舰有很大一部分是由外国造船厂建造的，而"玛利亚·皮亚皇后"级便是其一。该级舰为向法国订购的第二批铁甲舰，并且完全由法国造船厂设计和建造。该级舰在建造时充分参考了当时比较热门的冲角设计，具备十分夸张的犁形船艏。在武器配备上，该舰采用传统的船旁列炮布局，并使用了铁质船壳。

"玛利亚·皮亚皇后"级共4艘战舰作为意大利铁甲舰分舰队的一部分，全部参加了利萨海战。"玛利亚·皮亚皇后"号在战斗中被敌舰炮火命中导致严重烧伤，"圣马蒂诺"号与"卡斯特尔菲达多"号也有烧伤，但并不严重。"安科纳"号受到的攻击相对较少，其铁甲只有轻微损坏。战后，意大利海军的预算大幅削减，大批船员复原回家，这导致包括"玛利亚·皮亚皇后"级在内的众多舰艇被封存。该级舰在1870年被重建，后主要服务于海外殖民地。1880年代，该级舰都退居二线成为训练舰。最终，"玛利亚·皮亚皇后"号、"圣马蒂诺"号与"安科纳"号在1903至1904年间被拆毁，而"卡斯特尔菲达多"号则担任鱼雷训练舰直到1910年才被变卖。

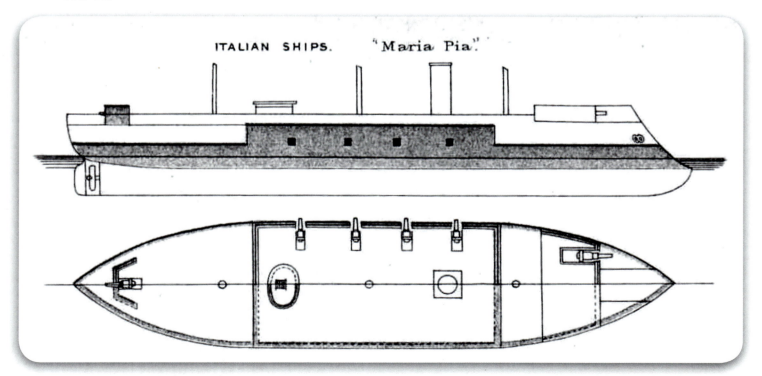

"玛利亚·皮亚皇后"级的装甲防御区域示意图

意大利篇

1866年晚些时候的"卡斯特尔菲达多"号

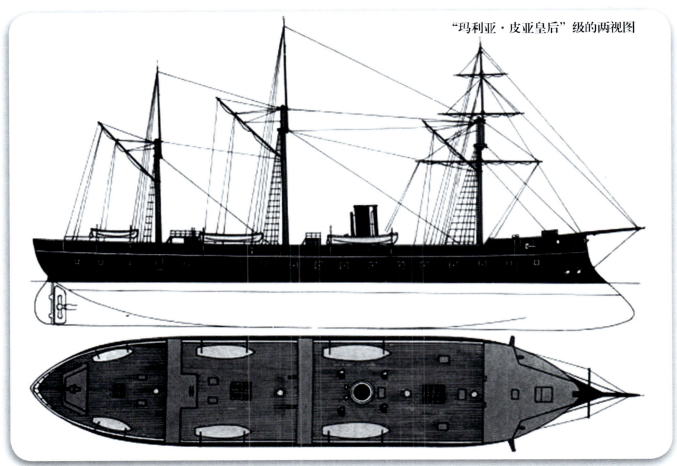

"玛利亚·皮亚皇后"级的两视图

"罗马"级

舰名	罗马 Roma，威尼斯 Venezia
排水量	5698-5722 吨
舰长	79.67 米
舰宽	17.33 米
吃水	7.57 米
航速	13 节
续航力	3590 千米 /10 节
船员	549-551
武器	5门 254 毫米炮，12 门 203 毫米炮（"威尼斯"号为 18 门 254 毫米炮）
装甲	水线处 150 毫米，船腰炮室 121 毫米（"威尼斯"号）（"罗马"号船腰炮室未知）

"罗马"级为意大利皇家海军早期装备的木壳外敷铁甲的铁甲舰之一。该级舰共建成 2 艘，分别为"罗马"号和"威尼斯"号。"罗马"号于 1863 年 2 月开工建造，1865 年 12 月 18 日下水，1869 年 5 月服役。"威尼斯"号于 1863 年 2 月开工建造，1869 年 1 月 21 日下水，1873 年 4 月 1 日服役。

"罗马"级原本是按照最原始的船旁列炮铁甲舰来设计的，但其 2 号舰"威尼斯"号建造时在舯部炮室加装了 121 毫米铁甲，从而改为船腰炮室铁甲舰。该级舰设计混合搭载当时威力较大的 254 毫米炮，2 号舰"威尼斯"号甚至全部搭载了此种口径火炮。不过由于建造周期过长，该级舰在服役时非但没能赶上利萨海战，而且在技术上已完全过时，因此并未在海军中扮演重要角色。

由于在建成时船腰炮室铁甲舰已经十分流行，甚至炮塔舰也已开始崭露头角，"罗马"级可谓"生不逢时"。两舰在其服役生涯里的大部分时间都是执行训练等次要任务。19 世纪 80 年代，"罗马"级被编入预备役并于 1895 年被除籍。1896 年，"罗马"号毁于火灾，而"威尼斯"号则被拆毁。

1876 年时的"威尼斯"号

1870 年时的"罗马"号

"铅锤"号

舰名	铅锤 Affondatore
排水量	4006 吨
舰长	89.56 米
舰宽	12.2 米
吃水	6.35 米
航速	12 节
续航力	3050 千米 /10 节
船员	309–356
武器	2 门 300 磅炮,2 门 80 毫米炮
装甲	水线处 127 毫米,甲板 50 毫米,炮塔 127 毫米

"铅锤"号是意大利皇家海军装备的第一艘有桅炮塔舰。该舰于 1863 年 4 月 11 日开工建造,1865 年 11 月 3 日下水,1866 年 6 月 20 日服役。

"铅锤"号是由英国造船厂设计和建造的意大利铁甲舰。由于意奥战争的爆发,该舰在尚未完工的情况下返回意大利并加入了舰队。该舰最初被设计为使用船艏冲角为主要武器的"装甲撞击舰",但在建造期间,它还配备了两座安装有 300 磅火炮(口径可能为 220 或 228 毫米)的旋转炮塔以及 2 门 80 毫米陆军火炮作为自卫武器。该舰后来进行了重建,将主炮更换为 2 门 254 毫米炮,并增加了一些速射炮。此外值得一提的是,该舰不仅是意大利第一艘炮塔舰,还是第一艘甲板敷设铁甲的军舰。

"铅锤"号在入役后立即作为意大利舰队的旗舰参加了利萨海战。在混战中,该舰处于交战核心并与奥地利战舰进行残酷的近战。战斗期间该舰被奥地利战舰的炮弹多次命中,但并未受到致命伤害。然而在战斗结束后的8月,"铅锤"号在一场风暴中沉没,该舰沉没的原因可能是由其在利萨海战受到的损伤导致的。"铅锤'号在 1867 至 1873 年间被打捞和重建,此后继续在意大利皇家海军服役。1888 至 1889 年,该舰接受了大规模重建,更新了武备和上层建筑。随后由于新式前无畏舰的出现,该舰从一线中退出,在 1904 至 1907 年间担任威尼斯港的警戒船,然后在塔兰托作为浮动武器库使用。该舰的最终命运未知。

"铅锤"号的装甲防御区域示意图

一幅描绘"铅锤"号在利萨海战结束后于风暴中沉没的画作

"阿玛迪奥王子"级

舰名	阿玛迪奥王子 Principe Amedeo，帕莱斯特罗 Palestro
排水量	5761 吨
舰长	79.73 米
舰宽	17.4 米
吃水	7.9 米
航速	12.2 节
续航力	3300 千米 /10 节
船员	548
武器	6 门 254 毫米炮，1 门 279 毫米炮
装甲	水线处 221 毫米，船腰炮室 140 毫米，指挥塔 61 毫米

"阿玛迪奥王子"级是意大利建造的最后一级木质船壳铁甲舰。该级舰共建成 2 艘，分别为"阿玛迪奥王子"号和"帕莱斯特罗"号。"阿玛迪奥王子"号于 1865 年 8 月开工建造，1872 年 1 月 15 日下水，1874 年 12 月 15 日服役。"帕莱斯特罗"号于 1865 年 8 月开工建造，1871 年 9 月 30 日或 10 月 2 日下水，1875 年 7 月 11 日服役。

"阿玛迪奥王子"级是意大利在 1862 年铁甲舰舰队建造计划中最后 2 艘付诸实施的铁甲舰。该舰在设计时曾计划完全采用木制船体，但在建造时则改为铁木混合结构。该舰的布局为典型的船腰炮室结构，但拥有两个装甲堡，分别靠近船艏、船艉部分。前装甲堡安放 2 门向侧舷射击的 254 毫米炮，另有一门向前射击的 279 毫米炮；后装甲堡则安放 4 门分别向两侧射击的 254 毫米炮。为了能使前主炮射击，船艏刻意被降低，这也成为该级舰的最大特征。

由于建成时间较晚，"阿玛迪奥王子"级没能参加意大利统一战争的最后阶段。为了能发挥作用，该级舰被分配到海外殖民地服役。1880 年，"帕莱斯特罗"号参与了迫使奥斯曼帝国签署《柏林条约》将乌尔齐尼（Ulcinj）割让给黑山地区（当时属于意大利）的威慑行动。一年后，"阿玛迪奥王子"号与"罗马"号发生了碰撞，所幸两舰都无大碍。到了 1889 年，已落后的"阿玛迪奥王子"级退出一线开始担负海岸警戒任务。1895 年，"阿玛迪奥王子"号退役并改为补给船，直到 1910 年被变卖。"帕莱斯特罗"号于 1894 年被改为训练舰，最后大约在 1902 至 1904 年间被拆毁。

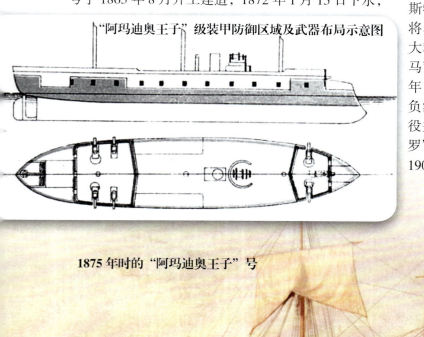

"阿玛迪奥王子"级装甲防御区域及武器布局示意图

1875 年时的"阿玛迪奥王子"号

"卡约·杜里奥"级

舰名	卡约·杜里奥 Caio Duilio，恩里克·丹多洛 Enrico Dandolo
排水量	11025-11138 吨
舰长	109.16 米
舰宽	19.65-19.74 米
吃水	8.31-8.36 米
航速	15-15.04 节
续航力	6960 千米 /10 节
船员	420
武器	4 门 450 毫米炮，3 具 356 毫米鱼雷发射器
装甲	水线处 550 毫米，炮塔 430 毫米，甲板 30-51 毫米

"卡约·杜里奥"级在建成时是世界上拥有最大口径火炮的铁甲舰。该级舰共建成 2 艘，分别为"卡约·杜里奥"号和"恩里克·丹多洛"号。"卡约·杜里奥"号于 1873 年 4 月 24 日开工建造，1876 年 5 月 8 日下水，1880 年 1 月 6 日服役。"恩里克·丹多洛"号于 1873 年 1 月 8 日开工建造，1878 年 7 月 10 日下水，1882 年 4 月 11 日服役。

"卡约·杜里奥"级由造船师贝内代托·布林（Benedetto Brin）设计，最初仅计划搭载 35 吨阿姆斯特朗炮，但几经修改后，最终升级到 100 吨的 450 毫米炮。该级舰上层建筑较为简单，两根烟囱通过飞桥连接到中央的战斗桅杆。该级舰是意大利建造的第一级纯蒸汽动力铁甲舰，完全去除了帆装，只保留有战斗桅杆。除了射速缓慢的巨型主炮外，该级舰几乎没有其他武器，近战能力堪忧。好在服役后期该级舰接受大规模改装，增加了大量速射炮并将华而不实的 450 毫米巨炮替换为高射速的 254 毫米炮，使得实战能力反而得到提升。该舰的装甲非常厚，但为了维持稳定性，船艏、船艉皆无装甲防护，但被细分了多个水密舱。这一设计引起了业内的争议。

"卡约·杜里奥"级是曾经建造过的拥有最大口径舰炮的铁甲舰，但终其生涯并未参与过任何海战和实战行动。早期的该级舰主要用作训练，由于在 1882 年意大利加入德国与奥匈帝国的三国同盟，该级舰的假想敌变为法国，并因此进行了大量演习训练。从 1895 年开始，"恩里克·丹多洛"号接受了广泛的现代化改造，获得了全新的武器和动力系统。而"卡约·杜里奥"号则只在 1900 年接受了有限的改进，主要是增加了速射炮。1902 年，"卡约·杜里奥"号退出一线，1909 年被改为浮动油料仓库，最终命运未知。而"恩里克·丹多洛"号直至一战时期仍被用作海岸警戒船，最终在 1920 年被拆毁。

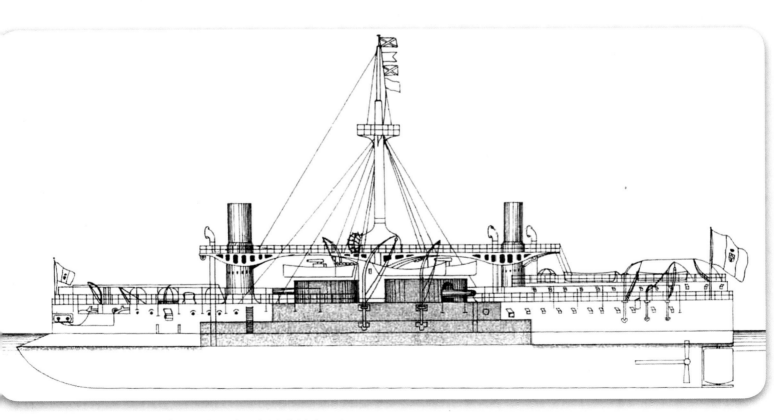

"卡约·杜里奥"级装甲防御区域及布局示意图

"卡约·杜里奥"级彩色侧视图

1898年时的"恩里克·丹多洛"号。此时主炮已经更换为254毫米

"意大利"级

舰名	意大利 Italia，勒班托 Lepanto
排水量	13336-13678 吨
舰长	124.7 米
舰宽	22.34-22.54 米
吃水	8.75-9.39 米
航速	17.8-18.4 节
续航力	9260 千米/10 节
船员	669-701
武器	4门432毫米炮，7门150毫米炮（"勒班托"号为8门152毫米炮），4门119毫米炮，4具356毫米鱼雷发射器
装甲	甲板102毫米，炮座483毫米，指挥塔102毫米

"意大利"级是由著名造船师贝内代托·布林所设计的第二级铁甲舰。该级舰共建成2艘，分别为"意大利"号和"勒班托"号。"意大利"号于1876年1月3日开工建造，1880年9月29日下水，1885年10月16日服役。"勒班托"号于1876年11月4日开工建造，1883年3月17日下水，1887年3月16日服役。

"意大利"级是一艘外观设计和技术指标在当时都极其独特的铁甲舰。该级舰在建造时吸取了"卡约·杜里奥"级在设计上的不足，大幅增加了干舷高度，并在初始设计时便给该级舰搭载了为数众多的副炮，以加强近战能力。不过该级舰由于432毫米主炮过重和干舷过高，而不得不削减副炮数量。

此外，与当时建造的其他铁甲舰最大的区别是，该级舰在设计时就没有配备侧舷装甲。布林认为，以当时的技术无论安装多么厚的装甲，都无法抵御大口径火炮的攻击，而且由于船体尺寸大和干舷过高，该级舰若安装侧舷装甲会导致稳定性急剧下降，因此完全放弃了侧舷装甲的设计。没有了舷侧装甲，看似笨拙的"意大利"级拥有了几乎令人吃惊的航速。在最高航速不超过15节的年代，该级舰竟能达到18节左右的航速。"意大利"级的高速、强大的主炮和薄弱的装甲防护让许多海军历史学家将其描述为战列巡洋舰的前身。

"意大利"级在服役之后的前十年主要用于训练。1897年6月，"勒班托"号代表意大利海军参加了维多利亚女王登基60周年的阅舰式。意大利海军部曾考虑将"恩里克·丹多洛"号按照"意大利"级的布局重建，但因项目耗费过于高昂而放弃。1902年，"勒班托"号被改为一艘射击训练舰，而"意大利"号则在1905至1908年间接受现代化改造，去除了2根烟囱和一些小口径火炮，被用作鱼雷训练舰。1911年9月意大利-奥斯曼帝国战争爆发后，"意大利"级被送至城市外提供防御炮火支援。"勒班托"号在1912年从海军序列中退出，但次年1月13日重新在二线服役，最后在1915年被拆毁。"意大利"号则在一战时担任港口警戒船，最后在1921年被变卖。

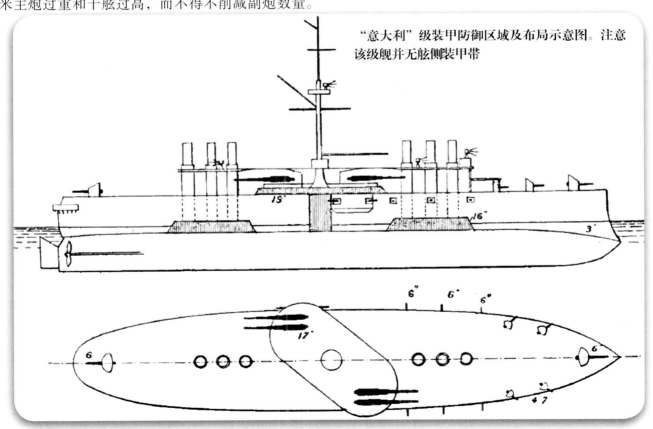

"意大利"级装甲防御区域及布局示意图。注意该级舰并无舷侧装甲带

1897年时的"意大利"号

正在执行下水仪式的"勒班托"号

"劳利亚的鲁杰罗"级

舰名	劳利亚的鲁杰罗 Ruggiero di Lauria，弗朗切斯科·莫罗西尼 Francesco Morosini，安德烈亚·多利亚 Andrea Doria
排水量	9886 吨
舰长	105.9 米
舰宽	19.84 米
吃水	8.29-8.37 米
航速	16-17 节
续航力	5186 千米 /10 节
船员	507-509
武器	4 门 432 毫米炮，2 门 152 毫米炮，4 具 356 毫米鱼雷发射器
装甲	水线处 451 毫米，甲板 76 毫米，炮座 361 毫米，指挥塔 249 毫米

"劳利亚的鲁杰罗"级是意大利最后一级采用船腰对角线布局主炮的铁甲舰。该级舰共建成 3 艘，分别为"劳利亚的鲁杰罗"号、"弗朗切斯科·莫罗西尼"和"安德烈亚·多利亚"号。"劳利亚的鲁杰罗"号于 1881 年 8 月 3 日开工建造，1884 年 8 月 9 日下水，1888 年 2 月 1 日服役。"弗朗切斯科·莫罗西尼"号于 1881 年 12 月 4 日开工建造，1885 年 7 月 30 日下水，1889 年 8 月 21 日服役。"安德烈亚·多利亚"号于 1882 年 1 月 7 日开工建造，1885 年 11 月 21 日下水，1891 年 5 月 16 日服役。

"劳利亚的鲁杰罗"级在外观上与前面建造的"卡约·杜里奥"级和"意大利"级类似，不过其设计师并非布林，而是朱塞佩·米凯利（Giuseppe Micheli）。原因是海军高层并不喜欢布林设计的大型铁甲舰。根据高层的要求，米凯利设计了这级排水量不超过 10000 吨的、布局相似但装甲结构归于传统的中型铁甲舰。该舰采用了更为现代化的后膛火炮和铁钢复合式装甲，在那个年代属于较为先进的设计。不过其主炮仍采用较为落后的船腰对角线布局，与北洋水师的"定远"级类似。由于"劳利亚的鲁杰罗"级完工时间较晚，其从服役之始便已落后。

"劳利亚的鲁杰罗"级共 3 艘舰，从建成后至 1895 年在舰队中活动较为频繁，不过并未参加战斗。1899 年，"劳利亚的鲁杰罗"号和"安德烈亚·多利亚"号参加了意大利国王翁贝托一世在卡利亚里的阅舰式，其中甚至包括来自法国和英国的代表。1905 年底，"劳利亚的鲁杰罗"级被转入预备役，其中"劳利亚的鲁杰罗"号和"弗朗切斯科·莫罗西尼"号于 1908 年被弃用。而"安德烈亚·多利亚"号则一直服役至 1911 年。"弗朗切斯科·莫罗西尼"号在 1909 年被作为靶舰击沉；"安德烈亚·多利亚"号在退役后曾被作为海岸警戒船重新服役，最后在 1929 年被拆毁；"劳利亚的鲁杰罗"号从 1909 至 1943 年一直被用作浮动油料仓库，最后被意军自沉。

"安德烈亚·多利亚"号的彩色剖视图

"劳利亚的鲁杰罗"号的油画作品

"翁贝托国王"级

舰名	翁贝托国王 Re Umberto，西西里 Sicilia，撒丁 Sardegna
排水量	13058-13673 吨
舰长	127.6 米
舰宽	23.4 米
吃水	8.8-9.3 米
航速	18.5-20.3 节
续航力	7408-11112 千米/10 节
船员	733-794
武器	4 门 343 毫米炮，8 门 152 毫米炮，16 门 119 毫米炮，16 门 57 毫米炮，5 具 450 毫米鱼雷发射器
装甲	水线处 102 毫米，甲板 76.2 毫米，炮座 349 毫米，炮塔 102 毫米，指挥塔 300 毫米，炮廓 51 毫米

"翁贝托国王"级是意大利建造的最后一级炮塔式铁甲舰。该级舰共建成 3 艘，分别为"翁贝托国王"号、"西西里"和"撒丁"号。"翁贝托国王"号于 1884 年 7 月 10 日开工建造，1888 年 10 月 17 日下水，1893 年 2 月 16 日服役。"西西里"号于 1884 年 11 月 3 日开工建造，1891 年 7 月 6 日下水，1895 年 3 月 4 日服役。"撒丁"号于 1885 年 10 月 24 日开工建造，1890 年 9 月 20 日下水，1895 年 2 月 16 日服役。

与前几级铁甲舰相比，"翁贝托国王"级无疑具备巨大的进步。该级舰首次将主炮布置在船艏、船艉的中线上，并且配备了无线电发报设备。此外，"撒丁"号还是意大利首艘使用三胀式蒸汽机的主力舰。

该级舰的设计者依然为贝内代托·布林，并且贯彻了他一贯的设计理念：重视火力、航速和轻视防御力。该级舰的主炮为 2 座双联装 30 倍口径 343 毫米火炮，设计时被安置在前后两个露天炮台上，但服役时均加装了封闭式炮塔。除主炮外，该级舰还加装了为数众多的中小口径火炮，以增加近战能力。"翁贝托国王"级的输出功率超过 19000 马力，其中"西西里"号和"撒丁"号在试航时均突破了 20 节的航速，在当时傲视群雄。该级舰的防御十分薄弱，水线处和主炮塔装甲均仅有 102 毫米，在列强主力舰中属于最末水平。在外观上，"翁贝托国王"级的三根烟囱采用"前三点"式布局，这在各国主力舰中是独一无二的。

"翁贝托国王"级共 3 艘舰在意大利主力舰队服役，其中"翁贝托国王"号与"撒丁"号在 1895 年基尔运河开通后访问了英国和德国。1897 年希腊 - 奥斯曼帝国战争爆发后，该级舰参加了威慑活动，但并没有实际参战。1905 年，该级舰被更先进的前无畏舰替代，转入预备役。1911 至 1912 年的意土战争期间，"翁贝托国王"级被用于炮轰奥斯曼帝国在的黎波里的防御工事，并掩护军队登陆作战。战后，"西西里"号被改装为塔兰托的无畏舰补给船，"翁贝托国王"号被改装为热那亚港口浮动炮台，而"撒丁"号则担任威尼斯港的警戒船。1917 年，在卡波雷托战役失败后，"撒丁"号被迫从威尼斯撤往布林迪西。一战结束后，3 艘舰在 1920 至 1923 年间被全部拆毁。

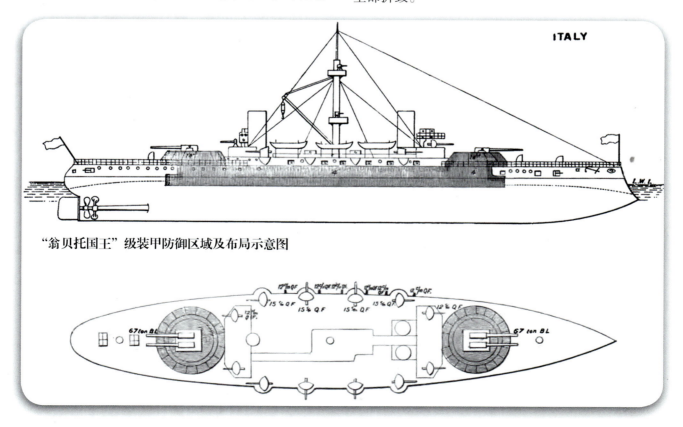

"翁贝托国王"级装甲防御区域及布局示意图

1911年时的"西西里"号

停泊在锚地的"撒丁"号

"海军上将圣邦"级

舰名	海军上将圣邦 Ammiraglio di Saint Bon，埃马努埃莱·菲利贝托 Emanuele Filiberto
排水量	10531 吨
舰长	111.8 米
舰宽	21.12 米
吃水	7.69 米
航速	18.3 节
续航力	6297—10186 千米 /10 节
船员	557
武器	4 门 254 毫米炮，8 门 150 毫米炮，8 门 119 毫米炮，8 门 57 毫米炮，2 门 37 毫米炮，4 具 450 毫米鱼雷发射器
装甲	水线处 249 毫米，甲板 69.9 毫米，炮塔 249 毫米，指挥塔 249 毫米，炮廓 150 毫米

"海军上将圣邦"级是意大利建造的第一级前无畏舰。该级舰共建成 2 艘，分别为"海军上将圣邦"号和"埃马努埃莱·菲利贝托"号。"海军上将圣邦"号于 1893 年 7 月 18 日开工建造，1897 年 4 月 29 日下水，1901 年 5 月 24 日服役。"埃马努埃莱·菲利贝托"号于 1893 年 10 月 5 日开工建造，1897 年 9 月 29 日下水，1902 年 4 月 16 日服役。

"海军上将圣邦"级摒弃了布林所谓"装甲无用论"的设计，对战舰本体采用了全面防御。其装甲材质为哈氏钢，水线最厚处为 249 毫米，达到了当时各国战列舰的标准水平。与此同时，"海军上将圣邦"级还是最大程度维持了以往铁甲舰高航速的特点，其输出功率为 14296 马力，最高航速可以达到 18.3 节。不过该级舰使用了二级战列舰的主炮，口径仅为 254 毫米，这使得该级舰的火力明显不足。

"海军上将圣邦"级的建造周期非常之长，这使得该级舰在建成时，在面对他国最新式前无畏舰时已经有些力不从心。该级舰在主力舰队服役至 1908 年，被更为先进的"埃琳娜皇后"级取代。"海军上将圣邦"级的 2 舰均参加了意土战争，"埃马努埃莱·菲利贝托"号在意军对的黎波里的登陆作战中提供了火力支援，而"海军上将圣邦"号则在一个月后与姐妹舰一起炮击罗得岛（属于希腊）。一战爆发后，该级舰担任威尼斯港的警戒船，并未见到其参加军事行动。最后这 2 艘舰皆在 1920 年被拆毁。

1900 年时的"海军上将圣邦"号

执行侧舷齐射的"埃马努埃莱·菲利贝托"号

"玛格丽特皇后"级

舰名	玛格丽特皇后 Regina Margherita，贝内代托·布林 Benedetto Brin
排水量	13215 吨
舰长	138.65 米
舰宽	23.84 米
吃水	8.81-9 米
航速	20 节
续航力	18520 千米 /10 节
船员	812-900
武器	4 门 305 毫米炮，4 门 203 毫米炮，12 门 152 毫米炮，20 门 76 毫米炮，2 门 47 毫米炮，2 门 37 毫米炮，4 具 450 毫米鱼雷发射器
装甲	水线处 152 毫米，甲板 78.7 毫米，炮塔 203 毫米，指挥塔 152 毫米，炮廊 152 毫米

"玛格丽特皇后"级是意大利建造的一级高速战列舰。该级舰共建成 2 艘，分别为"玛格丽特皇后"号和"贝内代托·布林"号。"玛格丽特皇后"号于 1898 年 11 月 20 日开工建造，1901 年 5 月 30 日下水，1904 年 4 月 14 日服役。"贝内代托·布林"号于 1899 年 1 月 30 日开工建造，1901 年 11 月 7 日下水，1905 年 9 月 1 日服役。

"玛格丽特皇后"级 2 号舰以去世的意大利最著名造船师贝内代托·布林之名命名，而该级舰也颇具布林设计之遗风。其注重火力与速度、轻视防御力的建造思想被体现得淋漓尽致。该级舰装备了 2 座双联装 305 毫米舰炮，同时还在上层建筑四角安装了 4 门 203 毫米副炮，火力不俗。该级舰最大的特色还在于其动力系统，"玛格丽特皇后"号的输出功率达到 21790 马力，而"贝内代托·布林"号的功率也有 20475 马力，2 舰皆可达到 20 节的最高航速，并且其续航力也达到了惊人的 18520 千米 /10 节，战略机动性惊人。与之相对的是该级舰的水线处装甲带仅为 152 毫米，比装甲巡洋舰强不了多少，然而纵观该级舰的布局，也像极了一艘放大型的装甲巡洋舰。

"玛格丽特皇后"级在其生涯初期主要担负训练任务，并且首舰"玛格丽特皇后"号在"埃琳娜皇后"级服役之前担任主力舰队的旗舰。该级舰在意土战争期间参加了炮击的黎波里和罗得岛的行动。一战爆发初期，由于意大利海军对奥匈帝国海军采取的谨慎策略，该级舰未执行任何任务。1915 年 9 月，当"贝内代托·布林"号驻扎在布林迪西时，其内部发生突然爆炸导致迅速沉没，有 454 人在事故中丧生。"玛格丽特皇后"号则在 1916 年 12 月被德国潜艇布下的一枚水雷击中沉没，有 675 人在军舰下沉中丧生。

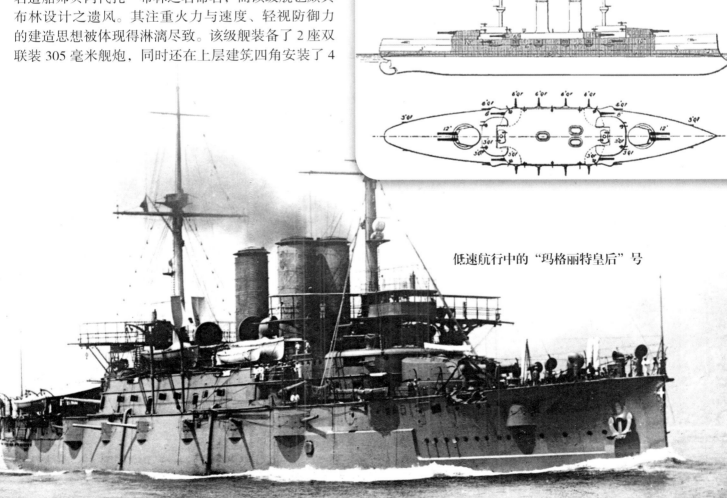

"玛格丽特皇后"级装甲防御区域及布局示意图

低速航行中的"玛格丽特皇后"号

"埃琳娜皇后"级

舰名	埃琳娜皇后 Regina Elena，维托里奥·埃马努埃莱 Vittorio Emanuele，罗马 Roma，那不勒斯 Napoli
排水量	13807 吨
舰长	144.6 米
舰宽	22.4 米
吃水	8.58 米
航速	20-22.15 节
续航力	19000 千米 /10 节
船员	742-764
武器	2 门 305 毫米炮，12 门 203 毫米炮，16 门 76 毫米炮，2 具 450 毫米鱼雷发射器
装甲	水线处 102-249 毫米，甲板 38 毫米，炮塔 203 毫米，指挥塔 254 毫米

"埃琳娜皇后"级是意大利建造的最后一级前无畏舰。该级舰共建成4艘，分别为"埃琳娜皇后"号、"维托里奥·埃马努埃莱"号、"罗马"号与"那不勒斯"号。"埃琳娜皇后"号于1901年3月27日开工建造，1904年6月19日下水，1907年9月11日服役。"维托里奥·埃马努埃莱"号于1901年9月18日开工建造，1904年10月12日下水，1908年8月1日服役。"罗马"号于1903年9月20日开工建造，1907年4月21日下水，1908年12月17日服役。"那不勒斯"号于1903年10月21日开工建造，1905年9月10日下水，1908年9月1日服役。

"埃琳娜皇后"级是由维托里奥·库尼贝蒂设计的高速战列舰。该级舰继承了"玛格丽特皇后"级的基本设计，但显著加厚了水线处的装甲厚度，只不过其在水线以上的高度非常之矮，很快被削减至152毫米，而至船艏、船艉处则进一步被削减至102毫米，相较他国主力舰来说，防护力明显不足。该舰只装备了2门305毫米主炮，但203毫米副炮多达12门，所以其与"玛格丽特皇后"级相比，在火力上并未处于劣势。减少主炮所节省的重量被用来改善战舰的航速。"埃琳娜皇后"级4艘的输出功率为19299至21968马力，在试航时普遍能达到20节的高速，而"那不勒斯"号甚至能够达到22.15节，创下了当时战列舰的航速纪录。总的来说，"埃琳娜皇后"级更像是一艘大型装甲巡洋舰而非战列舰，而该级舰也很好地体现了意大利当时一贯的设计风格。

"埃琳娜皇后"级在建成后被编入主力舰队，但其在服役生涯早期主要只担负训练任务。意土战争爆发后，该级舰参与运输意军前往登陆昔兰尼加（Cyrenaica）和炮击罗得岛。一战爆发后，由于意大利海军对奥匈帝国海军采取的谨慎策略，该级舰未执行任何任务，游走于塔兰托、布林迪西和罗拉等海军基地之间。战争结束后，由于《华盛顿海军条约》的限制，意大利不得不将老式战列舰退役，"埃琳娜皇后"级于是在1923至1926年间被陆续拆毁。

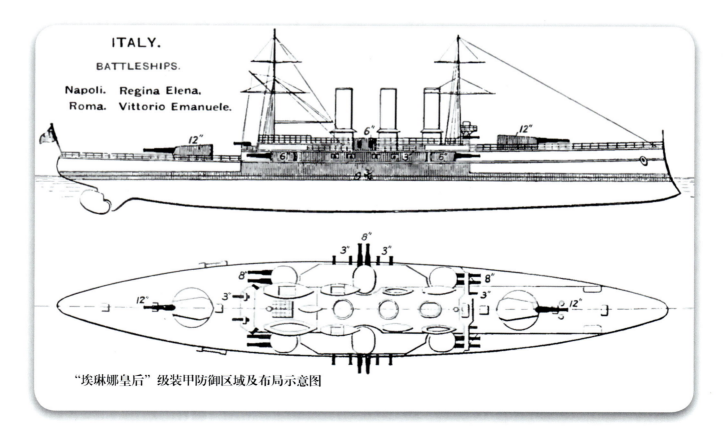

"埃琳娜皇后"级装甲防御区域及布局示意图

意大利篇

1907年时的"埃琳娜皇后"号

一战时期的"维托里奥·埃马努埃莱"号

奥地利／奥匈帝国篇

奥地利铁甲舰与前无畏舰综述

在历史上,奥匈帝国是一个短命的"二元帝国",而就在这一期间,这个如今已丧失出海口的小国有机会成为当时屈指可数的海军强国。奥匈帝国的前身为奥地利帝国,奥地利与普鲁士的情况类似,一直以来都是传统的欧陆强国,但海军却聊胜于无。进入19世纪后,随着奥地利成为帝国,其海军建设也被提上议程。在铁甲舰诞生时,奥地利大力建造海军,一度成为世界排名第四的豪强。而在成为奥匈帝国后,尽管海军预算被大幅缩减,该国舰队仍是当时欧洲地中海地区一支不可忽视的有生力量。本章就将介绍奥地利/奥匈帝国时期建造的铁甲舰与前无畏舰的概况。

"德拉赫"级

舰名	德拉赫 Drache,火蜥蜴 Salamander
排水量	2824 吨
舰长	70.1 米
舰宽	13.94 米
吃水	6.8 米
航速	10.5 节
续航力	不详
船员	346
武器	10 门 48 磅炮,18 门 24 磅炮
装甲	水线处 115 毫米

停泊在锚地的"德拉赫"号

奥地利 / 奥匈帝国篇

"德拉赫"级是奥地利建造的第一批铁甲舰。该级舰共建成2艘，分别为"德拉赫"号和"火蜥蜴"号。"德拉赫"号于1861年2月18日开工建造，1861年9月9日下水，1862年11月服役。"火蜥蜴"号于1861年2月开工建造，1861年8月22日下水，1862年5月服役。

"德拉赫"级是木质船身外敷铁甲的"装甲巡航舰"。该级舰在设计上模仿法国建造的第一艘铁甲舰"光荣"号，布局为最简单的船旁列炮式，主要武器为10门48磅炮和18门24磅炮。其中48磅炮为旧式的滑膛炮，而24磅炮为前装线膛炮。该级舰的装甲为115毫米熟铁，抗弹能力有限。

"德拉赫"级的建造速度很快，周期只有一年多时间。由于奥地利与普鲁士结盟，该级舰参加了普丹战争，被布置在亚得里亚海抵御丹麦可能的攻击。1866年，该级舰参加了利萨海战，被编入奥地利铁甲舰分队，在战斗中重创了意大利"帕莱斯特罗"号，但是"德拉赫"号却被折断桅杆并点燃了船体，严重受损。战后，该级舰两艘均接受了现代化改造，更换了武器。1875年，"德拉赫"号由于木质船身腐烂而提前退役，后于1883年拆毁。"火蜥蜴"号在1875年被降为海岸警戒船，之后又改为仓库船，直至1895年才被变卖。

1867年时的"火蜥蜴"号

"马克斯皇帝"级

舰名	马克斯皇帝 Kaiser Max,欧根亲王 Prinz Eugen,奥地利的胡安 Juan de Austria
排水量	3588 吨
舰长	70.78 米
舰宽	10 米
吃水	6.32 米
航速	11.4 节
续航力	不详
船员	386
武器	16 门 48 磅炮,15 门 24 磅炮,1 门 12 磅炮,1 门 6 磅炮
装甲	水线处 110 毫米

"马克斯皇帝"级为奥地利首批铁甲舰"德拉赫"级的改良型。该级舰共建成 3 艘,分别为"马克斯皇帝"号、"欧根亲王"和"奥地利的胡安"号。"马克斯皇帝"号于 1861 年 10 月开工建造,1862 年 3 月 14 日下水,1863 年服役。"欧根亲王"号于 1861 年 10 月开工建造,1862 年 7 月 26 日下水,1863 年服役。"奥地利的胡安"号于 1861 年 10 月开工建造,1862 年 6 月 14 日下水,1863 年 3 月服役。

在模仿法国"光荣"号获得成功后,奥地利计划建造一批铁甲舰,用于对意大利可能发生的战争,"马克斯皇帝"级便是其中之一。该级舰的基本结构与"德拉赫"级类似,采用木质船身外敷铁甲的船旁列炮式设计,不过搭载的火炮更多。在 19 世纪 60 年代中早期,结构简单而廉价的船旁列炮式铁甲舰是各海军强国大量建造和改装的舰种。

1864 年普丹战争期间,"马克斯皇帝"级中的"奥地利的胡安"号被部署在北海,但没能赶得上参加战斗。利萨海战期间,"马克斯皇帝"级 3 艘都被编入奥地利铁甲舰分队参战,都没有遭到严重损坏。战后的 1867 年,该级舰由于奥匈帝国成立后对海军军费的削减而被解除了武装,没有再参加过行动。19 世纪 70 年代,该级舰的木质船身腐烂严重,已经没有修复的价值,遂在 1873 年被全部拆毁。

1866 年时的"马克斯皇帝"号

奥地利 / 奥匈帝国篇

1867年时的"欧根亲王"号

1864年时的"奥地利的胡安"号

"费迪南·马克斯大公"级

舰名	费迪南·马克斯大公 Erzherzog Ferdinand Max，哈布斯堡 Habsburg
排水量	5130 吨
舰长	83.75 米
舰宽	15.96 米
吃水	7.14 米
航速	12.54 节
续航力	不详
船员	511
武器	16 门 48 磅炮，4 门 8 磅炮，2 门 3 磅炮
装甲	船壁 87-123 毫米

"费迪南·马克斯大公"级是奥地利最后一批船旁列炮铁甲舰。该级舰共建成2艘，分别为"费迪南·马克斯大公"号和"哈布斯堡"号。"费迪南·马克斯大公"号于1863年5月6日开工建造，1865年5月24日下水，1866年7月服役。"哈布斯堡"号于1863年6月开工建造，1865年6月26日下水，1866年7月服役。

"费迪南·马克斯大公"号是奥地利建造的首批以冲角战术为主要作战手段的铁甲舰，并且在实战中获得了重大成功。该级舰依旧以法国"光荣"号为蓝本，采用木质船身外敷铁甲的设计，不过相比"德拉赫"级和"马克斯皇帝"级显著增大了船体，因此载炮数量得到提升。该舰的铁甲厚度从舯部的123毫米向船艏、船艉递减至87毫米，但由于并未设置中央装甲堡，因此仍旧属于最原始的船旁列炮布局。该级舰采用双轴，2925马力，最高航速12.54节。

当意奥战争爆发时，"费迪南·马克斯大公"级尚在建造之中，船厂工人迅速完成了建造工作，使得该级舰赶上了发生在7月的利萨海战。在利萨海战中，作为舰队旗舰的"费迪南·马克斯大公"号利用冲角战术成功撞沉了意大利铁甲舰"意大利国王"号，此举成为战役转折点，迫使意大利舰队撤回。至于其姐妹舰"哈布斯堡"号对战局的影响则微乎其微。战争结束后，两舰均被解除武装。奥匈帝国时期，"费迪南·马克斯大公"级主要担负训练和演习任务，其在1874和1882年被更新了武装，后于1886年被转入二线部队。"费迪南·马克斯大公"号从1889至1908年被用作射击训练舰，最后在1916年拆毁。而"哈布斯堡"号则担任港口警戒船，在1898年被变卖。

1880年之后的"费迪南·马克斯大公"号

1877年时的"哈布斯堡"号

"利萨"号

舰名	利萨 Lissa
排水量	7086 吨
舰长	89.38 米
舰宽	17.32 米
吃水	8.5 米
航速	12.83 节
续航力	不详
船员	620
武器	12门229毫米炮, 4门8磅炮, 3门3磅炮
装甲	水线处152毫米, 装甲堡127毫米, 船壁114毫米

"利萨"号是奥匈帝国成立后建造的第一艘铁甲舰，也是该国第一艘船腰炮室铁甲舰。该舰于1867年6月27日开工建造，1869年2月25日下水，1871年5月完工。

"利萨"号以纪念利萨海战的胜利而命名，该舰采用铁木混合结构，但在船体舯部设有明显加强防护的装甲堡，因此被归为船腰炮室铁甲舰一类。该舰装备的12门229毫米炮都被安置在位于舯部的中央装甲堡中，轻型火炮则被置于甲板上。其水线处的铁甲被加厚至152毫米，同时船壁也有114毫米铁甲，防御力明显优于之前该国建造的铁甲舰。"利萨"号的主机功率被提升至3619马力，但由于船体重量增加不少，因此航速并未得到改善。

"利萨"号服役时恰逢奥匈帝国缩减海军预算，因此并未进行太多的活动。1880年，"利萨"号的木质内衬腐蚀严重，不得不返厂大修，在大修期间，其武器也得到更新，增加了一些速射炮。重新入役的"利萨"号在一线服役至1888年，后被封存。1892年，该舰从海军序列中被清除，最后于1893至1895年间被拆毁。

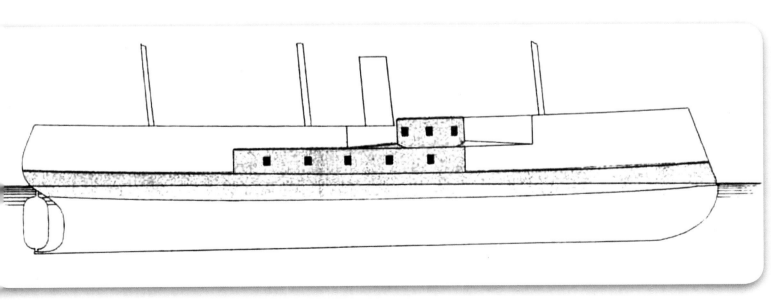

"利萨"号的装甲防御区域示意图

"库斯托扎"号

舰名	库斯托扎 Custoza
排水量	7609-7730 吨
舰长	92.14 米
舰宽	17.7 米
吃水	7.9 米
航速	13.75 节
续航力	不详
船员	548-567
武器	8门260毫米炮，6门90毫米炮，2门70毫米炮
装甲	水线处229毫米，装甲堡152-178毫米

"库斯托扎"号是奥匈帝国建造的首艘纯粹的铁质船壳铁甲舰。该舰于1869年11月17日开工建造，1872年8月20日下水，1875年2月完工。

"库斯托扎"号由约瑟夫·冯·罗马托设计，此人几乎参与设计了奥匈帝国成立早期的所有铁甲舰。"库斯托扎"号具备一个十分显著的船艏冲角，这就意味着该舰以冲角战术为重要作战手段。"库斯托扎"号在中央装甲堡中安放了10门260毫米炮，火力超过了之前所有舰级。此外，该舰的水线装甲也被加厚至229毫米，几乎是本国早期铁甲舰的一倍。

"库斯托扎"号在其服役生涯执行的任务十分有限，其主要原因是奥匈帝国海军预算的大幅削减。"库斯托扎"号唯一较为活跃的阶段是1880年参加了欧洲联合舰队反对奥斯曼帝国的威慑行动。1882年，该舰进行了现代化改造，后于1888年参加了位于西班牙巴塞罗那的世界博览会。1902年，"库斯托扎"号被改为训练舰，后于1914年沦为兵营船。一战结束时，该舰作为战利品被意大利接管，但随即就被拆毁。

停泊在锚地的"库斯托扎"号

"阿尔布莱希特大公"号

舰名	阿尔布莱希特大公 Erzherzog Albrecht
排水量	5980 吨
舰长	89.69 米
舰宽	17.15 米
吃水	6.72 米
航速	12.84 节
续航力	不详
船员	540
武器	8 门 240 毫米炮，6 门 90 毫米炮，2 门 70 毫米炮
装甲	水线处 203 毫米，装甲堡 177 毫米

"阿尔布莱希特大公"号是奥匈帝国建造的铁壳船腰炮室铁甲舰。该舰于 1870 年 6 月 1 日开工建造，1872 年 4 月 24 日下水，1874 年 6 月完工。

"阿尔布莱希特大公"号是作为"库斯托扎"号的缩小版来建造的，该舰开工比后者要晚，然而因为建造较为简单，反而更早完工。"阿尔布莱希特大公"号无论从外观还是配置来看都是"库斯托扎"号的廉价版本。该舰以 240 毫米炮代替了 260 毫米炮，装甲厚度也被削弱，甚至连航速也逊色了一些。不过该舰的建造费用相对"库斯托扎"号大幅降低，这是符合奥匈帝国削减海军经费背景的。

"阿尔布莱希特大公"号在服役后并未参加重大行动。该舰没有参加针对奥斯曼帝国的军事威慑行动，大约在 1882 年退居二线。1908 年，该舰被改装为射击训练舰，并且更名为"Feuerspeier"。1915 年，"阿尔布莱希特大公"号沦为一艘兵营船，在战后被作为战利品割让给意大利，后作为仓库船一直使用至 1950 年才被拆毁。

1886 年时的"阿尔布莱希特大公"号

"马克斯皇帝"级

舰名	马克斯皇帝 Kaiser Max，奥地利的胡安 Juan de Austria，欧根亲王 Prinz Eugen
排水量	3548 吨
舰长	75.87 米
舰宽	15.25 米
吃水	6.15 米
航速	13.28 节
续航力	不详
船员	400
武器	8 门 210 毫米炮，4 门 90 毫米炮，2 门 70 毫米炮，9 门 47 毫米炮，2 门 25 毫米机关炮，4 具 350 毫米鱼雷发射器
装甲	水线处 203 毫米，装甲堡 125 毫米

"马克斯皇帝"级全部 3 艘都继承了前一级同名军舰的舰名。该级舰共建成 3 艘，分别为"马克斯皇帝"号、"奥地利的胡安"号和"欧根亲王"号。"马克斯皇帝"号于 1874 年 2 月 14 日开工建造，1875 年 12 月 28 日下水，1876 年 10 月 26 日服役。"奥地利的胡安"号于 1874 年 2 月 14 日开工建造，1875 年 10 月 25 日下水，1876 年 6 月 26 日服役。"欧根亲王"号于 1874 年 10 月开工建造，1877 年 9 月 7 日下水，1878 年 11 月服役。

"马克斯皇帝"级在吨位和尺寸上都与上一代"马克斯皇帝"级较为接近，但在设计上却有质的提升。该级舰采用船腰炮室结构，主要武器为布置在舯部装甲堡中的 8 门 210 毫米炮，此外还有一些小口径高射速火炮来提升近战能力。值得一提的是，该级舰还是奥匈帝国首批采用钢制装甲的铁甲舰，这使得只有 3000 多吨的小型铁甲舰"马克斯皇帝"级拥有不输于前文提到的奥匈帝国近万吨大型铁甲舰的防御能力。

"马克斯皇帝"级建成后被用于参加针对奥斯曼帝国的军事威慑行动，随后又一同前往西班牙参加位于巴塞罗那的世界博览会。1889 年，"马克斯皇帝"级参加了 6 月至 7 月的奥匈帝国大规模舰队演习。世纪之交，奥匈帝国由于建造新式前无畏舰而被迫清除一些较老的军舰，"马克斯皇帝"号与"奥地利的胡安"号皆在 1904 年被除役，改为兵营船；而"欧根亲王"号则一直服役至 1912 年才被改为修理船。该级舰均存活到一战结束，作为战利品被割让给南斯拉夫，后于 1924 年被拆毁。

拍摄于 1880 至 1889 年间的"马克斯皇帝"号

奥地利 / 奥匈帝国篇

拍摄于1870年时的"奥地利的茹安"号

停泊在锚地的"欧根亲王"号

"特格特霍夫"号

舰名	特格特霍夫 Tegetthoff
排水量	7390 吨
舰长	92.4 米
舰宽	19.1 米
吃水	7.6 米
航速	15.32 节
续航力	6100 千米/10 节
船员	568–575
武器	6门280毫米炮，6门89毫米炮，2门70毫米炮，9门47毫米炮
装甲	水线处230–256毫米，装甲堡127–305毫米，船壁254–300毫米，甲板76毫米，指挥塔178毫米

"特格特霍夫"号是奥匈帝国建造的第一艘敷设装甲甲板的铁甲舰。该舰于1876年4月1日开工建造，1878年10月28日下水，1882年8月5日完工。

"特格特霍夫"号以利萨海战中指挥奥地利舰队战胜意大利舰队的英雄特格特霍夫之名命名，尽管仍为船腰炮室布局，但较前几级铁甲舰有了较大改进。该舰是奥匈帝国第一艘具备装甲甲板的铁甲舰，并且配备了最新式的后装填克虏伯280毫米舰炮，威力明显超过之前口径更小、采用前装填方式供弹的火炮。该舰采用钢制船壳和钢制装甲，并且装甲最厚处超过300毫米；同时该舰的功率被大大提升至6706马力，这使得该舰在试航时获得了15.32节的最高航速。

由于动力系统的故障，"特格特霍夫"号服役生涯早期碌碌无为。1888年，该舰和一些其他的奥匈帝国铁甲舰参加了位于巴塞罗那的世界博览会，后于次年又参加了奥匈帝国大规模舰队演习。1893至1894年，该舰更换了三胀式蒸汽机，不过由于更先进主力舰的出现，该舰沦为港口警戒船，并于1901年转入预备役分舰队。1912年，"特格特霍夫"号将舰名让给了最新服役的无畏舰，后改装为浮动学校和仓库船。一战结束时，该舰被引渡给意大利，最后于1920年被拆毁。

拍摄于1880年晚期的"特格特霍夫"号

"斯蒂芬妮大公妃"号

舰名	斯蒂芬妮大公妃 Kronprinzessin Erzherzogin Stephanie
排水量	5075 吨
舰长	87.24 米
舰宽	17.06 米
吃水	6.6 米
航速	17 节
续航力	不详
船员	568-575
武器	2 门 305 毫米炮，6 门 150 毫米炮，9 门 47 毫米炮，2 门 37 毫米炮，4 具 406 毫米鱼雷发射器
装甲	水线处 229 毫米，指挥塔 50 毫米，炮座 283 毫米

"斯蒂芬妮大公妃"号是奥匈帝国建造的最后一艘旧式铁甲舰。该舰于1884年11月12日开工建造，1887年4月14日下水，1889年7月完工。

"斯蒂芬妮大公妃"号是奥匈帝国海军装备的最后一艘，同时也是唯一一艘带有露天炮座的铁甲舰。尽管炮座式铁甲舰在19世纪80年代的欧洲已经十分流行，但奥匈帝国此前却一直坚持船腰炮室较为保守的布局，也因此饱受争议。"斯蒂芬妮大公妃"号的2门305毫米主炮被安置在船肩的两个露天炮座中，射界良好。该舰的装甲采用铁钢复合式，防护效果比单纯的钢装甲要好，但指挥塔的装甲却仅有50毫米，令人匪夷所思。"斯蒂芬妮大公妃"号的主机功率为8000马力，理论最高航速17节，在那个年代属于较高水准。

"斯蒂芬妮大公妃"号的服役生涯十分有限，这与19世纪末各国造舰技术飞速发展有关，该舰在诞生时便过时了。因此其仅仅参加了对外访问和部分训练任务。1897年，该舰随欧洲联合舰队参加了对希腊和奥斯曼帝国进行威慑的行动，后于1905年退役，在1910年沦为仓库船。一战结束后，该舰被引渡给意大利，最后于1926年拆毁。

1890年正在通过基尔运河的"斯蒂芬妮大公妃"号

"哈布斯堡"级

舰名	哈布斯堡 Habsburg，阿帕德 Árpád，巴本贝格 Babenberg
排水量	8232 吨
舰长	114.6 米
舰宽	19.8 米
吃水	7.5 米
航速	19.62-19.85 节
续航力	不详
船员	638
武器	3 门 240 毫米炮，12 门 150 毫米炮，10 门 66 毫米炮，6 门 44 倍径 47 毫米炮，2 门 33 倍径 47 毫米炮，2 具 450 毫米鱼雷发射器
装甲	水线处 180-220 毫米，甲板 40 毫米，炮塔/炮廓 210-280 毫米，指挥塔 150 毫米

"哈布斯堡"级是奥匈帝国建造的第一级前无畏舰。该级舰共建成 3 艘，分别为"哈布斯堡"号、"阿帕德"号和"巴本贝格"号。"哈布斯堡"号于 1899 年 3 月 13 日开工建造，1900 年 9 月 9 日下水，1902 年 12 月 31 日服役。"阿帕德"号于 1899 年 6 月 10 日开工建造，1901 年 9 月 11 日下水，1903 年 6 月 15 日服役。"巴本贝格"号于 1901 年 1 月 19 日开工建造，1902 年 10 月 4 日下水，1904 年 4 月 15 日服役。

"哈布斯堡"级是奥匈帝国建造的第一级前无畏舰，也是当时最小的此类主力舰之一。该级舰仅为 8000 吨级别，设计主炮仅为 3 门 240 毫米速射炮，其中前主炮为双联装，后主炮为单装。这样的主炮火力也属于当时最弱水准。不过该级舰的防御设计却可圈可点。其采用经过表面硬化处理的镍合金，皮带式装甲带在水线以上的部分有 1.3 米高、180 至 220 毫米厚（舯部最厚，向两侧略微削减），并且和炮廓处的装甲连为一体，防御力较强。"哈布斯堡"级的主机功率为 15063 马力，由于整体重量较轻，3 艘同级舰都能跑到 19 节以上的高航速，其中"巴本贝格"号为最高，达到 19.85 节。

率先服役的"哈布斯堡"号与"阿帕德"号参加了奥匈帝国在 1903 年的演习，一年之后 3 艘同级舰都参加了模拟战斗。随着新式战列舰的服役，"哈布斯堡"级逐渐从主力舰队中退出。一战爆发时，"哈布斯堡"号是第三分舰队旗舰，随着最新锐的"特格特霍夫"级无畏舰的服役，"哈布斯堡"级甚至整体被移至第四分舰队。该级舰在德国战列巡洋舰"戈本"号和另一艘德舰突破英军对墨西拿的包围时提供了支援，使其能顺利航行至奥斯曼帝国。在意大利加入协约国后，"哈布斯堡"级又炮轰了意大利海军基地安科纳。一战后期，"哈布斯堡"级退役被用作港口警戒船，1918 年，"阿帕德"号被改为训练舰。战争结束时，该级舰成为英国的战利品，最后于 1921 年在意大利被拆毁。

"哈布斯堡"级的装甲防御区域及整体布局示意图

1914 年时的"巴本贝格"号

"卡尔大公"级

舰名	卡尔大公 Erzherzog Karl，费迪南·马克斯大公 Erzherzog Ferdinand Max，腓特烈大公 Erzherzog Friedrich
排水量	10472 吨
舰长	126.2 米
舰宽	21.8 米
吃水	7.5 米
航速	20.5 节
续航力	不详
船员	700
武器	4门240毫米炮，12门190毫米炮，14门70毫米炮，6门44倍径47毫米炮，2门33倍径47毫米炮，4门37毫米炮，2具450毫米鱼雷发射器
装甲	水线处210毫米，甲板55毫米，炮塔240毫米，炮廓150毫米，指挥塔220毫米，船壁200毫米

"卡尔大公"级是"哈布斯堡"级的放大改进型，基本设计保持一致。该级舰共建成3艘，分别为"卡尔大公"号、"费迪南·马克斯大公"号和"腓特烈大公"号。"卡尔大公"号于1902年7月24日开工建造，1903年10月4日下水，1906年6月17日服役。"费迪南·马克斯大公"号于1902年10月4日开工建造，1904年4月30日下水，1907年1月31日服役。"腓特烈大公"号于1904年3月9日开工建造，1905年5月21日下水，1907年12月21日服役。

"卡尔大公"级以"哈布斯堡"级为基础进行了改进，该级舰是奥匈帝国首艘排水量过万吨的主力舰，不过由于受到和当时德国造舰理念相同的干扰，该级舰仅装备了240毫米炮作为主炮，和当时的部分大型装甲巡洋舰相当。与"哈布斯堡"级相比，"卡尔大公"级在武器上最显著的改进是增加了190毫米大口径副炮，全部安置在舷侧和上层建筑的炮廓中，这些大口径副炮对敌方巡洋舰及以下军舰构成很大威胁。此外，"卡尔大公"级的主机功率高达18000马力，使得该级舰设计航速达到20.5节，明显优于绝大部分他国战列舰，并且实际试航时3艘同级舰都略微超过了这一数值。

"卡尔大公"级在建成后被配属给第三分舰队，战争前夕参加了支援德国"戈本"号和另一艘德舰突破包围墨西拿的英国舰队的行动。最终2艘德舰成功航行至奥斯曼帝国。一战爆发后，随着意大利的倒戈，"卡尔大公"级参加了对意大利海军基地安科纳的炮轰行动。一战中"卡尔大公"级基本上没有活动，1918年2月1日，一个短暂的兵变发生在奥匈海军基地卡塔罗（Cataro），"卡尔大公"级奉命航行至这里镇压叛乱。数月后，该级舰被计划用来突破协约国的封锁，但随着奥匈无畏舰"圣伊斯特万"号（Szent István）被意军鱼雷艇发射的鱼雷击沉，该计划破产。一战结束后，该级舰先是被南斯拉夫接管，紧接着"卡尔大公"和"腓特烈大公"号被作为战争赔偿引渡给法国。其中"卡尔大公"号在航行至土伦时搁浅，在原地被拆毁，其余2艘在1921年被废弃。

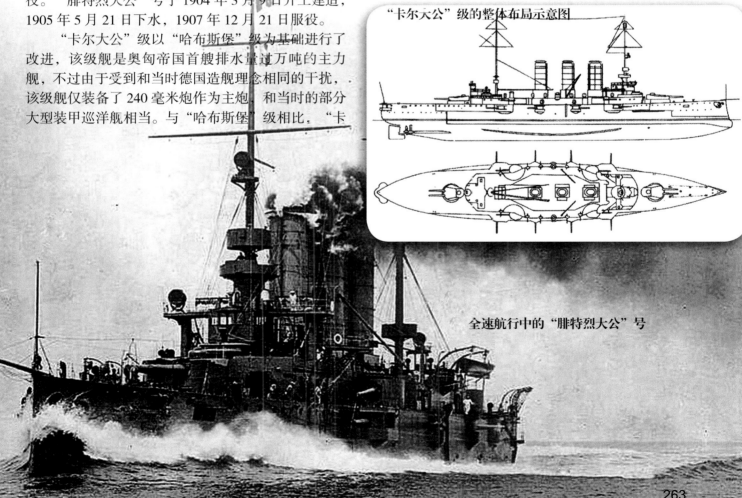

"卡尔大公"级的整体布局示意图

全速航行中的"腓特烈大公"号

"拉德茨基"级

舰名	拉德茨基 Radetzky，弗朗茨·费迪南大公 Erzherzog Franz Ferdinand，兹里尼 Zrínyi
排水量	14508 吨
舰长	137.5 米
舰宽	24.6 米
吃水	8.1 米
航速	20.5 节
续航力	7400 千米 /10 节
船员	890
武器	4 门 305 毫米炮，8 门 240 毫米炮，20 门 100 毫米炮，4 门 70 毫米炮，2 门 66 毫米炮，4 门 47 毫米炮，3 具 450 毫米鱼雷发射器
装甲	水线处 100-230 毫米，甲板 48 毫米，主炮炮塔 250 毫米，副炮炮塔 200 毫米，炮廓 120 毫米，指挥塔 250 毫米，船壁 54 毫米

"拉德茨基"级是奥匈帝国建造的最后一级也是当时各国所建造的最强大的前无畏舰之一。该级舰共建成 3 艘，分别为"拉德茨基"号、"弗朗茨·费迪南大公"号和"兹里尼"号。"拉德茨基"号于 1907 年 9 月 12 日开工建造，1908 年 9 月 8 日下水，1910 年 6 月 5 日服役。"弗朗茨·费迪南大公"号于 1907 年 11 月 26 日开工建造，1909 年 7 月 3 日下水，1911 年 1 月 15 日服役。"兹里尼"号于 1908 年 11 月 15 日开工建造，1910 年 4 月 12 日下水，1911 年 11 月 22 日服役。

"拉德茨基"级在开工之前，英国"无畏"号便已经完成了试航正式入役，因此称该级舰为"末代前无畏舰"也不为之过。"拉德茨基"级装备的 2 座双联装 45 倍径 305 毫米主炮与稍晚些用于奥匈帝国唯一一级无畏舰"特格特霍夫"级的主炮相同（后者采用 4 座三联装制式），由于装备了高速重弹和硬被帽穿甲弹，火力十分可观。此外该级舰还与其他"末代前无畏舰"一样装备了 4 座双联装 45 倍径 240 毫米次主炮，这也是速射炮的最大口径。从侧视图来看，"拉德茨基"级甚至具有无畏舰的影子，因此更具现代化。装甲方面，"拉德茨基"级采用克氏钢，水线最厚处装甲为 230 毫米，向上逐渐削减至 100 毫米，可以有效防御小口径速射炮的伤害。该级舰的输出功率高达 19800 马力，可获得 20.5 节的高航速，与无畏舰不分伯仲。

"拉德茨基"级在战前主要用于训练。其最早被分配至第二分舰队，位于第一分舰队新锐的"特格特霍夫"级战列舰侧翼。1913 年，该级舰参加了国际海军干涉巴尔干战争的示威行动，在此期间，"拉德茨基"级成功执行了奥匈帝国第一次水上飞机起飞实验。一战爆发前夕，该级舰参加了支援德国"戈本"号和另一艘德舰突破包围墨西拿的英国舰队的行动。但是随后奥匈帝国最高指挥部却要求舰队避免与英国舰队交战，只是声援德国而已。1914 年 10 月，"拉德茨基"级参与炮轰了位于黑山的法军炮兵阵地，后由于意大利的倒戈，该级舰又奉命炮轰了安科纳等意大利海军基地。战争结束后，"拉德茨基"级被引渡给意大利，其中"拉德茨基"号与"兹里尼"号在 1920 至 1921 年间被拆毁，而"弗朗茨·费迪南大公"号则存活至 1926 年才被废弃。

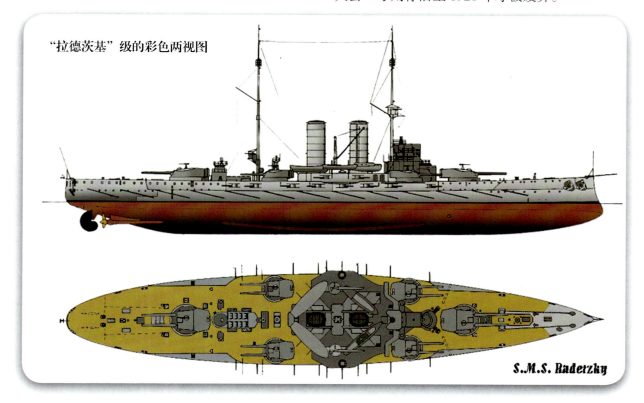

"拉德茨基"级的彩色两视图

奥地利/奥匈帝国篇

停泊在锚地的"拉德茨基"号

1918年时的"兹里尼"号

欧洲国家篇

欧洲国家铁甲舰与前无畏舰综述

前文为大家介绍了蒸汽时代 7 个主要海军国家所建造的铁甲舰与前无畏舰的情况,然而在那个时代并非只有这些国家有现代化的海军。在欧洲,一些没落的昔日海上强国也保留着一支颇具实力的新式舰队,这其中最好的代表就是西班牙和丹麦。西班牙在 16 世纪曾盛极一时,在征服美洲后成为世界上第一个海洋帝国。可惜好景不长,其在 16 世纪末与英国的争斗中败下阵来,并逐渐滑向深渊;而丹麦则曾长期称霸北欧,在与瑞典的斗争中逐渐衰败。至于一些边缘国家,如早已衰败不堪的奥斯曼帝国、第一代殖民帝国葡萄牙、曾经的海上马车夫荷兰以及早已淡出人们视野的希腊,也都曾装备过一些零星的铁甲舰。本章将对前文没有提到的这些欧洲国家所建造的此类军舰进行介绍。

"努曼西亚"号

舰名	努曼西亚 Numancia
国籍	西班牙
排水量	7500 吨
舰长	96.08 米
舰宽	17.34 米
吃水	7.9 米
航速	12-14 节
续航力	5600 千米 /10 节
船员	590
武器	34 门 68 磅炮
装甲	水线处 100-130 毫米,侧舷炮位 120 毫米

"努曼西亚"号是西班牙海军最早建成的大型铁甲舰之一。该舰于 1862 年 9 月开工建造,1863 年 11 月 19 日下水,1864 年 12 月服役。

在拿破仑战争结束后,西班牙由于国力衰退,很难自行建造大型军舰,故其装备的主力舰多依靠从国

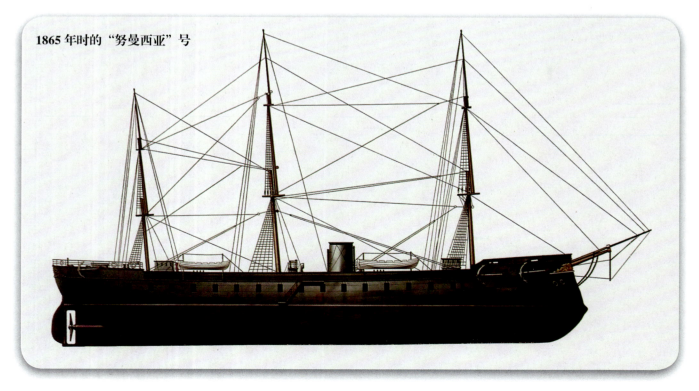

1865 年时的"努曼西亚"号

外进行购买。"努曼西亚"号便是由西班牙向法国订购的首批铁甲舰之一。该级舰为典型的船旁列炮布局，属于早期的"装甲巡航舰"，采用铁质船壳加木衬外敷铁甲的较为先进的设计，并且在侧舷炮位有额外的铁甲作为保护。该舰设计有40个炮位，但建成时实际只搭载了34门68磅前装炮。"努曼西亚"号的服役历程很长，并且在其生涯内多次变更武装。该舰在使用风帆作为动力时最高航速为12节，使用蒸汽机作为动力时则可以达到14节，在那个年代属于不错的水平。

"努曼西亚"号是世界上第一艘完成了环球航行的铁甲舰。不过由于续航力有限，该舰在环球航行的大部分时间里都使用风帆作为动力。"努曼西亚"号在建成后被派往发生在1864至1866年的西班牙南美殖民地独立战争。"努曼西亚"号作为西班牙舰队的旗舰和舰队中唯一的铁甲舰参加了卡亚俄战役。尽管西班牙舰队在海战中获得胜利，但最终却还是撤出了秘鲁。在1873年的西班牙第一共和国内战中，"努曼西亚"号撞沉了一艘炮舰并且自身受损严重。在1897至1898年，该舰进行了全面重建，将火力升级为4门203毫米炮、3门150毫米炮、3门140毫米炮和12门47毫米速射炮，同时增设2具鱼雷发射器。1914年，该舰被改为火炮训练舰，没过多久便退出现役。1916年，该舰在被拖往拆船厂的途中沉没。

"努曼西亚"号的彩色侧视图

"特图安"号

舰名	特图安 Tetuán
国籍	西班牙
排水量	6200 吨
舰长	85 米
舰宽	17 米
吃水	6.95 米
航速	12 节
续航力	不详
船员	584
武器	30 门 68 磅炮
装甲	水线处 130 毫米，侧舷炮位 130 毫米

"特图安"号是由西班牙费罗尔造船厂建造的船旁列炮铁甲舰。该舰于 1861 年 5 月开工建造，1863 年 3 月下水，1866 年 1 月完工（同年 6 月服役）。

"特图安"号为西班牙本土建造的第一艘铁甲舰。该舰采用铁质船壳和类似风帆时代巡航舰的主炮排列方式。在设计上与"努曼西亚"号接近，但是具备两根烟囱。该舰的武备与"努曼西亚"号相同，但由于船体尺寸的减小而减少了数量。该舰为远洋航行而设计了较大的煤仓，载煤量可达 1219 吨，但续航力没有被记载。

"特图安"号参加了 1873 年西班牙第一共和国内战，当时革命者占领了卡塔赫纳港，而地中海舰队的大部分舰只，包括"特图安"号与"努曼西亚"号都停泊在港内。在冲突中，"特图安"号受损严重不得不接受修理，12 月 30 或 31 日，该舰被反对势力放火烧毁，后于次年报废。

拍摄于 1860 年的"特图安"号

"阿拉皮莱斯"号

舰名	阿拉皮莱斯 Arapiles
国籍	西班牙
排水量	3441 吨
舰长	85.3 米
舰宽	15.9 米
吃水	5.2 米
航速	8 节
续航力	不详
船员	537
武器	2门229毫米炮，5门203毫米炮，10门68磅炮
装甲	水线处114毫米，侧舷炮位100毫米

"阿拉皮莱斯"号是一艘由英国建造的木质船壳铁甲舰。该舰于1861年6月开工建造，1864年10月17日下水，1865年完工，但是迟至1868年才正式服役。

"阿拉皮莱斯"号为纪念拿破仑战争期间同盟国在西班牙萨拉曼卡的阿拉皮莱斯对法军获得胜利而命名。该舰原本设计为木质螺旋桨轻帆船，但当其还在船台上时，就被改造为一艘船旁列炮铁甲舰。该舰和之前介绍的两艘铁甲舰一样在炮位处有铁甲保护。由于敷设了铁甲，该舰的排水量也增加了200吨以上。

"阿拉皮莱斯"号在位于伦敦的布莱克沃尔造船厂建造，服役后该舰被派往南美洲，其在1873年初于委内瑞拉海岸搁浅，不得不前往纽约的布鲁克林船厂维修。当年晚些时候，美、西关系因美国汽船"弗吉纽斯"号在古巴外海被西班牙巡洋舰扣押而变得恶化，因而中断了维修。后来，该舰被认为舰况太差不值得再修复，遂于1883年被废弃。

停泊在锚地的"阿拉皮莱斯"号

"维多利亚"号

舰名	维多利亚 Victoria
国籍	西班牙
排水量	7250 吨
舰长	96.8 米
舰宽	17.3 米
吃水	7.7 米
航速	11-13 节
续航力	4400 千米 /10 节
船员	561
武器	4门229毫米炮，3门203毫米炮，14门200毫米炮
装甲	水线处140毫米，侧舷炮位100毫米，装甲堡114毫米

"维多利亚"号是一艘带有小型中央装甲堡的船旁列炮铁甲舰。该舰于1863年1月开工建造，1865年11月4日下水，1867年5月完工，但是迟至1868年才正式服役。

"维多利亚"号的出现显示了西班牙铁甲舰正从最原始的船旁列炮向船腰炮室转变的进步。该舰由西班牙向英国订购，设计为铁质船壳，虽然设置了很多炮位，但并没有全部布置火炮。该舰的舯部有一个较小的突出性装甲堡，里面安放比主甲板火炮更高一层的两门火炮。此外，"维多利亚"号还是第一艘具备船艏冲角的西班牙铁甲舰，具备实施当时流行的冲角战术的能力。

"维多利亚"号在建成时由于吨位较大，将西班牙在1860年末期推至世界第五海军的位置。排在其前面的分别为：英国、法国、意大利和奥地利。"维多利亚"号在其服役期内主要担负训练任务，其在1897至1898年间接受了重建，加装了一批速射炮，但是由于舰型已经完全过时，该舰仅执行一些次要任务。1912年，该舰退役并被拆解。

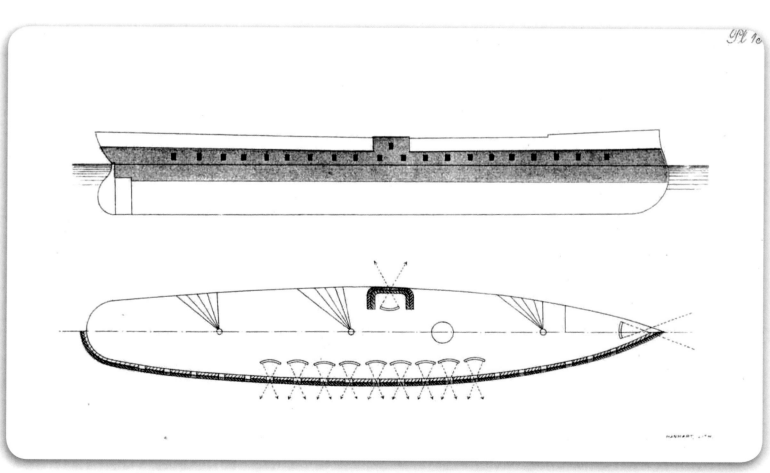

"维多利亚"号装甲防御区域及布局示意图

"萨拉戈萨"号

舰名	萨拉戈萨 Zaragoza
国籍	西班牙
排水量	5650 吨
舰长	85.4 米
舰宽	16.6 米
吃水	7.5 米
航速	11 节
续航力	不详
船员	548
武器	4门280毫米炮，3门220毫米炮，14门68磅炮
装甲	水线处102-127毫米，侧舷炮位114毫米，装甲堡100毫米

"萨拉戈萨"号是西班牙建造的早期船腰炮室铁甲舰之一。该舰于1861年10月4日开工建造，1867年2月6日下水，1868年6月完工，同年晚些时候正式服役。

"萨拉戈萨"号原本是作为木质蒸汽巡航舰来设计的，但在建造时却被敷设装甲改成了铁甲舰。该舰的舯部有个具备铁甲保护的中央炮室，4门280毫米炮和3门220毫米炮都安装在这里，而在突出的炮座上也安装了两门68磅炮。该舰在使用风帆作为动力时，航速能达到11节，至于使用蒸汽动力的速度和续航力则没有被记载。

"萨拉戈萨"号在服役后被编入加的斯舰队，曾经短暂作为旗舰，于1869年被派往西印度群岛。该舰在古巴待到1873年，由于西班牙第一共和国内战的爆发而返回本土，负责将关押在卡塔赫纳的囚犯转移走，但是并未参战。之后直到1892年，"萨拉戈萨"号一直在一线服役，服役生涯末期该舰被改为训练舰，最后在1897年报废。

停泊在锚地的"萨拉戈萨"号

"萨贡托"号

舰名	萨贡托 Sagunto
国籍	西班牙
排水量	7352 吨
舰长	89.5 米
舰宽	17.3 米
吃水	8.4 米
航速	12.5 节
续航力	不详
船员	554
武器	8 门 229 毫米炮，3 门 203 毫米炮
装甲	水线处 150 毫米，侧舷炮位 150 毫米，装甲堡 150 毫米

"萨贡托"号是由木质风帆战列舰改造而来的船腰炮室铁甲舰。该舰于 1863 年 3 月 21 日开工建造，1869 年 4 月 26 日下水，1877 年 2 月 1 日完工，当月正式服役。

"萨贡托"号的前身是西班牙原本计划建造的木质蒸汽战列舰"唐·阿方索亲王"号（Principe Don Alfonso），但是在下水之后被削减了上层建筑并敷设铁甲改装为铁甲舰。该舰在舯部有得到铁甲加强防御的中央装甲堡。由于工期拖延长达 14 年之久，该舰在服役时已经完全落后。

"萨贡托"号在建造过程中几度更名。1868 年，"唐·阿方索亲王"号更名为"萨贡托"，阿玛迪奥一世在位期间该舰被更名为"阿玛迪奥"，但是在国王退位后又恢复成了"萨贡托"。1877 年该舰正式服役后由于已经完全落后，只进行了小范围活动，后于 1887 年被认为不适合继续服役而被封存，最终于 1896 年被拆毁。

"萨贡托"号的彩色侧视图

"门德斯·努涅斯"号

舰名	门德斯·努涅斯 Méndez Núñez
国籍	西班牙
排水量	3382 吨
舰长	72.5 米
舰宽	14.55 米
吃水	6.75 米
航速	8-11 节
续航力	不详
船员	417
武器	4 门 229 毫米炮，2 门 203 毫米炮
装甲	水线处 127 毫米，装甲堡 127 毫米

"门德斯·努涅斯"号是西班牙建造的一艘小型铁甲舰。该舰于 1859 年 9 月 22 日作为木质巡航舰开工建造，1861 年 9 月 15 日下水，1862 年 3 月 28 日完工，后改装为铁甲舰于 1870 年 2 月重新服役。

"门德斯·努涅斯"号原本是木质蒸汽轻型巡航舰"决议"号（Resolución），但在完工后于 1867 年被重新设计改造为船腰炮室铁甲舰。该舰的改装工作仅仅是在木质船壳外敷设铁甲，并且在舯部安放火炮的部位加装一层铁甲形成中央装甲堡。该舰的所有火炮都集中在舯部，相对于一艘较小铁甲舰来说威力不俗，然而由于船体增重而动力未变，该舰机动性较差，巡航速度仅为 8 节 / 小时。

"门德斯·努涅斯"号在完成改装后被派往地中海。1873 年，该舰被卷入西班牙第一共和国的内战中去。当年 7 月 12 日，叛军占领了卡塔赫纳，而包括"门德斯·努涅斯"号在内的大部分铁甲舰都在港内。8 月，该舰曾被叛军操控参与了炮击阿利坎特的行动。后来，卡塔赫纳被政府军收复，叛乱得以平息，这些铁甲舰都重新为西班牙海军服役。"门德斯·努涅斯"号在 1886 年退役，最后于 1896 年被拆毁。

停泊在锚地的"门德斯·努涅斯"号

"佩拉约"号

舰名	佩拉约 Pelayo
国籍	西班牙
排水量	9745 吨
舰长	102.01 米
舰宽	20.19 米
吃水	7.54 米
航速	16.2 节
续航力	不详
船员	520
武器	2门320毫米炮，2门280毫米炮，9门140毫米炮，5门57毫米炮，14门机关炮，7具356毫米鱼雷发射器
装甲	水线处298-451毫米，炮座298-400毫米，炮盾79.4毫米，指挥塔155.6毫米，甲板51-70毫米

"佩拉约"号是西班牙海军装备的唯一一艘露天炮座铁甲舰，有时也被认为是西班牙唯一一艘前无畏舰（但严格意义来说，该舰还只能算是晚期型铁甲舰）。该舰于1885年4月开工建造，1887年2月5日下水，1888年夏天完工。

"佩拉约"号在很长一段时间里是西班牙海军装备的唯一一艘战列舰，同时也是该国最强大的军舰。该舰因而获得了一个"孤独者"（Solitario）的称号。"佩拉约"号在法国拉塞纳造船厂建造，以当时法国建造的最强铁甲舰"马尔索"级（该级舰建造工时较长，在"佩拉约"号完工时尚未服役）为蓝本设计，但是弱化了武器，主炮改为2门320毫米炮，而在舯部炮座上则安置了2门280毫米炮（"马尔索"级均为340毫米炮）。该舰的装甲与"马尔索"级相同，为克勒索（Creusot）钢材质。该舰的动力系统为由12座锅炉驱动的立式复合式蒸汽机，输出功率为9600马力，理论上能给为近万吨的军舰提供16.7节的航速，但实际航行时只能达到16.2节。总的来说，该舰在建成时属于不错的水准，是1880年最有威力的铁甲舰之一。

"佩拉约"号的早年生涯是在寻访中度过的。该舰在1891至1895年先后访问了希腊、意大利、德国等，参加了基尔运河的开通庆典。从1897年起，该舰接受广泛重建，不过由于美西战争的爆发，该舰

与装甲巡洋舰编队一起航行的"佩拉约"号

欧洲国家篇

尚未完工便于 1898 年 5 月 14 日编入后备分舰队服役。战争期间，该舰驻扎在本土水域，主要预防美军对西班牙海岸的袭击。后来，该舰随第二分舰队前往菲律宾海域，美国攻击古巴时，该舰随舰队前往增援，但在通过苏伊士运河时，得到了古巴圣地亚哥港已经被美军封锁的消息，由于担心本土海岸的安全，该舰转而返回西班牙。战争结束后，"佩拉约"号继续担负出访和训练的职责，由于没有购买和建造新的战列舰，老迈的"佩拉约"号一直在西班牙海军中扮演着重要角色，于是得到了"孤独者"的称号。在 1909 年的第二次里夫战争时，"佩拉约"号炮击摩洛哥叛军阵地，这也是该舰唯一一次被投入实战。在 1910 至 1912 年间，"佩拉约"号进行了第二次大规模改造，后主要担任训练舰。这艘老旧的战舰最终在 1923 年退役、1925 年被拆毁。

1892 年 10 月停泊在意大利热那亚的"佩拉约"号

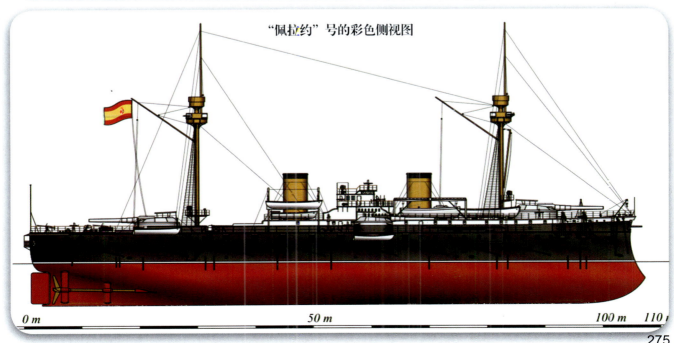

"佩拉约"号的彩色侧视图

"丹纳布罗格"号

舰名	丹纳布罗格 Dannebrog
国籍	丹麦
排水量	3057 吨
舰长	65.5 米
舰宽	15.5 米
吃水	7.1 米
航速	8 节
续航力	不详
船员	350
武器	16 门 60 磅炮
装甲	水线处 114 毫米，侧舷炮位 114 毫米

"丹纳布罗格"号是由丹麦建造的、可能是历史上舰龄最老的一艘铁甲舰。该舰作为木质战舰于1848年4月28日开工建造，1850年9月25日下水，1853年5月17日完工。其改装铁甲舰的时间为1862年5月21日至1864年3月30日之间。

"丹纳布罗格"号最初是作为一艘72门炮木质蒸汽战列舰来建造的。但是在1860年早期，随着英、法等列强开始建造铁甲舰，丹麦人将该舰木质船壳外敷铁甲升级为"装甲巡航舰"。由于主机功率仅为1150马力，该舰在改造为铁甲舰后明显动力不足，最高航速仅为每小时8节。

"丹纳布罗格"号的服役生涯颇为宁静，其在1875年之前主要担负训练任务。由于新式炮塔舰的出现，这艘临时拼凑的铁甲舰被迅速淘汰。1875年，"丹纳布罗格"号退役并被改为住宿船，1896年，该舰沦为靶舰，后于次年被拆毁。

改装为铁甲舰后的"丹纳布罗格"号

"罗尔夫·克拉克"号

舰名	罗尔夫·克拉克
国籍	丹麦
排水量	1360 吨
舰长	58.3 米
舰宽	15.5 米
吃水	7.1 米
航速	10.5 节
续航力	2130 千米/8 节
船员	140
武器	4 门 68 磅炮
装甲	水线处 110 毫米，炮塔 110 毫米

"罗尔夫·克拉克"号是世界上第一艘具备旋转炮塔的远洋型铁甲舰，因此也被称为"炮塔舰"。该舰于1862年开工建造，1863年5月6日下水，1863年7月1日完工。

"罗尔夫·克拉克"号排水量仅为千吨级别，在极其有限和简陋的船体上安装了2座可供旋转的铁壳炮塔，竟成为了世界上最早的炮塔型铁甲舰（美国内战时期的"莫尼特"号只能算为浅水重炮舰），同时该舰也是丹麦专门建造的第一艘铁甲舰。"罗尔夫·克拉克"号采用木质船壳外加铁甲的方式建造，主炮为安置在2座旋转炮塔内的4门68磅前装滑膛炮，除此之外就没有其他任务武器了。该舰安装有一台小型蒸汽机，输出功率为700马力，最高航速为10.5节。

"罗尔夫·克拉克"号以丹麦传奇英雄罗尔夫·克拉克之名命名，由罗伯特·纳皮尔设计建造。由于结构相对较为简单，该舰在下水后很快便完工入役。7月18至20日，该舰进行了海试并得到认可。"罗尔夫·克拉克"号在第二次普丹战争中曾参与了部分行动，但此后就再无服役记录，最后于1907年退役并被拆解。

1863年时的"罗尔夫·克拉克"号

"丹麦"号

舰名	丹麦 Danmark
国籍	丹麦
排水量	4770 吨
舰长	82.29 米
舰宽	15.24 米
吃水	5.94 米
航速	8 节
续航力	不详
船员	530
武器	20 门 60 磅炮，8 门 18 磅炮
装甲	水线处 89-114 毫米，侧舷炮位 89-114 毫米

"丹麦"号是由苏格兰造船厂建造的一艘木质船壳外敷铁甲的船腰炮室铁甲舰。该舰于1862年7月1日之后开工建造，1864年2月23日下水，1869年6月完工。

"丹麦"号原本是美利坚联邦海军向苏格兰造船厂订购的铁甲舰，属于最原始的"装甲巡航舰"，全舰配备28门火炮。由于该舰尺寸过大，联邦在欧洲的代理试图将其卖给当时处于扩张中的俄国政府，但是也没有成行。联邦代理在1863年底正式宣布放弃了对这艘船的求购。后来由于普丹战争的爆发，丹麦海军购买了该舰，但是该舰建造速度缓慢，直到战争结束也未能完成试航，因此并没有参战。1869年6月，"丹麦"号终于服役，从6至10月，该舰一度是丹麦仅有的现役铁甲舰。"丹麦"号在1893年被降为预备役，后于1900年被拆毁。

航行中的"丹麦"号

"皮得·斯克拉姆"号

舰名	皮得·斯克拉姆 Peder Skram
国籍	丹麦
排水量	3373 吨
舰长	69 米
舰宽	15.1 米
吃水	6.6 米
航速	11 节
续航力	2800 千米/10 节
船员	450
武器	6门203毫米炮，8门24磅或26磅炮
装甲	水线处127毫米，侧舷炮位114毫米

"皮得·斯克拉姆"号是一艘由木质蒸汽巡航舰升级而来的铁甲舰。该舰于1859年5月19日开工建造，1864年10月18日下水，1866年8月15日完工。

"皮得·斯克拉姆"号在开工建造时仅仅是一艘木质蒸汽巡航舰。但在建造过程中，其船壁外侧被敷设铁甲升级为船旁列炮铁甲舰。该舰的主要武器为6门203毫米前装线膛炮，其威力和精度较老式滑膛跑有所提升。此外，该舰的装甲厚度和航速也较先前船只略有提升。

"皮得·斯克拉姆"号的改装工作是在1862年时开始的，当时该舰尚处于建造之中。改装成铁甲舰后，"皮得·斯克拉姆"号于1866年8月15日被正式启用。该舰的服役生涯未被详细记载，只知晓其在1876至1878年间接收升级维修，后于1885年退役。退役后的"皮得·斯克拉姆"号被用作住宿船，直到1897年才被拆毁。

1860年的"皮得·斯克拉姆"号

"奥丁"号

舰名	奥丁 Odin
国籍	丹麦
排水量	3170 吨
舰长	73.4 米
舰宽	14.78 米
吃水	5 米
航速	12 节
续航力	2200 千米 /9 节
船员	206
武器	4 门 254 毫米炮，6 门 76 毫米炮
装甲	水线处 102-203 毫米，装甲堡 178 毫米，甲板 26 毫米

"奥丁"号是丹麦自造的一艘低干舷纯蒸汽动力船腰炮室铁甲舰。该舰于 1871 年 4 月 13 日开工建造，1872 年 12 月 12 日下水，1874 年 9 月 7 日完工。

"奥丁"号是丹麦第一艘被去除了帆具的主力舰，其建成服役时间与英国"蹂躏"号接近，属于世界上最早的纯蒸汽动力铁甲舰。但与"蹂躏"号不同的是，该舰由于船体较小未有设置炮塔，4 门 254 毫米主炮被安放在中央装甲堡中，可以通过炮窗向舷侧射击。此外值得一提的是，该舰还是首艘具备装甲甲板的丹麦军舰，尽管其厚度仅有 1 英寸左右。

"奥丁"号取名自我们所熟知的北欧之神。该舰在其服役生涯内仅见于训练和海岸警戒任务，该舰在 1883 和 1898 年两次接受升级改造，主要更换了武器和增设了小型指挥塔。"奥丁"号最后于 1912 年退役并被拆解。

1870 年的"奥丁"号

"赫尔戈兰"号

舰名	赫尔戈兰 Helgoland
国籍	丹麦
排水量	5480 吨
舰长	79.17 米
舰宽	18.05 米
吃水	5.9 米
航速	13 节
续航力	2600 千米 /9 节
船员	350
武器	1 门 305 毫米炮，4 门 260 毫米炮，5 门 120 毫米炮
装甲	水线处 152–315 毫米，炮座 260 毫米，炮廓 260 毫米，甲板 52 毫米

"赫尔戈兰"号是丹麦建造的一艘无桅炮塔舰。该舰于 1876 年 5 月 20 日开工建造，1878 年 5 月 9 日下水，1879 年 8 月 20 日完工。

"赫尔戈兰"号是作为岸防铁甲舰来设计的，但该舰拥有较高的干舷。其唯一的 305 毫米主炮被安置在船艏的旋转炮塔内。该舰采用铁质船壳外敷铁甲的防御结构。水线处最厚达到 315 毫米，同时，该舰也具备装甲甲板。

"赫尔戈兰"号以普丹战争中丹麦获胜的赫尔戈兰战役命名，由于丹麦在 19 世纪下半叶已不再是欧洲主流海军国家，该舰在服役后的大部分时间都用作岸防等次要任务，最后于 1907 年退役并被拆解。

1878 年时的"赫尔戈兰"号

"托登肖尔"号

舰名	托登肖尔 Tordenskjold
国籍	丹麦
排水量	2534 吨
舰长	67.79 米
舰宽	13.23 米
吃水	4.81 米
航速	13 节
续航力	2800 千米/9 节
船员	220
武器	1 门 355 毫米炮，4 门 120 毫米炮，4 门 37 毫米炮，1 具 380 毫米鱼雷发射器，3 具 350 毫米鱼雷发射器
装甲	炮座 203 毫米，指挥塔 31 毫米，甲板 95 毫米

"托登肖尔"号是丹麦建造的一艘小型岸防铁甲舰。该舰于 1879 年 6 月 5 日开工建造，1880 年 9 月 30 日下水，1882 年 9 月 29 日完工。

"托登肖尔"号作为一艘岸防铁甲舰属于"小船扛大炮"的典型。其主炮为一门安装在可旋转炮座上的具备半球形炮罩的 355 毫米重炮，口径比当时大多数标准铁甲舰都要大。该舰在主炮后有一个简易小巧的指挥塔，装甲厚度仅为 31 毫米。在动力系统方面，该舰采用双轴推进，主机功率为 2600 马力，最高航速可达 13 节。

"托登肖尔"号以北方战争中丹麦英雄皮特·托登肖尔之名命名，该舰在其服役期并没有参与任何行动的记载，最后于 1908 年退役并被拆解于斯特庭（今天的波兰什切青）。

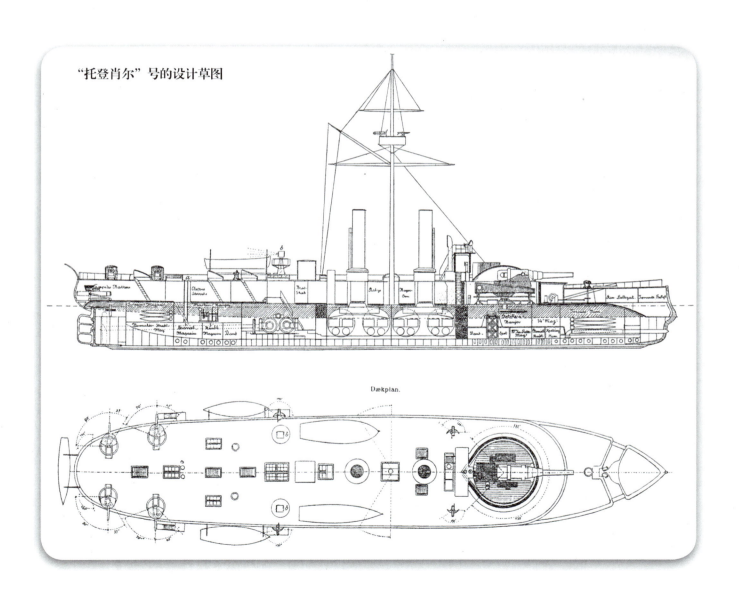

"托登肖尔"号的设计草图

"梅苏迪耶"号

舰名	梅苏迪耶 Mesudiye
国籍	奥斯曼帝国
排水量	8938 吨
舰长	101.02 米
舰宽	17.98 米
吃水	7.9 米
航速	13.7 节
续航力	不详
船员	700-800
武器	12 门 254 毫米炮，3 门 178 毫米炮
装甲	水线处 305 毫米，装甲堡 254 毫米

"梅苏迪耶"号是英国为奥斯曼帝国建造的一艘船腰炮室铁甲舰。该舰于 1872 年开工建造，1874 年下水，1875 年 12 月完工。

"梅苏迪耶"号是唯一一艘在其生涯中只为奥斯曼帝国服役的主力舰。该舰在建成时是船体最长的船腰炮室铁甲舰之一，其中央装甲堡中装备了 12 门 254 毫米前装线膛炮。该舰在 1898 至 1903 年间接受了彻底的重建，摇身一变成为一艘前无畏舰，其武备也发生了重大改变。改装后的"梅苏迪耶"号拥有 2 座 230 毫米单装主炮炮塔（实际从未安装过），12 门安装在炮廓中的 150 毫米副炮以及一些小口径火炮。由于动力系统也被完全替换，该舰的最高航速升至 13.7 节。

由于奥斯曼帝国长期处于与俄国的战争中，"梅苏迪耶"号在其早期生涯的大部分时间里都缺乏维护。到了 1890 年后期，该舰的舰况已经十分糟糕，但由于是本国唯一的铁甲舰，该舰得到了重建的机会。在热那亚，"梅苏迪耶"号参考当时主流的前无畏舰设计被改装为名义上的前无畏舰。该舰在外观上颇为类似当时奥匈帝国的"哈布斯堡"级战列舰。1912 至 1913 年的巴尔干战争中，该舰表现活跃。随后在与希腊争夺克里特岛的冲突中，该舰被炮弹命中受损严重被迫撤退。一战爆发时，"梅苏迪耶"号停泊在纳拉（Nara）保护雷区，封锁达达尼尔海峡的入口。12 月 13 日，英国 B11 号潜艇穿越雷区发射鱼雷将"梅苏迪耶"号击沉。不过该舰的大部分船员都幸运地获救了。土耳其人将该舰的部分火炮打捞上岸装备了一座名为"梅苏迪耶"的炮楼，后来协助击沉了法国战列舰"布韦"号。

1894 年时的"梅苏迪耶"号

重建后的"梅苏迪耶"号。其外观已变成前无畏舰的模样

"瓦斯科·达·伽马"号

舰名	瓦斯科·达·伽马 vasco da gama
国籍	葡萄牙
排水量	2384-2972 吨
舰长	61 米
舰宽	12 米
吃水	5.8 米
航速	10.3-15.5 节
续航力	不详
船员	232
武器	2门260毫米炮，1门150毫米炮，4门9磅炮
装甲	水线处230毫米，装甲堡250毫米

"瓦斯科·达·伽马"号是葡萄牙海军装备的唯一一艘铁甲舰。该舰于1875年开工建造，1876年12月1日下水，1878年完工。

"瓦斯科·达·伽马"号是由英国泰晤士钢铁公司为葡萄牙建造的小型船腰炮室铁甲舰，是一艘紧凑而强大的舰艇。其在有限吨位上安置了尽可能强大的武器。该舰的2门260毫米炮被安装在明显突出的装甲堡中，另有一门150毫米炮在甲板上。"瓦斯科·达·伽马"号于1901至1903年间在意大利利沃诺接受了重建，几乎成为一艘焕然一新的岸防铁甲舰。该舰的主要武器被替换为射速更快的203毫米炮，并且改为单发炮塔式；同时增加了速射炮以提升近战火力。除此之外，该舰的航速也被提升至每小时15.5节，排水量升为2972吨。

"瓦斯科·达·伽马"号在其生涯内主要担负里斯本的港口警戒任务。1897年时，该舰参加了维多利亚女王在斯皮特黑德的阅舰式。1907年，该舰发生煤气爆炸事故导致多名船员受伤。1915年，该舰被卷入一场兵变，控制了军舰的船员杀死舰长后炮轰里斯本，造成100多市民伤亡。由于葡萄牙海军预算的拮据，这艘早已过时的老爷舰一直服役到1935年才退役并被拆解。

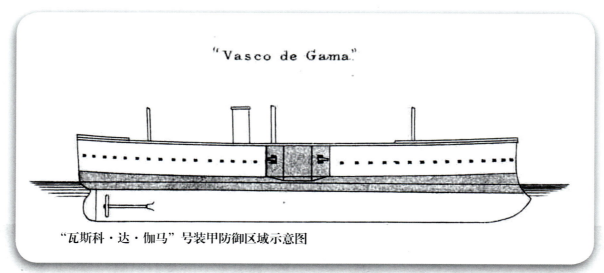

"瓦斯科·达·伽马"号装甲防御区域示意图

1904年时的"瓦斯科·达·伽马"号

"荷兰的亨德里克王子"号

舰名	荷兰的亨德里克王子 Prins Hendrik der Nederlanden
国籍	荷兰
排水量	3375 吨
舰长	70.1 米
舰宽	13.4 米
吃水	5.7 米
航速	12 节
续航力	不详
船员	230
武器	4 门 229 毫米炮，4 门 120 毫米炮
装甲	水线处 114 毫米，炮塔 140–279 毫米，船壁 114 毫米

"荷兰的亨德里克王子"号是由英国为荷兰建造的炮塔式铁甲舰。该舰于 1865 年 8 月开工建造，1866 年 10 月 9 日下水，1867 年 3 月完工。

"荷兰的亨德里克王子"号采用了类似英国"君主"号的设计，但其建造完工时间却比"君主"号还要早。该舰的吨位和武备均远逊于"君主"号，可以看成是后者的缩小版。该舰在两座可供旋转的炮塔中安置了 4 门 229 毫米前装线膛炮，4 门 120 毫米炮配备于甲板上用于自卫。和其他早期铁甲舰一样，由于蒸汽机并不可靠，该舰还是配备了全套帆具。

"荷兰的亨德里克王子"号在建成后被配属给登海尔德港作为港口警戒船，后被配属给荷属东印度群岛。1881 年，该舰抵达印度尼西亚并成为巴达维亚的警戒船。1885 年，该舰加装了舷侧鱼雷发射器。1887 年，该舰与另一艘铁甲舰"荷兰国王"号一起在望加锡进行演习。直到 1899 年退役之前，"荷兰的亨德里克王子"号似乎一直在东印度群岛服役，之后被改装为仓库船，该舰最终于 1925 年被废弃。

航行中的"荷兰的亨德里克王子"号

"荷兰国王"号

舰名	荷兰国王 Koning der Nederlanden
国籍	荷兰
排水量	5400 吨
舰长	81.8 米
舰宽	15.2 米
吃水	5.9 米
航速	12 节
续航力	不详
船员	256
武器	4 门 279 毫米炮, 4 门 120 毫米炮, 6 门 37 毫米炮
装甲	水线处 150–200 毫米，炮塔 230–305 毫米

"荷兰国王"号是荷兰海军在 19 世纪所装备的最大军舰。该舰于 1871 年 12 月 31 日开工建造，1874 年 10 月 28 日下水，1877 年 2 月 16 日完工。

与"荷兰的亨德里克王子"号一样，"荷兰国王"号也是一艘有桅炮塔舰，与建造于英国的前者不同，该舰为荷兰本国造船厂所建。不过"荷兰国王"号在设计上并无创新之处，基本只是"荷兰的亨德里克王子"号的放大和武备升级版而已。该舰将原本的 229 毫米炮升级为 279 毫米炮，装甲也得到了加强。不过由于动力系统提升有限，该舰的设计最高航速与"荷兰的亨德里克王子"号相同，但在实际试航时仅能达到 11.95 节。

"荷兰国王"号在最初建成时在波罗的海进行试航，随后就被派至荷属东印度群岛。该舰与"荷兰的亨德里克王子"号是当时荷兰在远东最强大的军舰。不过两舰基本上只担负训练和警戒任务。1890 年，"荷兰国王"号对武备进行升级，增加了 75 毫米速射炮以提升近战火力。1895 年，该舰退役并被改为住宿船，后又成为补给船。二战爆发后的 1942 年 3 月，"荷兰国王"号被凿沉，以防止落入日军之手。

张满帆航行中的"荷兰国王"号

"艾弗森"级

舰名	艾弗森 Evertsen，科顿艾尔 Kortenaer，皮特·海因 Piet Hein
国籍	荷兰
排水量	3464 吨
舰长	86.2 米
舰宽	14.33 米
吃水	5.23 米
航速	16 节
续航力	不详
船员	263
武器	3 门 210 毫米炮，2 门 150 毫米炮，6 门 75 毫米炮，8 门 1 磅炮，3 具 450 毫米鱼雷发射器
装甲	水线处 150 毫米，炮座 240 毫米

"艾弗森"级是荷兰建造的一级岸防铁甲舰。该级舰共建成 3 艘，分别为"艾弗森"号、"科顿艾尔"和"皮特·海因"号。"艾弗森"号于 1893 年开工建造，1894 年 9 月 29 日下水，1896 年 2 月 1 日服役。"科顿艾尔"号于 1893 年开工建造，1894 年 10 月 27 日下水，1895 年 12 月 17 日服役。"皮特·海因"号于 1893 年开工建造，1894 年 8 月 16 日下水，1896 年 1 月 3 日服役。

"艾弗森"级是荷兰近海防御海军思路的体现，该级舰在较小的船体上安装了重炮，体现出较好的经济性。该级舰装备的 210 毫米主炮是当时德国装甲巡洋舰上的武器，因此其火力并不强于当时的巡洋舰，不过这对于只需完成近海防御任务的荷兰来说已经够用。该级舰的水线处皮带式装甲带的最大厚度为 150 毫米，也与装甲巡洋舰相似。它的三机功率为 4700 马力，最大航速 16 节，则与当时主流前无畏舰相当。

"艾弗森"级以荷兰海军史上著名的三位将领科内利斯·艾弗森、艾格伯特·科顿艾尔与皮特·海因之名命名，以纪念荷兰海军的那段光荣时期。"艾弗森"级在建成后主要用于训练和海岸警戒，并未参加过任何战斗。该级舰曾在 1898 年前往里斯本参加庆祝达·伽马发现前往印度航线 400 周年的纪念活动。该级舰在 1913 至 1920 年间陆续退役并被废弃。

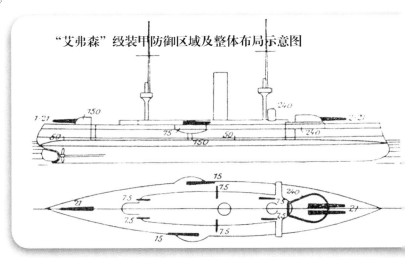

"艾弗森"级装甲防御区域及整体布局示意图

停泊在锚地的"艾弗森"号

"摄政女王"级

舰名	摄政女王 Koningin Regentes，德鲁伊特尔 De Ruyter，亨德里克公爵 Hertog Hendrik
国籍	荷兰
排水量	5002 吨
舰长	96.62 米
舰宽	15.19 米
吃水	5.82 米
航速	16.5 节
续航力	不详
船员	340
武器	2 门 240 毫米炮，4 门 150 毫米炮，8 门 75 毫米炮，4 门 1 磅炮，3 具 450 毫米鱼雷发射器
装甲	水线处 150 毫米，炮座 250 毫米，炮塔 250 毫米

"摄政女王"级是荷兰在前无畏舰时期自行建造的最后一级岸防铁甲舰。该级舰共建成3艘，分别为"摄政女王"号、"德鲁伊特尔"和"亨德里克公爵"号。"摄政女王"号于1898年开工建造，1900年4月24日下水，1902年1月3日服役。"德鲁伊特尔"号于1900年开工建造，1901年9月28日下水，1902年10月29日服役。"亨德里克公爵"号于1901年3月8日开工建造，1902年6月7日下水，1904年1月5日服役。

"摄政女王"级是荷兰海军在蒸汽时代最为强大的武器，尽管它还仅仅只是一级5002吨的岸防铁甲舰。与"艾弗森"级相比，该级舰将主炮加强至240毫米，已经与当时德国、奥匈帝国装备的前无畏舰相当。对于仅以近海防御为目的的荷兰海军来说这样的火力已经足够。此外，该级舰还将150毫米副炮数量增至4门，以加强对中近距离敌舰的打击。

"摄政女王"级在建成之初主要担负海岸警戒任务，但在1906年曾被派往荷属东印度群岛执行护航任务，并镇压了当地的叛乱。1909年，该级舰曾航行至当时的中国、日本和菲律宾等地。一战后期，该级舰也参与了运输协约国军队回国的任务。"摄政女王"号和"德鲁伊特尔"号分别在1920和1923年退役并被拆解，而"亨德里克公爵"号则在二战中被用作浮动炮台，战后直至1968年才被拆毁。

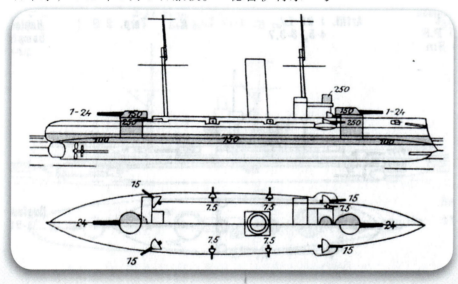

"摄政女王"级装甲防御区域及整体布局示意图

停泊在锚地的"摄政女王"号

"马尔滕·特罗姆普"级

舰名	马尔滕·特罗姆普 Marten Harpertszoon Tromp，雅各布·范·希姆斯克尔克 Jacob van Heemskerk
国籍	荷兰
排水量	4920-5210 吨
舰长	98-100.78 米
舰宽	15.19 米
吃水	5.69 米
航速	16.5 节
续航力	不详
船员	340
武器	2 门 240 毫米炮，4 门 15 毫米炮，8 门 75 毫米炮，4 门 1 磅炮，3 具 450 毫米鱼雷发射器
装甲	水线处 150 毫米，炮座 200 毫米，炮塔 200 毫米

"马尔滕·特罗姆普"级是"摄政女王"级的衍生型。该级舰共建成2艘，分别为"马尔滕·特罗姆普"号和"雅各布·范·希姆斯克尔克"号。"马尔滕·特罗姆普"于1903年开工建造，1904年6月15日下水，1906年4月5日完工。"雅各布·范·希姆斯克尔克"号于1905年开工建造，1906年9月22日下水，1908年4月22日完工。

"马尔滕·特罗姆普"级在外观上与"摄政女王"级差别并不明显，水线处装甲带高度得到稍许增加，不过炮座和炮塔装甲却被削减。同时，该级舰还设置了略微突出的副炮炮座，其装甲与水线连为一体，增加了防御效果。除此之外，该级舰的武装和航速都与"摄政女王"级完全一致。

"马尔滕·特罗姆普"级以荷兰历史上著名海军将领老特罗姆普和范·希姆斯克尔克之名命名，"马尔滕·特罗姆普"号在建成后成为荷兰舰队的旗舰。从1909年开始，该舰随另两艘荷兰战舰一起启程前往远东进行巡游。在远东，"马尔滕·特罗姆普"号一直待到1920年。该舰终其一生没有参加过任何战斗，最后在1927年退役并被拆解。"雅各布·范·希姆斯克尔克"号的寿命相对而言就要长得多了。该舰在二战时被凿沉，但随后由德国人打捞后改装成浮动炮台。战后，该舰回到荷兰海军被改造为住宿船，一直到1974年才被拆毁。

缓速航行中的"马尔滕·特罗姆普"号

停泊在锚地的"雅各布·范·希姆斯克尔克"号

"七省"号

舰名	七省 De Zeven Provinciën
国籍	荷兰
排水量	6530 吨
舰长	101.5 米
舰宽	17.1 米
吃水	6.15 米
航速	16 节
续航力	不详
船员	452
武器	2 门 283 毫米炮，4 门 15 毫米炮，10 门 75 毫米炮，4 门 1 磅炮
装甲	水线处 150 毫米，甲板 51 毫米，炮座 197 毫米，炮塔 250 毫米，指挥塔 200 毫米

"七省"号是荷兰建造的最后一艘岸防铁甲舰。该舰于 1908 年 2 月 7 日开工建造，1909 年 3 月 15 日下水，1910 年 10 月 6 日完工。

"七省"号由于采用了大口径的 283 毫米主炮，在外观上已经可以算是一艘小型战列舰，并且在很长一段时间里是荷兰最强大的军舰。与前几级岸防铁甲舰相比，"七省"号在外观上的显著区别是拥有两根烟囱，这也使得它看上去更像是一艘"前无畏舰"。值得一提的是，该舰是首艘具备装甲甲板的荷兰主力舰，尽管这一配备在其他海军国家早已得到普及。由于诞生时已处于无畏舰时期，该舰在技术上没有优势，并且航速也偏慢，但对于以海岸防御为主要任务的荷兰海军来说已是绰绰有余。

"七省"号在建成后不久即刻启程前往荷属东印度群岛。该舰曾前往新加坡海域活动。一战末期，"七省"号担负了一些护航任务，随后于 1918 年 11 月 20 日启程返回国内。1921 年 11 月，该舰第二次抵达荷属东印度群岛，并在这里待了很长时间。不过在 1933 年 2 月 5 日，该舰在苏门答腊西北部海岸发生了兵变，后来荷兰不得不动用轰炸机对其实施攻击，此次行动也证明了早期水面舰艇在面对空中轰炸时的脆弱性。当年 7 月，"七省"号被改为一艘训练舰。二战爆发后，"七省"号在 1942 年 2 月 18 日被日军轰炸机击沉，但由于沉没于浅滩，该舰被日军打捞并作为浮动炮台使用。一年后，该舰在盟军的空中打击中彻底沉没。

离开登海尔德启程前往荷属东印度群岛的"七省"号

1910 年时的"七省"号彩色侧视图

"乔治国王"号

舰名	乔治国王 Vasilefs Georgios
国籍	希腊
排水量	1774 吨
舰长	61 米
舰宽	10.1 米
吃水	4.9 米
航速	12 节
续航力	2400 千米/10 节
船员	152
武器	2 门 228.6 毫米炮，2 门 20 磅炮
装甲	水线处 114-178 毫米，装甲堡 152 毫米

"乔治国王"号为英国为希腊建造的首艘铁甲舰。该舰的开工建造时间不详，于1867年12月28日下水，1868年完工。

"乔治国王"号虽然被称为"装甲轻型巡航舰"，但实际上是一艘船腰炮室铁甲舰。该舰采用木质船壳外敷铁甲的设计，在舯部设有一座扁平而突起的装甲堡，全部4门火炮皆安置在此。该舰的水线处装甲从舯部的178毫米逐渐削减至船艏、船艉的114毫米，装甲堡也有152毫米厚铁甲保护，其通力系统较为简单，仅为单轴，输出功率为2100马力，设计航速为12节。

"乔治国王"号以希腊国王乔治一世之名命名，其承建商为英国泰晤士钢铁公司。该舰在建成后基本只担负海岸警戒任务，后来逐渐成为海军学员训练船。在1897年的希土战争中，该舰由于舰龄过老没有参战。1912年，"乔治国王"号退出现役，最后在1915年被拆毁。

"乔治国王"号的侧视图

"奥尔加女王"号

舰名	奥尔加女王 Vasilissa Olga
国籍	希腊
排水量	2030 吨
舰长	89.7 米
舰宽	11.9 米
吃水	5.8 米
航速	10 节
续航力	不详
船员	258
武器	2 门 228.6 毫米炮，10 门 177.8 毫米炮
装甲	水线处 102-152 毫米，装甲堡 120 毫米，船壁 120 毫米

"奥尔加女王"号是奥匈帝国为希腊所建造的船腰炮室铁甲舰。该舰于 1869 年 2 月 3 日开工建造，1870 年 1 月 18 日下水，1870 年 11 月 21 日完工。

"奥尔加女王"号采用铁质船壳，其船壁铁甲厚度为 120 毫米，并且在船艏具备明显的冲角，这也与当时奥匈帝国的造舰理念相符合，撞击战术为该舰的主要作战手段。该舰采用 3 根桅杆，长宽比明显高于同时代其他铁甲舰，但由于动力系统的孱弱，其最高航速仅为 10 节，没能利用这一先天的优势。

"奥尔加女王"号由奥匈帝国的蒂利亚斯特技术工厂建造，该工厂承担了包括奥匈帝国终极战舰"特格特霍夫"级战列舰在内的大批主力舰的建造，工艺精良。"奥尔加女王"号在服役后没有任何执行任务的记载，其在 1897 年时被改装为学院训练船，但是一直到 1925 年才被拆毁。

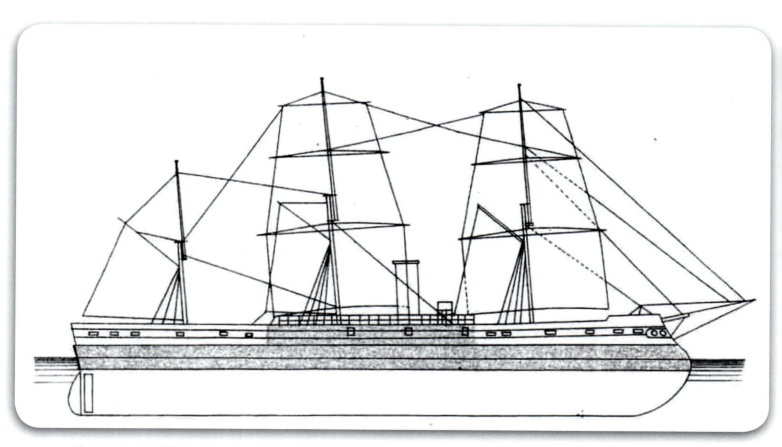

"奥尔加女王"号装甲防御区域及帆装示意图

"长蛇座"级

舰名	长蛇座 Hydra，斯柏特塞 Spetsai，普萨拉 Psara
国籍	希腊
排水量	4808 吨
舰长	102.01 米
舰宽	15.8 米
吃水	5.5 米
航速	17 节
续航力	不详
船员	400
武器	2门34倍径274毫米炮，1门28倍径274毫米炮，5门150毫米炮，4门86毫米炮，4门3磅炮，4门1磅炮，6门1磅转轮式速射炮，3具356毫米鱼雷发射器
装甲	水线处300毫米，炮座360毫米，甲板48毫米（"斯柏特塞"号和"普萨拉"号为58毫米）

"长蛇座"级是法国为希腊所建造的一级炮塔式铁甲舰。该级舰共建成3艘，分别为"长蛇座"号、"斯柏特塞"号和"普萨拉"号。"长蛇座"号大约在1885年后开工建造，1889年下水，1892年交付希腊。"斯柏特塞"号大约在1885年后开工建造，1889年下水，1892年交付希腊。"普萨拉"号大约在1885年后开工建造，1890年下水，1892年交付希腊。

"长蛇座"级是一级设计奇特的铁甲舰，其兼具装甲堡和炮塔，并且唯一的炮塔位于船体艉部。该级舰装备3门274毫米炮，其中两门34倍径火炮被并列置于船艏指挥塔两侧的装甲堡中，而剩下的那门28倍径火炮则被安装在船艉单装的炮塔中。该级舰的装甲成分较为复杂，混合了克勒索钢和钢面铁甲。其水线最厚处达到300毫米，但在船艏、船艉两侧锐减至100毫米。皮带式装甲带在水线以上高度仅为0.76米，防御效果有限。此外，该级舰还是希

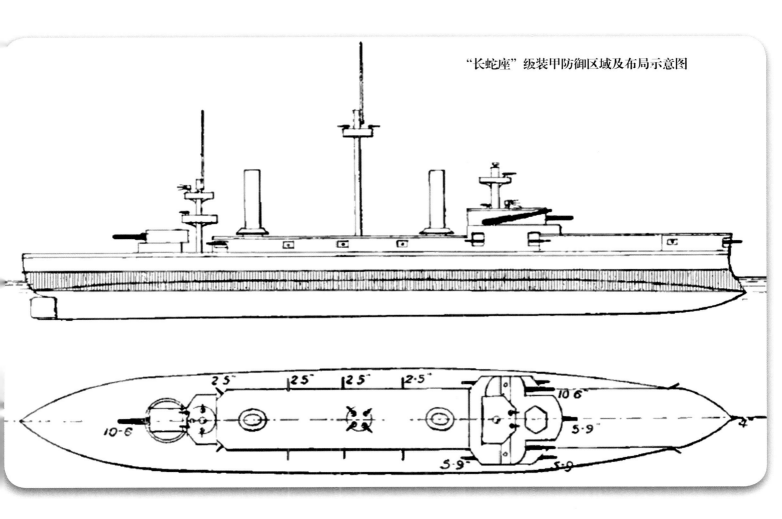

"长蛇座"级装甲防御区域及布局示意图

腊首批具备装甲甲板的军舰。"长蛇座"级的主机输出功率为6700马力，最高航速为17节。

"长蛇座"级最初为法国替奥斯曼帝国建造的铁甲舰，但在1892年被希腊得到，成为当时希腊海军的最强军舰。该级舰共3艘，在其生涯的大部分时间里都是一起度过的。1897年，希土战争爆发，但由于海军总体的劣势，该3舰没有发挥应有的作用。巴尔干战争时期，该级舰曾在利姆诺斯岛战役中参战，但由于其航速缓慢没能与奥斯曼帝国舰队交手。一战爆发时，"长蛇座"级已经退居二线，被用作海军学员训练，在战争中有时也担负海岸警戒任务。战后，该级舰被改为海军住宿船，最后在1929年被全部拆毁。

停泊在锚地的"斯柏特塞"号

慢速航行中的"普萨拉"号

亚洲国家篇

亚洲国家铁甲舰与前无畏舰综述

19世纪的亚洲已经沦为欧洲列强入侵的对象。作为当时亚洲最主要的两个独立国家——中国和日本在国门被敲开后,以不同的姿态开始学习西方的先进技术,这其中最重要的自强手段就是建立一支以最新式铁甲舰为核心的现代化舰队。众所周知,清政府在19世纪下半叶曾建立了一支堪称东亚第一的北洋舰队;而日本也在明治维新后大力购买新式装备,在20世纪初成功组建了"六六舰队"并在日俄战争中奇迹般地战胜了纸面实力远胜自己的俄国。尽管与欧洲列强相比还存在明显差距,但这两国海军的崛起无疑在历史上写下了浓重的一笔。本章便着重介绍中国与日本在这一时期建造的铁甲舰与前无畏舰的装备情况。

"定远"级

舰名	定远 Dingyuan,镇远 Zhenyuan
国籍	中国
排水量	7793吨
舰长	91米
舰宽	18米
吃水	6.1米
航速	14.5-15.4节
续航力	8300千米/10节
船员	363
武器	4门305毫米炮,2门150毫米炮,75毫米炮4门,37毫米炮8门,3具356毫米鱼雷发射器
装甲	水线处360毫米,炮座305毫米,甲板76毫米,指挥塔203毫米

"定远"级为中国装备的唯一一级远洋型炮塔式铁甲舰。该级舰共建成2艘,分别为"定远"号和"镇

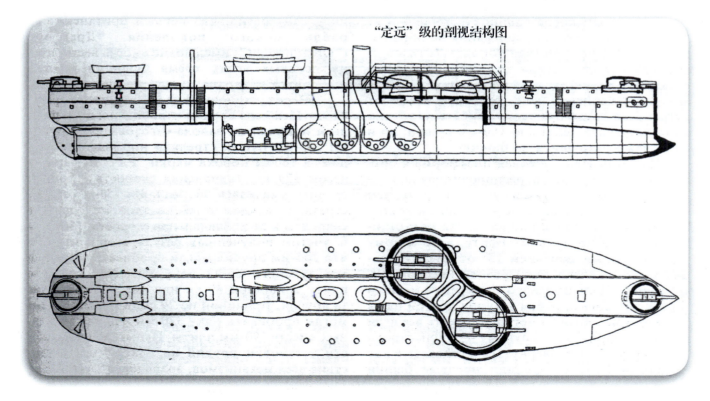

"定远"级的剖视结构图

远"号。"定远"号于1881年5月31日开工建造，1881年12月28日下水，1883年5月2日服役。"镇远"号于1882年3月开工建造，1882年11月28日下水，1884年3月服役。

"定远"级是由德国为中国建造的铁甲舰。在19世纪70年代至80年代，刚刚统一的德国属于新兴的海洋国家，清政府原本计划向英国订购铁甲舰，但对方要价过高，恰逢此时德国开出了极具诚意的价码，于是双方一拍即合。"定远"号在设计上参考了德国当时最新建造的铁甲舰"萨克森"级，同时也采纳了英国"不屈"号的装甲及炮塔布局。该级舰采用2座25倍径305毫米后装线膛炮作为主炮，该炮原本计划为露天式，但实际建成时改为了封闭式炮塔。除了主炮，该级还在船艏、船艉各装一座150毫米单装炮炮塔提供辅助火力。该级舰水线处装甲厚达360毫米，在19世纪80年代的防御能力属于一流。该级舰的动力系统为两座水平式三汽缸往复式蒸汽机，"定远"号的输出功率为6000马力，航速14.5节；而"镇远"号则高些，为7200马力，航速15.4节。

"定远"级抵达中国时是远东最大、最强的军舰。其在早期主要担负访问等任务，先后出访朝鲜、俄国和日本，对当时尚无巨舰的日本造成极大震撼。此后直至甲午战争爆发前，主要担负日常训练等次要任务。1894年7月，日本发动了甲午战争，作为北洋舰队的旗舰，"定远"号带领十余艘战舰于9月17日与日本联合舰队在黄海决战。直至此时，"定远"级仍旧是交战双方纸面实力最强大的军舰。在战斗中，"定远"号中弹159枚，舰上将士17死38伤；而"镇远"号更是中弹多达220枚，不过死伤人数略少。两舰表现出的顽强生命力充分诠释了铁甲舰的防御能力。1895年2月，日军偷袭威海卫，"定远"级被作为海上浮动炮台使用，但没有发挥太大作用。不久，刘公岛海军基地沦陷，"定远"号自沉于港内，而"镇远"号则被日军俘获，之后继续在日本海军服役。日俄战争爆发时，该舰已被降级为海防舰，但仍旧参加了战斗。1911年，"镇远"号退役被改为靶舰，于一年后作为废铁被变卖拆解。

"定远"号的彩色侧视图

1895年的"镇远"号

"平远"号

舰名	平远 Pingyuan
国籍	中国
排水量	2150 吨
舰长	60.96 米
舰宽	12.19 米
吃水	4.19 米
航速	10.5 节
续航力	不详
船员	202
武器	1 门 260 毫米炮，2 门 150 毫米炮，8 门机关炮，4 具 457 毫米鱼雷发射器
装甲	水线处 127–203 毫米，炮塔 127 毫米，甲板 50 毫米，指挥塔 127 毫米

"平远"号为中国自制的岸防铁甲舰。该舰于 1886 年 12 月 7 日开工建造，1888 年 1 月 29 日下水，1889 年 5 月 15 日完工。

"平远"号是由福州船政局在参考法国"柯袭德"（Cocyte）、"士迪克十"（Styx）、"飞礼则唐"（Phlegeton）等 3 艘岸防铁甲舰的设计后，自行建造的第一艘国产全钢甲军舰，代表了当时中国造船工业的最高水平。该舰主炮为 260 毫米克房伯炮，与德国"萨克森"级铁甲舰的主炮口径相同。作为一艘只有 2000 多吨的岸防铁甲舰，该舰的装甲防护十分优秀，水线处装甲覆盖了全舰长度，但由于主机功率不足（2400 马力），该舰的航速很低，仅为 10.5 节。

"平远"号在建成时服役于福建水师，但在 1890 年被调至北洋舰队，后参加了甲午战争中的黄海海战。由于其航速过慢（战时因缺乏保养降为 8 至 9 节），该舰本来并未被作为主力使用，但在战斗中的表现却可圈可点。其发射的一枚 260 毫米主炮炮弹甚至击毁了日军旗舰"松岛"号的主炮，并险些导致其殉爆。随着威海卫的陷落，"平远"号与其他幸存的北洋水师舰艇被编入日军继续服役。日俄战争中，该舰主要担负旅顺港的警戒任务，后因触雷引发的大爆炸而沉没。

"平远"号的彩色侧视图

在日海军服役时的"平远"号

"金瓯"号

舰名	金瓯 Kingou
国籍	中国
排水量	195 吨
舰长	31.7 米
舰宽	6.2 米
吃水	2.06 米
航速	10 节
续航力	不详
船员	不详
武器	1 门 170 毫米炮
装甲	水线处 70 毫米，装甲堡 60 毫米

"金瓯"号是中国装备的世界上第一艘装甲蚊子船。该舰于1875年9月15日下水，具体开工和完工时间不详。

"金瓯"号是一艘奇特的小型军舰，由江南制造局自行设计，工厂编号为"7"。该舰属于蚊子船的一种，但由于兼具装甲和重炮，部分资料也将其划分为岸防铁甲舰。该舰的武器为一门安置在靠近船艏装甲堡中的170毫米克虏伯炮。由于火炮的射界有限，该舰在射击时需调整船头指向，因此实用性较差。"金瓯"号建成后被配属在南洋水师，驻防长江下游一带。该舰于1892年被调至湖北使用，其后经历不详，推测可能在民国初期被拆解。

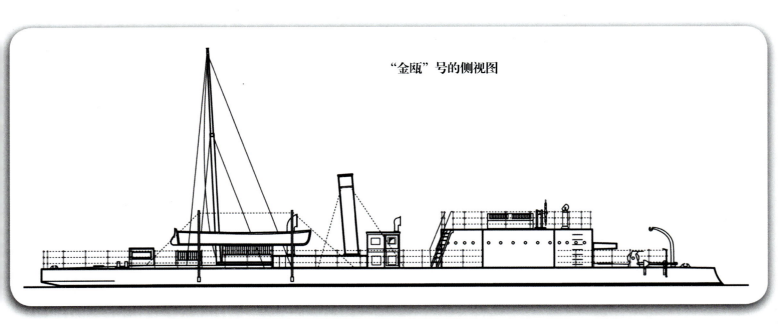

"金瓯"号的侧视图

"甲铁"号

舰名	甲铁 Kōtetsu
国籍	日本
排水量	1358 吨
舰长	59 米
舰宽	9.6 米
吃水	4.34 米
航速	10.5 节
续航力	不详
船员	135
武器	1门300磅炮，2门70磅炮
装甲	水线处89-124毫米

"甲铁"号是日本海军装备的第一艘铁甲舰。该舰于1863年开工建造，1864年1月21日下水，1864年10月25日完工。

"甲铁"号是一艘建造于法国波尔多的冲角铁甲舰。该舰在建成后曾先后辗转于多个国家，最终在1868年被日本购得。19世纪中期的日本尚不具备建造现代化军舰的能力，因此该舰成为当时日本最强大的海上武器。由于船体较小，"甲铁"号的武器非常少，但船舶具备非常夸张的冲角，这也意味着撞击是该舰的主要作战手段。

"甲铁"号最初被卖给江户幕府，后于1869年2月被明治政府接收。该舰随即投入使用，在北海道打击幕府残余势力。1869年3月25日，"甲铁"号在宫古湾海战中成功击败叛军，随后在函馆湾海战中继续表现出色。1872年12月7日，该舰更名为"东"（Azuma），两年后在鹿儿岛搁浅，之后被打捞并修复。该舰一直服役到1888年，之后被拆毁。具体拆毁时间不详。

1865年的"甲铁"号

"龙骧"号

舰名	龙骧 Ryūjō
国籍	日本
排水量	2530 吨
舰长	64 米
舰宽	12.5 米
吃水	6 米
航速	6 节
续航力	不详
船员	275
武器	6 门 64 磅炮
装甲	水线处 115 毫米，装甲堡 100 毫米

"龙骧"号是一艘由苏格兰造船厂为日本建造的铁甲舰。该舰于1868年开工建造，1869年3月27日下水，1869年8月11日完工。

"龙骧"号具有三根桅杆和全套帆具，是一艘木质船壳外敷铁甲的船腰炮室铁甲舰。该舰的6门64磅主炮都被放置在装甲堡中，其主机功率仅为800马力，导致该舰在使用蒸汽机作为动力时的航速仅为6节，甚至比使用风帆还要慢。在1878年"扶桑"号服役之前，"龙骧"号担任日本舰队的旗舰，并且是该国海军最具威力的军舰。该舰在1881年进行了环球航行，访问了包括澳大利亚在内的诸多地域。1893年，该舰退役，但继续担任炮术训练舰直到1908年被拆解。

停泊在锚地的"龙骧"号

"扶桑"号

舰名	扶桑 Fusō
国籍	日本
排水量	3717 吨
舰长	67.1 米
舰宽	14.6 米
吃水	5.6 米
航速	13 节
续航力	8300 千米 /10 节
船员	295
武器	4 门 240 毫米炮，2 门 170 毫米炮，6 门 75 毫米炮
装甲	水线处 163–229 毫米，装甲堡 229 毫米，船壁 203 毫米

"扶桑"号是日本第一艘铁质船体铁甲舰。该舰于 1875 年 9 月 24 日开工建造，1877 年 4 月 17 日下水，1878 年 1 月完工。

"扶桑"号是由英国为日本建造的一艘船腰炮室铁甲舰。该舰采用铁质船壳，4 门 240 毫米炮被安置在装甲堡四隅，射界良好。与"龙骧"号相比，该舰的主机功率显著提升至 3500 马力，设计航速为 13 节，而其在试航时航速最高曾达到 13.16 节。"扶桑"号在交付给日本时是该国最强军舰并长期担任旗舰，不过在其早期生涯大部分时间里都只执行训练任务。甲午战争爆发后，该舰在鸭绿江战役中受损，修复后参加了 1895 年进攻威海卫的战斗。1897 年，该舰在暴风中与友舰相撞而沉没，但在次年便被打捞修复重新服役。日俄战争期间该舰主要执行警戒任务，后于 1908 年退役，次年被拆毁。

建成时的"扶桑"号

"金刚"级

舰名	金刚 Kongō，比叡 Hiei
国籍	日本
排水量	2248 吨
舰长	67.1 米
舰宽	12.5 米
吃水	5.8 米
航速	13 节
续航力	5700 千米 /10 节
船员	234
武器	3 门 172 毫米炮，6 门 152 毫米炮，2 门 75 毫米炮
装甲	水线处 76-114 毫米

"金刚"级是英国为日本所建造的一级"轻型装甲巡航舰"。该级舰共建成 2 艘，分别为"金刚"号和"比叡"号。"金刚"号在 1875 年 9 月 24 日开工建造，1877 年 4 月 17 日下水，1878 年 1 月完工。

"比叡"号在 1875 年 9 月 24 日开工建造，1877 年 6 月 11 日下水，1878 年 1 月完工。

"金刚"级具备帆船所特有的飞剪式船艏，这是早期铁甲舰的特征。该舰没有中央装甲堡，属于最原始的船旁列炮布局，尚不清楚该舰的船壳为铁质还是木质。"金刚"级的 172 毫米和 152 毫米炮都被布置在舷侧，而 75 毫米炮则置于甲板上，后期还在甲板上增设了一些速射炮用于自卫。

"金刚"级在服役后主要担负训练任务。19 世纪 80 年代，该级 2 艘舰接受改造增加了一些速射炮，后于 1887 年退居二线成为训练舰。1894 年，随着甲午战争的爆发，明治政府动员了一切可利用的军舰，于是"金刚"级被重新征召，参加了鸭绿江战役和日军偷袭威海卫的行动。战争结束后，该级舰恢复训练舰的身份。1906 年，两舰被改为勘察船，最后分别于 1910 和 1912 年被变卖。

1891 年的"金刚"号

"富士"级

舰名	富士 Fuji，八岛 Yashima
国籍	日本
排水量	12426-12734 吨
舰长	125.6 米
舰宽	22.3-22.5 米
吃水	8-8.1 米
航速	18 节
续航力	7400 千米/10 节
船员	650
武器	4门305毫米炮，10门152毫米炮，14门3磅炮，10门2.5磅炮，5具457毫米鱼雷发射器
装甲	水线处356-457毫米，甲板64毫米，炮座127-356毫米，炮塔152毫米，指挥塔356毫米，船壁305-356毫米

"富士"级是日本海军装备的第一级前无畏舰。该级舰共建成2艘，分别为"富士"号和"八岛"号。"富士"号在1894年8月1日开工建造，1896年3月31日下水，1897年8月17日完工。"八岛"号在1894年12月6日开工建造，1896年2月28日下水，1897年9月9日完工。

"富士"级是近代日本海军首批现代化战列舰，该级舰由泰晤士钢铁公司建造，几乎具备了当时的最高技术水准。该级舰装备4门40倍口径305毫米主炮，分别安装在船体中线前后两个炮塔中，10门152毫米副炮安装在船壁的炮廓中，其余轻型火炮则位于甲板之上。"富士"级的装甲采用哈氏钢代替了当时流行的铁钢混合装甲或其他材质的钢甲，并且厚度十分可观。其水线处最厚达到457毫米，即便折算成后来更为先进的克氏钢也有350毫米的防御力，几乎相当于一战超级无畏舰的水平。这样的装甲在前无畏舰时期是很难被击穿的。一些资料认为"富士"级防御过剩，但事实上该级舰的皮苔式装甲带在水线以上的高度仅为0.9米，所以整体防御能力并非超群。

"富士"级完工抵达日本国内已是1898年2月，此时甲午战争已经结束，于是该级舰被分配至第一舰队第一分队担任主力。日俄战争爆发后，该级舰参加了日军在1904年2月突袭旅顺港的行动，遭到俄国岸防火炮的打击，"八岛"号没有被击中，但"富士"号被2枚炮弹击中，造成轻微伤亡。4月13日，俄国旗舰"彼得罗巴普洛夫斯克"号触雷沉没，这促使俄国设置更多的水雷进行报复。5月14日，日军战列舰"敷岛""初濑""八岛"号前去支援日军包围旅顺的战斗，但误入雷区，"八岛"号触雷损伤严重，在拖航时沉没。黄海海战中，由于俄国舰队集中火力攻击"三笠"号，"富士"号并未受到损伤。对马海战中，"富士"号的后炮塔被击中起火，但在火势扑灭后重新运作，将俄国战列舰"博罗季诺"号击沉。战争结束后，"富士"号于1910年接受改造，被降级为一等海防舰，直到1922年退役。退役后该舰被用作仓库船，二战末期在轰炸中受损严重，最后于1948年报废。

1897年时的"八岛"号

停泊在锚地的"富士"号

"敷岛"级

舰名	敷岛 Shikishima，初濑 Hatsuse
国籍	日本
排水量	15088-15241 吨
舰长	133.5 米
舰宽	23-23.4 米
吃水	8.2-8.3 米
航速	18 节
续航力	9300 千米/10 节
船员	741（作为旗舰时为 849）
武器	4 门 305 毫米炮，14 门 152 毫米炮，20 门 12 磅炮，8 门 3 磅炮，4 门 2.5 磅炮，4 具 457 毫米鱼雷发射器
装甲	水线处 102-229 毫米，甲板 64-102 毫米，炮塔 254 毫米，指挥塔 76-356 毫米，船壁 152-356 毫米

"敷岛"级是日本海军装备的第二级前无畏舰，也是"富士"级的改良版。该级舰共建成 2 艘，分别为"敷岛"号和"初濑"号。"敷岛"号在 1897 年 3 月 29 日开工建造，1898 年 11 月 1 日下水，1900 年 1 月 26 日完工。"初濑"号在 1898 年 1 月 10 日开工建造，1899 年 6 月 27 日下水，1901 年 1 月 18 日完工。

"敷岛"级的设计原型为英国建造的"庄严"级，该级舰也是完全由英国为日本建造的主力舰之一。与"富士"级相比，该舰显著增加了舰长，在外观上增加一个烟囱，同时使炮廓副炮增加了 2 对，皮带式装甲带的厚度更合理，并且在水线上的部分延伸至 1.1 米。"敷岛"级的动力系统为 2 台立式三胀式蒸汽机，最大输出功率为 14500 马力，这使得排水量高达 15000 吨以上的该级舰也能获得 18 节的高航速。

"敷岛"级回到日本后被分至第一舰队第一分队，日俄战争爆发后该级舰参加了偷袭旅顺港的行动，在战斗中，"初濑"号被击中两次，10 人死亡 17 人受伤；"敷岛"号仅中弹一次，17 人受伤。1905 年 5 月 14 日，日军 4 艘战列舰误入俄国雷区，"初濑"号触雷沉没。"敷岛"号没有参加黄海海战，但在 1905 年 5 月对马海战中全程参加战斗，其总计被击中 9 次，有一门 152 毫米副炮被摧毁，整个炮组阵亡。战后，"敷岛"号在 1921 年被降为一等海防舰，执行各种训练和运输任务。1923 年，该舰被改为仓库船，最后在 1948 年被废弃。

"敷岛"号的彩色侧视图

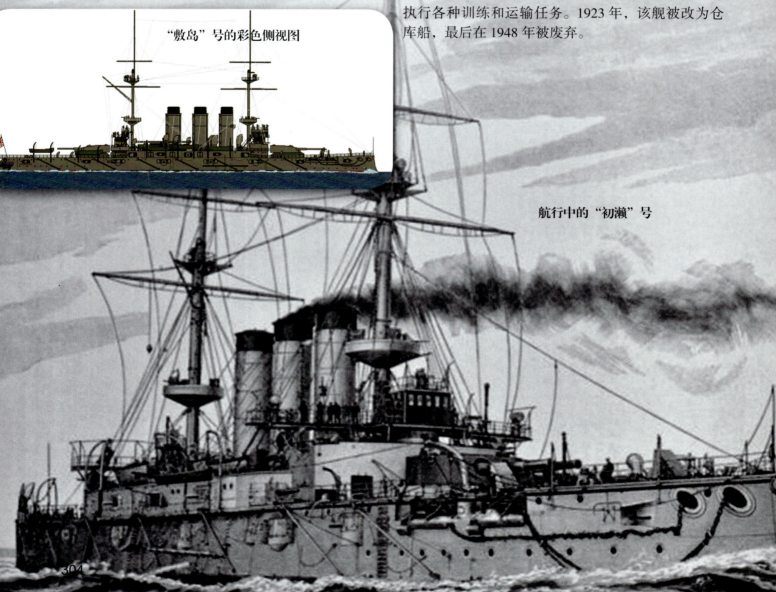

航行中的"初濑"号

"朝日"号

舰名	朝日 Asahi
国籍	日本
排水量	15400 吨
舰长	129.6 米
舰宽	22.9 米
吃水	8.3 米
航速	18 节
续航力	17000 千米/10 节
船员	773
武器	4门305毫米炮，14门152毫米炮，20门12磅炮，6门3磅炮，6门2.5磅炮，4具457毫米鱼雷发射器
装甲	水线处102-229毫米，甲板64-102毫米，炮塔152毫米，炮座254-356毫米，指挥塔356毫米，炮廓51-152毫米

"朝日"号为日本向英国订购的第5艘现代化战列舰。该舰于1898年8月1日开工建造，1899年3月13日下水，1900年4月28日完工。

"朝日"号建造于苏格兰的约翰·布朗造船厂，是按照当时英国最先进的前无畏舰来设计的。其在布局上与"敷岛"级颇为相近，在外观上的最大区别是该舰只有2根烟囱。在装甲厚度方面，该舰的水线皮带式装甲带的厚度与高度都与"敷岛"级基本一致，但炮塔的防护较为薄弱，与"富士"级一样仅为152毫米。"朝日"号的主机功率略高于"敷岛"级，为15000马力，但航速仍为18节。

"朝日"号在英国建造完毕归国后成为常备舰队的旗舰。随着日俄战争的爆发，"朝日"号也参加了战斗，但在黄海海战与对马海战中仅受到轻微损伤。一战时期，该舰几乎没有主动行动。1921年，"朝日"号被重新划分为一等海防舰，两年后被改为训练舰和潜艇补给舰，之后在1928年编入预备役，此时已被改为修理船。第2次世界大战中，该舰被用于运输军队，1942年前往新加坡用于修复一艘受损的轻型巡洋舰，在返航途中被美国潜艇击沉。

1906年的"朝日"号

"三笠"号

舰名	三笠 Mikasa
国籍	日本
排水量	15380 吨
舰长	131.7 米
舰宽	23.2 米
吃水	8.2 米
航速	18 节
续航力	17000 千米 /10 节
船员	836
武器	4 门 305 毫米炮,14 门 152 毫米炮,20 门 12 磅炮,6 门 3 磅炮,6 门 2.5 磅炮,4 具 457 毫米鱼雷发射器
装甲	水线处 102-229 毫米,甲板 51-76 毫米,炮塔 203-254 毫米,炮座 203-356 毫米,指挥塔 102-356 毫米,炮廓 51-152 毫米

"三笠"号是日本"六六舰队"向英国订购的最后一艘战列舰。该舰于 1899 年 9 月 26 日开工建造,1900 年 11 月 8 日下水,1902 年 3 月 1 日完工。

"三笠"号差不多是前无畏舰中名气最大的了,这不只是因为它在对马海战中随东乡平八郎一战成名,更加重要的一个原因是它是唯一完好保存至今的同类军舰。"三笠"号在设计上与"朝日"号十分相似,甚至也有一些资料将其归为"朝日"号的衍生姐妹舰。"三笠"号的主炮为当时前无畏舰上最常见的 40 倍口径 305 毫米舰炮,从"富士"级开始直至"三笠"号都没有变动过。不过在防御力上"三笠"号与前几艘战列舰有着质的区别,该舰是其中唯一一艘采用克氏钢作为装甲材质的。因此尽管装甲厚度相当,"三笠"号的防御力却提升了约 1.3 倍(经测试,7.5 英寸哈氏钢与 5.75 英寸克氏钢防御力相当)。在动力系统上,该舰与"朝日"号没有任何区别。

"三笠"号在日俄战争前夕被分配至第一舰队第一分队。该舰参加了日军偷袭旅顺港的行动,但被俄国 210 毫米岸防炮命中,有 7 名船员受伤。1904

1905 年的"三笠"号

年 8 月 10 日，"三笠"号参加了黄海海战，位于舰队头列的该舰是俄国军舰的首要攻击目标，一共被击中 20 次，造成了 125 人伤亡。对马海战中，"三笠"号同样成为俄国众舰的首要攻击目标，不过在与俄国旗舰"苏沃洛夫公爵"号的战斗中，"三笠"号成功压制了对方。俄国舰队司令罗杰斯特文斯基被打成重伤，群龙无首的俄国舰队败局已定。在战斗中，由于位于战场中央，"三笠"号总计被命中 40 余次，其中有 10 枚 305 毫米和 22 枚 152 毫米炮弹。战争结束后，"三笠"号因为一次火灾引爆弹药库而沉没于佐世保港，不过随后被打捞修复。一战时期，该舰主要担负海岸警戒任务，后于 1921 年被重新划分为一等海防舰。《华盛顿海军条约》签署后，"三笠"号不得不退役，但在政府的要求下，该舰被改装为纪念舰，永久停泊在横须贺直至今日。

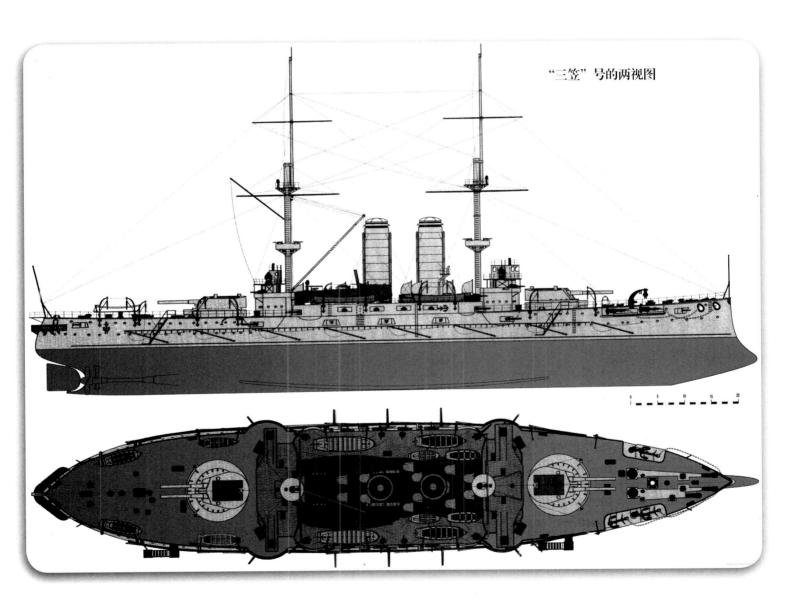

"三笠"号的两视图

"香取"级

舰名	香取 Katori，鹿岛 Kashima
国籍	日本
排水量	16206-16646 吨
舰长	139.1-143.4 米
舰宽	23.8 米
吃水	8.1-8.2 米
航速	19.24-19.5 节
续航力	22000 千米/11 节
船员	864
武器	4门305毫米炮，4门254毫米炮，12门152毫米炮，12-16门76.2毫米炮，3门47毫米炮，5具457毫米鱼雷发射器
装甲	水线处64-229毫米，甲板25-76毫米，炮座127-305毫米，炮塔229毫米，指挥塔229毫米

"香取"级是在日俄战争开始之前日本向英国订购的一级装备有次主炮的前无畏舰。该级舰共建成2艘，分别为"香取"号和"鹿岛"号。"香取"号在1904年4月27日开工建造，1905年7月4日下水，1906年5月20日完工。"鹿岛"号在1904年2月29日开工建造，1905年3月22日下水，1906年5月23日完工。

由于预判到日俄之间的战争已不可避免，日本在战前便向英国订购了比"三笠"号更为先进的"香取"级战列舰。该级舰是日本首级装备了次主炮的"超级前无畏舰"。该级舰的主炮被升级为威力更大的45倍口径305毫米舰炮，并且在四个船肩部位配备了4座单装炮塔式254毫米次主炮。该级舰采用了克氏钢，但皮带式装甲带宽度有限，仅为2.3米，在水线上的高度仅为0.8米，防御效果不甚理想。不过，"香取"级的机动性较为优秀，其设计航速为18.5节，

停泊在锚地的"香取"号

但"鹿岛"号最高航速能达到19.5节,而"香取"号也能达到19.24节。值得一提的是,"香取"级是首批使用燃油作为燃料的日本战列舰之一。

"香取"级在服役后主要担负训练任务,1907年9月,该舰在一次射击训练时发生意外,火药燃烧残留物与明火接触导致爆燃,有33名官兵死去。

一战开始时,"香取"级被分配至第一战列舰分队,"鹿岛"号后来在1916年成为分舰队旗舰。1918年,该级舰还参与干涉了俄国内战。1921年,"香取"号护送日本王储访问英国,回国后即被改为预备役,后因《华盛顿海军条约》的限制,"香取"级在1923年均被拆解。

1906年的"鹿岛"号

"萨摩"级

舰名	萨摩 Satsuma，安芸 Aki
国籍	日本
排水量	19372-20100 吨
舰长	146.9-150 米
舰宽	25.5 米
吃水	8.4 米
航速	18-20 节
续航力	16900 千米/10 节
船员	800-940
武器	4 门 305 毫米炮，12 门 254 毫米炮，12 门 120 毫米炮（"安芸"号为 8 门 152 毫米炮），12 门 12 磅炮，5 具 457 毫米鱼雷发射器
装甲	水线处 102-229 毫米，甲板 51-76 毫米，炮塔 178-241 毫米，指挥塔 152 毫米，炮廓 152 毫米

"萨摩"级是日本建造的最后一级前无畏舰。该级舰共建成 2 艘，分别为"萨摩"号和"安芸"号。"萨摩"号在 1905 年 5 月 15 日开工建造，1906 年 11 月 15 日下水，1910 年 3 月 25 日完工。"安芸"号在 1906 年 3 月 15 日开工建造，1907 年 4 月 15 日下水，1911 年 3 月 11 日完工。

"萨摩"级是日本建造的最强的前无畏舰。该级是在英国"无畏"号服役之后才建成的，因此从诞生之日起便过时了。从设计上来看，"萨摩"号与其姐妹舰"安芸"号有着显著不同，"安芸"号被明显拉长了船体并具备三根烟囱，这与随后不久服役的日本第一级无畏舰"河内"级较为相似。"萨摩"级的次主炮多达 12 门，被分装在 6 座双联装炮塔中，其布局与英国终极前无畏舰"纳尔逊勋爵"级类似，

"萨摩"号的官方标准照

亚洲国家篇

不同的是"萨摩"级的次主炮口径更大并且多了 2 门。不过,"萨摩"级的装甲防护与"纳尔逊勋爵"级相比被大大削弱,仅处于勉强够用的水准。

"萨摩"级在建成后被分配至第一战列舰分队。一战爆发后,该舰被用于威慑在远东的德国殖民地,但并没有参加实战。一战结束后,由于日本海军已服役了很多无畏舰甚至超级无畏舰,再加上《华盛顿海军条约》的限制,"萨摩"级于 1922 年在横须贺被解除了武装。1924 年 9 月,该级 2 艘战舰均被作为靶舰击沉。

航行中的"安芸"号

拉丁美洲国家篇

拉丁美洲国家铁甲舰与前无畏舰综述

拉丁美洲在进入近代后一直是欧洲列强尤其是西班牙、葡萄牙等老牌殖民帝国的殖民地，不过在19世纪早期掀起的革命浪潮中，拉丁美洲中的大部分国家先后宣布独立，而为了能够守卫本国海岸线和在与其他拉丁美洲国家争斗中获胜，这些新独立的国家都向当时的工业强国订购了最新的铁甲舰。例如秘鲁和智利曾在太平洋西海岸的交战中投入过铁甲舰；还有巴西，曾经的葡萄牙殖民地，在1822年成立巴西帝国海军后便走上了扩张的道路，是19世纪拉丁美洲海军实力最强的国家。本章便着重介绍拉丁美洲一些主要国家在这一时期建造的铁甲舰与前无畏舰的装备情况。

"独立"号

舰名	独立 Independencia
国籍	秘鲁
排水量	3500 吨
舰长	65.5 米
舰宽	13.6 米
吃水	6.6 米
航速	12 节
续航力	不详
船员	250
武器	2门178毫米炮，12门152毫米炮，4门30磅炮
装甲	水线处114毫米，侧舷炮位114毫米

"独立"号是英国为秘鲁海军最先建造的铁甲舰。该舰于1864年开工建造，1865年8月8日下水，1866年12月完工入役。

"独立"号是一艘由英国萨缪达兄弟造船厂建造的船旁列炮铁甲舰，该造船厂也承接了日本早期铁甲舰"扶桑"号的建造。与大多数船旁列炮铁甲舰一样，"独立"号通常也被称为"装甲巡航舰"。其在设计上并无出彩之处，武备和船体大小只能算得上是"轻型巡航舰"级别。不过值得一提的是，该舰具备犁形船艏和明显的冲角，这就意味着撞击也是该舰的主要作战手段。

"独立"号的早期服役生涯十分平静，未见其参与过任何行动。1878年，该舰更换了锅炉，次年2月，又将主炮更换为229毫米前装线膛炮，提升了火力。同年5月21日在伊基克战役中，该舰曾试图冲撞智利战舰，但没有成功，反而导致自己搁浅。智利战舰"科瓦东加"号想要逼它投降，但被另一艘秘鲁铁甲舰"瓦斯卡尔"号驱逐。由于无法脱身，"独立"号最后被船员炸毁。

1865年下水时的"独立"号

"瓦斯卡尔"号

舰名	瓦斯卡尔 Huáscar
国籍	秘鲁
排水量	1900 吨
舰长	66.9 米
舰宽	10.9 米
吃水	5.7 米
航速	12 节
续航力	不详
船员	170
武器	2 门 254 毫米炮，2 门 120 毫米炮，1 门 12 磅炮
装甲	水线处 64-114 毫米，炮塔 140-191 毫米，指挥塔 76 毫米，甲板 51 毫米

"瓦斯卡尔"号先后在秘鲁和智利海军服役并保存至今，是拉丁美洲最著名的铁甲舰之一。该舰开工建造时间不详，1865 年 10 月 6 日下水，1866 年 11 月 8 日完工入役。

"瓦斯卡尔"号是秘鲁为反对西班牙而向英国订购的铁甲舰，该舰在仅约 1900 吨的船体上配备了当时最先进的旋转式炮塔，并配备了两门威力强大的 254 毫米阿姆斯特朗炮，是当时拉丁美洲最具威力的舰艇之一。除了一座极具威力和现代化气息的主炮炮塔，"瓦斯卡尔"号还具备 51 毫米厚的装甲甲板和被 76 毫米装甲覆盖的小型指挥塔，不过由于船体宽度过窄，该舰在开炮时稳定性不佳，同时也会导致精准度下降。该舰在建成时具备全套帆具，但在后期被去除。

"瓦斯卡尔"号在建成后成为秘鲁海军的旗舰。1877 年秘鲁内战爆发，由于外国运输受到战争干扰，英国开始介入。1877 年 5 月 29 日，"瓦斯卡尔"号与两艘英国无防护巡航舰进行战斗，此役首次使用了英国海军最新发明的自动推进式鱼雷。一个月之后，"瓦斯卡尔"号向叛军投降，不过随着叛乱被平息该舰回到秘鲁海军服役。1879 年，太平洋战争爆发，"瓦斯卡尔"号在安加莫斯战役中被智利俘虏，随即开始了在智利海军的服役生涯。该舰在太平洋战争剩余的岁月里被用于对付它原本的主人秘鲁，后来在 1891 年参加了智利内战。1897 年，一次锅炉爆炸事件使得该舰从智利海军中退役。1934 年，这艘年逾 70 的老爷舰竟在智利海军中重新服役。该舰最终被改为博物馆并保存至今。

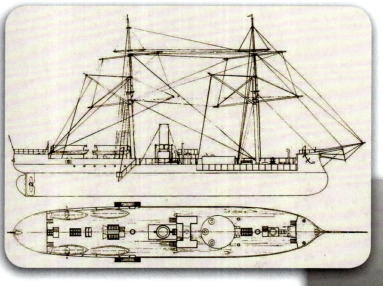

"瓦斯卡尔"号的两视图

"瓦斯卡尔"号的比例模型

"海军上将柯克伦"级

舰名	海军上将柯克伦 Almirante Cochrane，布兰科·恩卡拉达 Blanco Encalada
国籍	智利
排水量	3480 吨
舰长	64 米
舰宽	14.2 米
吃水	6 米
航速	12 节
续航力	2200 千米/10 节
船员	300
武器	6 门 229 毫米炮，1 门 20 磅炮，1 门 9 磅炮，1 门 7 磅炮
装甲	水线处 114-229 毫米，装甲堡 152-203 毫米，指挥塔 114 毫米，甲板 51-76 毫米，船壁 152 毫米

"海军上将柯克伦"级是由英国为智利建造的船腰炮室铁甲舰。该级舰共建成 2 艘，分别为"海军上将柯克伦"号和"布兰科·恩卡拉达"号。"海军上将柯克伦"号于 1873 年开工建造，1874 年 1 月 23 日下水，1874 年 12 月完工。"布兰科·恩卡拉达"号于 1873 年开工建造，1875 年 5 月 8 日下水，1875 年晚些时候完工。

"海军上将柯克伦"级是智利海军早期装备的铁甲舰之一。该舰采用当时流行的船腰炮室布局，在中央装甲堡中安放了 6 门 229 毫米主炮，其余的副炮都被置于甲板上。该舰具备铁质船壳和装甲甲板，在当时的拉丁美洲算是较为先进的军舰。

"海军上将柯克伦"级在建成后被用于参加与秘鲁对抗的太平洋战争。在安加莫斯海战中，"海军上将柯克伦"号在与秘鲁炮塔式铁甲舰"瓦斯卡尔"号的缠斗中获胜并迫使其投降。1891 年，该级舰参与了智利内战，对推翻巴尔马塞达总统的统治起到了作用，但"布兰科·恩卡拉达"号在卡尔德拉湾海战中被鱼雷击沉。战后，"海军上将柯克伦"号度过了平静的几年。在 1898 年被降级为运输船，后于 1934 年被废弃。

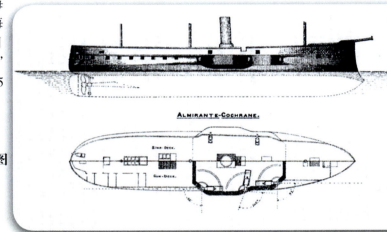

"海军上将柯克伦"号装甲防御区域及布局示意图

停泊在锚地的"布兰科·恩卡拉达"号

"巴西"号

舰名	巴西 Brasil
国籍	巴西
排水量	1518 吨
舰长	63.41 米
舰宽	10.75 米
吃水	3.81 米
航速	10.5 节
续航力	不详
船员	不详
武器	4门70磅炮，4门68磅炮
装甲	水线处90-114毫米，炮房102毫米

"巴西"号是19世纪的巴西帝国海军所装备的第一艘铁甲舰。该舰于1864年开工建造，1864年12月23日下水，1865年3月2日完工入役。

"巴西"号建造于法国，是一艘设计风格独特的小型铁甲舰。该舰的装甲堡并非位于船腰，而是在甲板之上，外形如同一座小房子。在这座"炮房"内安置着该舰全部8门火炮。这些火炮被分为两组，每组4门，只能向侧舷射击。除此之外，该舰还具备明显的船艏冲角。该舰的动力系统仅为一座输出功率为250马力的小型蒸汽机，最高航速仅为10.5节。

由于是巴西第一艘铁甲舰，该舰以国家之名命名。该舰在其服役生涯内并未参加任何战斗，也鲜有记录，后于1890年被改装为一座浮动炮台，最后的命运不得而知。

停泊在锚地的"巴西"号

"塔曼达雷"号

舰名	塔曼达雷 Tamandaré
国籍	巴西
排水量	754 吨
舰长	51.36 米
舰宽	9.19 米
吃水	2.44 米
航速	8 节
续航力	不详
船员	120
武器	1 门 70 磅炮，3 门 68 磅炮，2 门 12 磅炮
装甲	水线处 51-102 毫米，炮房 102 毫米，甲板 12.7 毫米

"塔曼达雷"号是巴西第一艘自造铁甲舰。该舰于1865年5月31日开工建造，1865年6月21日下水，1865年9月16日完工入役。

"塔曼达雷"号是由巴西里约热内卢的马里纳·达·柯尔特（Marinha da Côrte）兵工厂制造的超小型铁甲舰。该舰仅有数百吨大小且结构简单，因此全部建造时间仅为三个月。该舰采用类似法制铁甲舰"巴西"号的布局，将主要武器安置在位于甲板上的炮房中。值得一提的是，"塔曼雷达"号还是巴西第一艘具备装甲甲板的铁甲舰，尽管其厚度仅为12.7毫米，几乎不具备防御能力。在"塔曼达雷"号之后，巴西还自造过构造完全相同、只是大小和武备略有不同的两艘小型铁甲舰"巴洛索"号（Barroso，980吨）和"里约热内卢"号（Rio de Janeiro，871吨），由于这种小型铁甲舰实质上只是炮舰（Gunboat）的一种，因此这里就不再赘述。

"塔曼达雷"号在建成后被用于在内河支援进攻巴拉圭的巴西军队。1868年2月，该舰被用于在帕萨托·德乌迈塔（Passagem de Humaitá）的战斗并受损严重，不得不接受大修。修复后的"塔曼达雷"号继续为巴西军队提供火力支援。战后，该舰被分配至马托格罗索的小型舰队继续服役，最后在1879年退役并报废。

1886年时的"塔曼达雷"号

"马里斯和巴罗斯"级

舰名	马里斯和巴罗斯 MarizeBarros，艾尔瓦 Herval
国籍	巴西
排水量	1196-1353 吨
舰长	58.2 米
舰宽	11 米
吃水	2.5-2.9 米
航速	9 节
续航力	不详
船员	不详
武器	6门120磅炮，2门68磅炮
装甲	水线处76-114毫米

"马里斯和巴罗斯"级原本为巴拉圭向英国订购的铁甲舰，但因前者无法付款而被转卖给了巴西。

该级舰共建成2艘，分别为"马里斯和巴罗斯"号和"艾尔瓦"号。"马里斯和巴罗斯"号于1864年开工建造，1865年下水，1866年7月23日完工。"艾尔瓦"号于1864年开工建造，1865年下水，1866年6月14日完工。

该级舰为典型的船腰炮室布局，其装备的8门火炮都被布置在中央装甲堡中，其中120磅维特沃斯前装线膛炮是极具威力的武器，但是由于船体过小，这些火炮难以发挥实力。

"马里斯和巴罗斯"级被巴西投入发生于1864至1870年的"三角同盟战争"（也称巴拉圭战争）中去，但具体表现没有记载。"艾尔瓦"号在1885年被废弃，"马里斯和巴罗斯"号则寿命更长一些，一直存活至1897年。

正在进行炮击的"艾尔瓦"号

"卡布拉尔"级

舰名	卡布拉尔 Cabral，科伦坡 Cclombo
国籍	巴西
排水量	1033 吨
舰长	48.8 米
舰宽	10.8 米
吃水	3.6-3.7 米
航速	10.5 节
续航力	不详
船员	不详
武器	4 门 120 磅炮，2 门 70 磅炮，2 门 68 磅炮
装甲	水线处 76-114 毫米

"卡拉布尔"级同样是由英国为巴拉圭建造，但因经费问题而被卖给巴西的一级铁甲舰。该级舰共建成2艘，分别为"卡布拉尔"号和"科伦坡"号。两舰的具体建造时间均不详，只知其大约于1866年完工并交付巴西帝国海军。

尽管名为船腰炮室铁甲舰，但"卡布拉尔"级在外观上更类似美国内战中南军所使用的内河型铁甲舰。该级舰没有桅杆和帆具，在光秃秃的装甲堡上只有2根烟囱和一些辅助设施。该舰的所有火炮都被安置在接近船艏、船艉处的装甲堡中，其中船艏处的装甲堡带有一定楔形角度，在外形上颇具特色。

"卡布拉尔"级在被巴西买下后参加了对巴拉圭的三角同盟战争，但在战争中的具体表现没有被记载。由于内河型铁甲舰船型上的限制，"卡布拉尔"级的使用环境较为局限。该级舰大约在1885年全部退役报废。

1866 年时的"卡布拉尔"号

"利马·巴罗斯"号

舰名	利马·巴罗斯 Lima Barros
国籍	巴西
排水量	1705 吨
舰长	61 米
舰宽	11.6 米
吃水	3.9 米
航速	12 节
续航力	不详
船员	170
武器	4 门 120 磅炮
装甲	水线处 76–114 毫米，炮塔 114 毫米

"利马·巴罗斯"号是巴西最早的炮塔式铁甲舰。该舰于 1864 年开工建造，1865 年 12 月 21 日下水，1866 年 5 月 8 日完工。

"利马·巴罗斯"号在设计上与秘鲁铁甲舰"瓦斯卡尔"号较为类似，但在外观上多了一座旋转炮塔，不过炮塔装甲相对被削弱。同时该舰还去除了装甲指挥塔，并且没有采用装甲甲板。"利马·巴罗斯"号在动力上采用风帆、蒸汽两用，双轴推进，主机输出功率为 2100 马力，最高航速可达 12 节。

"利马·巴罗斯"号以在里亚舒埃卢战役中死去的战斗英雄之名命名。该舰原本为巴拉圭从英国莱尔德兄弟造船厂订购，但由于三角同盟战争的爆发，巴拉圭被切断了与外界的联系已不可能再付款，因而被巴西购得。该舰在帕萨托·德乌迈塔战役中双方对库鲁派蒂航道的争夺中表现出色。"利马·巴罗斯"号在 1894 年退出现役，最后大约在 1905 年被拆毁。

"利马·巴罗斯"号留存的草图

拉丁美洲国家篇

"9月7日"号

舰名	9月7日 Sete de Setembro
国籍	巴西
排水量	2174 吨
舰长	73.4 米
舰宽	14.2 米
吃水	3.81 米
航速	12 节
续航力	不详
船员	185
武器	4 门 300 磅炮
装甲	水线处 114 毫米, 装甲堡 114 毫米, 甲板 12.7 毫米

"9月7日"号是一艘木质船身外敷铁甲的船腰炮室铁甲舰。该舰于1868年1月8日开工建造，1874年5月16日下水，1874年7月4日完工。

"9月7日"号是由巴西本国造船厂自造的第一艘较大型军舰。由于巴西工业水平的限制，该舰采用了较为保守的木质船壳设计，该舰的4门300磅维特沃斯前装线膛炮被布置在位于舯部的装甲堡中，但是装甲堡并未设计成突出状，因此这些火炮只能进行侧舷射击。此外，该舰也采用了装甲甲板，厚度仅为12.7毫米，只能有限防御炮弹破片的攻击。

由于建成时间较晚，"9月7日"号未能参加三角同盟战争。并且由于武器装备的延误，该舰在真正服役时已经过时。不过该舰还是担任了巴西旗舰一段时间。1876至1877年，该舰曾被短暂下放至预备役，1885年，该舰接受了现代化改造。1393年，该舰的动力系统被拆毁，后作为浮动炮台，在随后的舰队叛乱中被叛军俘获。"9月7日"号最终在1893年12月16日因火灾而沉没。

拍摄于1880年时的"9月7日"号

"里亚舒埃卢"号

舰名	里亚舒埃卢 Riachuelo
国籍	巴西
排水量	5029 吨
舰长	93.33 米
舰宽	17.16 米
吃水	5.6 米
航速	16 节
续航力	11000 千米 /10 节
船员	367
武器	4 门 234 毫米炮,6 门 140 毫米炮,15 门 37 毫米炮,5 具 356 毫米鱼雷发射器
装甲	水线处 178-280 毫米,炮塔 254 毫米,指挥塔 254 毫米

"里亚舒埃卢"号是巴西向英国订购的一艘现代化的炮塔式铁甲舰。该舰于 1881 年 8 月 31 日开工建造,1883 年 6 月 7 日下水,1883 年 11 月 19 日完工。

"里亚舒埃卢"号在设计上明显参考了当时英国最新式铁甲舰"不屈"号,采用类似同期向英国订购的清政府主力舰"定远"级的整体布局,将两座主炮塔交错布置在舯部。但是由于该舰船宽较窄、吃水较浅,主炮的口径采用了较小的 234 毫米,不过这对于作战强度相对较低的拉丁美洲海域来说已经足够。"里亚舒埃卢"号排水量超过 5000 吨,与稍后建造的"阿基达邦"号并列为巴西海军最大的军舰。

"里亚舒埃卢"号在早期主要担负训练任务。1891 年,该舰参加了镇压海军叛乱的行动。1893 至 1894 年,该舰前往法国土伦港接受了现代化改造,将主桅彻底去除帆具,改为战斗桅杆。1900 年,该舰运载巴西总统进行了对阿根廷的访问。1907 年,"里亚舒埃卢"号前往欧洲去接收英国为巴西新造的无畏舰,这也是该舰执行的最后一个任务。1910 年,该舰退役,在拖往拆解地途中沉没。

1885 年时的"里亚舒埃卢"号

"阿基达邦"号

舰名	阿基达邦 Aquidabã
国籍	巴西
排水量	5029 吨
舰长	93.33 米
舰宽	17.16 米
吃水	5.49 米
航速	15.8 节
续航力	7200 千米 /10 节
船员	303
武器	4 门 234 毫米炮，4 门 140 毫米炮，13 门 37 毫米炮，5 具 356 毫米鱼雷发射器
装甲	水线处 178-280 毫米，炮塔 254 毫米，指挥塔 254 毫米

"阿基达邦"号是巴西向英国订购的另一艘炮塔式铁甲舰。该舰于 1883 年 6 月 18 日开工建造，1885 年 1 月 17 日下水，1885 年 12 月 16 日完工。

"阿基达邦"号的船体大小和排水量都与"里亚舒埃卢"号基本一致，两舰在外观上最大的区别是"阿基达邦"号只有一根烟囱、三根桅杆并且带有首斜桅，而"里亚舒埃卢"号则为两根烟囱和位于烟囱之后的单桅杆。两舰的武备很相似，"阿基达邦"号相较"里亚舒埃卢"号减少了 2 门 37 毫米速射炮，而装甲厚度和结构则完全相同。

"阿基达邦"号在早期主要担负训练任务。1891 年，该舰参加了镇压海军叛乱的行动。两年后，它前往美国参加国际海军检阅。回国后，巴西内部再次发生革命，"阿基达邦"号被击伤，这也是巴西海军首次使用鱼雷。1397 至 1898 年，该舰接受现代化改造，去除帆具的同时减少了一根桅杆。1906 年，该舰因为弹药库意外爆炸而瞬间沉没。

航行中的"阿基达邦"号

【后 记】

  1906年底英国"无畏"号战列舰的服役终结了属于铁甲舰和前无畏舰的蒸汽时代。但是，相当一部分后期型前无畏舰在一战时期依然活跃甚至有极个别"存活"至二战。例如日本的"朝日"号曾在二战初期担任修理船，而德国"德意志"级的后两艘"西里西亚"号与"石勒苏益格－荷尔施泰因"号则作为战斗舰艇参加了二战早期德国对波兰及北欧地区的行动。不过毕竟工业进步的脚步不可阻挡，随着更先进战列舰的出现，铁甲舰和前无畏舰作为一段特定时期的霸主不可避免地被淘汰。这是英国海军最为巅峰的时期，是美国、德国和日本等新兴海军崛起的时期，也是法国、西班牙、俄国等老牌海军逐渐没落的时期。无论如何，蒸汽时代的这些外形各异的钢铁巨兽们在海军历史长河上留下了不可磨灭的印记。